面向新工科高等院校大数据专业系列教材
信息技术新工科产学研联盟数据科学与大数据技术工作委员会 推荐

Big Data Analysis Methods and Applications
—— Based on Python

大数据分析方法及应用
——基于Python实现

殷丽凤 王斐 / 主编

机械工业出版社
CHINA MACHINE PRESS

本书全面且系统地阐述了基于 Python 语言的大数据分析方法及技术，整体结构紧凑，逻辑清晰。全书共 10 章，前 5 章旨在为读者打下坚实的理论与实践基础。该部分始于大数据的基本概念，随后逐步深入 Python 基础知识、数据预处理技术、大数据可视化手段及基于 Python 的数据处理与预处理技术，确保读者能够全面掌握数据分析所需的基本工具与方法。后 5 章则深入探索大数据分析的核心技术领域，涵盖关联分析、回归分析、分类分析、聚类分析及离群点分析等关键内容。全书每一章均配有精心设计的典型案例与 Python 代码实例，通过实战演练的形式，直观展现大数据分析原理在实际中的具体运用，读者在巩固理论知识的同时，能够亲身体验实际操作过程，进而深化对大数据分析流程的理解与认识。

本书在内容的专业性与阅读体验之间取得了良好的平衡，既可作为高校大数据技术课程的教材，也适合大数据技术爱好者进行自学。无论读者是初学者，还是已具备一定基础的从业者，本书均能提供宝贵的启示与实用的知识，助力读者在大数据分析的道路上不断前行。

本书配有源代码、电子课件、习题答案等资源，需要的教师可登录 www.cmpedu.com 免费注册，审核通过后下载，或联系编辑索取（微信：13146070618，电话：010-88379739）。

图书在版编目（CIP）数据

大数据分析方法及应用：基于 Python 实现 / 殷丽凤，王斐主编. -- 北京：机械工业出版社，2025.7.
（面向新工科高等院校大数据专业系列教材）. -- ISBN 978-7-111-78291-9

Ⅰ. TP274

中国国家版本馆 CIP 数据核字第 2025PJ0500 号

机械工业出版社（北京市百万庄大街 22 号　邮政编码 100037）
策划编辑：解　芳　　　　　　　　责任编辑：解　芳　章承林
责任校对：赵玉鑫　王小童　景　飞　责任印制：单爱军
北京中兴印刷有限公司印刷
2025 年 8 月第 1 版第 1 次印刷
184mm×260mm・18.5 印张・469 千字
标准书号：ISBN 978-7-111-78291-9
定价：79.00 元

电话服务　　　　　　　　　　　　网络服务
客服电话：010-88361066　　　　　机　工　官　网：www.cmpbook.com
　　　　　010-88379833　　　　　机　工　官　博：weibo.com/cmp1952
　　　　　010-68326294　　　　　金　书　网：www.golden-book.com
封底无防伪标均为盗版　　　　　　机工教育服务网：www.cmpedu.com

前言

在当今的数字化时代背景下，大数据的广泛应用正以前所未有的深度与广度重塑着各行各业的决策机制与运营模式。企业、政府及研究机构正积极利用数据分析技术，深入挖掘数据潜藏的价值，以应对日益复杂多变的市场环境与社会挑战。因此，大数据分析方法已成为数据科学家不可或缺的基础技能，同时也是各领域专业人士提升竞争力的关键要素。本书作为一本全面而系统的大数据分析知识指南，旨在为读者搭建起一座通往数据驱动时代的桥梁，助力其精准把握时代脉搏，抓住发展机遇。

本书的核心价值在于其理论与实践并重的教学体系，以 Python 语言为技术基石，通过深入浅出的方式，系统阐述了大数据分析的基本概念、方法论及关键技术。书中不仅涵盖了大数据分析的基础理论知识，还通过丰富的实战案例与代码示例，引导读者快速掌握大数据分析的实战技能。同时，本书注重提升阅读体验，采用条理清晰、语言平实的表达方式，确保不同背景、不同水平的读者均能轻松上手，实现从理论到实践的跨越。

全书结构严谨，共分为 10 章。第 1 章从宏观视角出发，概述了大数据的基本概念、特征及其在各领域的广泛应用；第 2、3 章则聚焦于 Python 语言的基础语法与大数据预处理技术，为读者打下坚实的编程与数据处理基础；第 4、5 章深入探讨了大数据可视化的基本原理与 pandas 库在数据处理中的应用；第 6~10 章则是对大数据分析核心技术的全面剖析，包括关联分析、回归分析、分类分析、聚类分析及离群点分析等内容，每章均辅以典型案例，帮助读者将理论知识转化为实战能力。

为便于教学与自学，本书还配套提供了详尽的数据集、源代码、电子课件及课后习题参考答案，旨在构建全方位的学习支持体系。本书由大连交通大学的殷丽凤、王斐、任洪海、孙晶华，大连科技学院的徐蒟，以及大连交通大学软件学院的研究生王闯、李金霖、李成龙共同编写，具体分工如下：殷丽凤编写第 6~7 章、8.1~8.5 节；王斐编写第 2、3 章；任洪海编写第 4 章；孙晶华编写第 1 章、5.1~5.2 节、9.1~9.4 节；徐蒟编写 5.3~5.7 节和 10.1~10.4 节；王闯编写 8.6~8.8 节；李金霖编写 9.5~9.7 节；李成龙编写 10.5~10.7 节。在此，对所有参与本书编写与提供支持的同仁表示衷心的感谢，并对在编写过程中参考的国内外著作、学术论文及网络资源提供者致以崇高的敬意。由于参考文献数量庞大，在整理和列出时难免有所遗漏，特此向未能列出姓名的作者致以诚挚的歉意。

由于编者水平和编写时间有限，书中难免存在不足之处，我们恳请广大读者不吝赐教，提出宝贵的意见与建议。您的每一条反馈都是我们不断进步的阶梯，也是我们持续优化与完善本书内容的重要动力。我们坚信，在您的支持与帮助下，本书将能够成为您探索大数据分析领域的得力助手，助您在数据驱动的时代浪潮中乘风破浪，成就非凡。

编　者

目录

前言
第1章 大数据分析概述 ……………… 1
1.1 大数据介绍 …………………… 1
1.1.1 大数据概念 ……………… 1
1.1.2 大数据的5个"V" ………… 1
1.1.3 大数据的处理方法 ……… 3
1.2 大数据关键技术 ……………… 4
1.2.1 数据采集 ………………… 4
1.2.2 数据预处理 ……………… 6
1.2.3 数据存储与管理 ………… 6
1.2.4 数据分析与挖掘 ………… 7
1.2.5 数据展现与可视化 ……… 8
1.3 大数据分析在不同领域的应用 …………………… 8
1.3.1 商业与市场营销 ………… 8
1.3.2 医疗与健康 ……………… 8
1.3.3 金融与保险 ……………… 9
1.3.4 社交网络与媒体 ………… 9
1.4 Python 介绍 …………………… 9
1.4.1 安装 Python 解释器 ……… 10
1.4.2 安装 PyCharm …………… 10
1.4.3 安装 Anaconda …………… 13
1.5 本章小结 ……………………… 16
1.6 习题 …………………………… 17
第2章 Python 大数据分析基础 ……… 18
2.1 Python 基础语法 ……………… 18
2.1.1 关键字和标识符 ………… 18
2.1.2 常量与变量 ……………… 20
2.1.3 基本数据类型 …………… 21
2.1.4 运算符和表达式 ………… 21
2.2 程序控制结构 ………………… 23
2.2.1 顺序结构 ………………… 23
2.2.2 分支结构 ………………… 24
2.2.3 循环结构 ………………… 26
2.2.4 跳转语句 ………………… 27
2.3 组合数据类型 ………………… 29
2.3.1 列表 ……………………… 29
2.3.2 元组 ……………………… 31
2.3.3 字典 ……………………… 33
2.3.4 集合 ……………………… 35
2.4 函数 …………………………… 37
2.4.1 函数的定义 ……………… 37
2.4.2 函数的参数 ……………… 38
2.4.3 函数的作用域 …………… 40
2.4.4 递归函数 ………………… 44
2.5 面向对象程序设计 …………… 45
2.5.1 Python 中的面向对象 …… 45
2.5.2 成员可见性 ……………… 46
2.5.3 方法 ……………………… 51
2.5.4 类的继承 ………………… 53
2.6 Python 数据分析工具 ………… 55
2.7 本章小结 ……………………… 55
2.8 习题 …………………………… 55
第3章 大数据预处理 ………………… 63
3.1 大数据预处理流程 …………… 63
3.2 数据清洗 ……………………… 64
3.2.1 缺失值处理 ……………… 64
3.2.2 噪声过滤 ………………… 66
3.3 数据集成 ……………………… 70
3.3.1 实体识别 ………………… 70
3.3.2 冗余属性识别 …………… 71
3.4 数据规约 ……………………… 71
3.4.1 属性规约 ………………… 71
3.4.2 数值规约 ………………… 73
3.5 数据变换 ……………………… 76

3.5.1 数据规范化 …… 76
3.5.2 连续属性离散化 …… 77
3.6 本章小结 …… 77
3.7 习题 …… 77

第4章 大数据可视化分析 …… 79
4.1 大数据可视化基础 …… 79
4.1.1 可视化的重要性 …… 79
4.1.2 可视化设计原则 …… 79
4.2 Matplotlib 基础——NumPy …… 80
4.2.1 创建数组 …… 80
4.2.2 数组的常见属性 …… 84
4.2.3 数组的常见操作 …… 86
4.2.4 数组的统计分析 …… 91
4.3 Matplotlib …… 96
4.3.1 pyplot 绘图基础 …… 97
4.3.2 绘制散点图 …… 104
4.3.3 绘制折线图 …… 105
4.3.4 绘制柱状图 …… 106
4.3.5 绘制直方图 …… 107
4.3.6 绘制饼图 …… 109
4.3.7 绘制箱线图 …… 111
4.4 实践——中国 GDP 分析 …… 112
4.4.1 数据准备 …… 112
4.4.2 散点图分析 …… 114
4.4.3 折线图分析 …… 118
4.4.4 柱状图分析 …… 120
4.4.5 饼图分析 …… 122
4.4.6 箱线图分析 …… 123
4.5 本章小结 …… 126
4.6 习题 …… 126

第5章 pandas 数据处理与分析 …… 129
5.1 认识 pandas …… 129
5.1.1 pandas 简介 …… 129
5.1.2 pandas 的安装与使用 …… 129
5.2 pandas 语法 …… 129
5.2.1 Series 类型 …… 130
5.2.2 DataFrame 类型 …… 133
5.2.3 DataFrame 数据计算 …… 139
5.3 pandas 读写数据 …… 143
5.3.1 pandas 读数据 …… 143

5.3.2 pandas 写数据 …… 147
5.4 使用 pandas 进行数据预处理 …… 148
5.4.1 合并数据 …… 148
5.4.2 缺失值处理 …… 157
5.4.3 排序和汇总 …… 160
5.5 统计分析 …… 163
5.5.1 分组聚合运算 …… 163
5.5.2 创建透视表与交叉表 …… 172
5.6 本章小结 …… 173
5.7 习题 …… 174

第6章 关联分析 …… 178
6.1 关联分析基础 …… 178
6.1.1 啤酒与尿布的故事 …… 178
6.1.2 关联分析的定义 …… 179
6.1.3 常用关联分析算法 …… 179
6.2 Apriori 算法 …… 179
6.2.1 相关概念 …… 180
6.2.2 挖掘频繁项集 …… 181
6.2.3 挖掘关联规则 …… 183
6.2.4 Apriori 算法的缺点 …… 184
6.3 FP-growth 算法 …… 184
6.3.1 创建 FP 树 …… 184
6.3.2 利用 FP 树挖掘频繁项集 …… 186
6.3.3 FP-growth 算法的伪代码 …… 187
6.4 ECLAT 算法 …… 188
6.4.1 使用垂直数据格式挖掘频繁项集 …… 188
6.4.2 ECLAT 算法的伪代码 …… 190
6.5 关联规则评估指标 …… 190
6.6 实践——商品零售购物篮分析 …… 191
6.6.1 背景与挖掘目标 …… 191
6.6.2 数据初步探析 …… 192
6.6.3 构建关联分析模型 …… 195
6.6.4 评估关联分析模型 …… 198
6.7 本章小结 …… 201
6.8 习题 …… 201

第7章 回归分析 …… 202
7.1 回归分析的基础 …… 202

- 7.1.1 回归分析的概念 …………… 202
- 7.1.2 回归分析的步骤 …………… 202
- 7.2 一元线性回归 …………………… 203
  - 7.2.1 一元线性回归模型 ………… 203
  - 7.2.2 参数 w 和 b 的推导过程 …… 204
  - 7.2.3 参数 w 和 b 求解的代码实现 …………………… 206
- 7.3 多元线性回归 …………………… 207
  - 7.3.1 多元线性回归模型和参数求解 …………………… 207
  - 7.3.2 参数 W 求解的代码实现 … 208
- 7.4 正则化回归 ……………………… 209
  - 7.4.1 岭回归模型 ………………… 209
  - 7.4.2 最小绝对收缩与选择算子 … 209
  - 7.4.3 弹性网络 …………………… 209
- 7.5 回归模型的评价指标 …………… 210
- 7.6 实践——回归分析 ……………… 211
  - 7.6.1 数据的初步探析 …………… 212
  - 7.6.2 利用一元线性回归预测房屋完成单位数量模型 ……… 216
  - 7.6.3 利用多元线性回归预测房屋完成单位数量模型 ……… 218
  - 7.6.4 利用正则化回归预测房屋完成单位数量模型 ……… 219
- 7.7 本章小结 ………………………… 221
- 7.8 习题 ……………………………… 221

第8章 分类分析 ……………………… 223

- 8.1 分类分析的基础 ………………… 223
  - 8.1.1 二元分类和多元分类 ……… 223
  - 8.1.2 分类的步骤 ………………… 223
- 8.2 决策树 …………………………… 224
  - 8.2.1 决策树归纳 ………………… 224
  - 8.2.2 属性选择度量 ……………… 226
  - 8.2.3 实例分析 …………………… 228
  - 8.2.4 树剪枝处理 ………………… 231
- 8.3 贝叶斯分类 ……………………… 231
  - 8.3.1 相关概念 …………………… 231
  - 8.3.2 朴素贝叶斯分类器 ………… 232
  - 8.3.3 朴素贝叶斯实例分析 ……… 233
  - 8.3.4 拉普拉斯修正 ……………… 233
- 8.3.5 朴素贝叶斯算法伪代码 …… 234
- 8.4 支持向量机 ……………………… 234
  - 8.4.1 数据线性可分情况 ………… 235
  - 8.4.2 最大边缘超平面 …………… 235
  - 8.4.3 硬间隔支持向量机 ………… 237
  - 8.4.4 软间隔支持向量机 ………… 238
  - 8.4.5 核支持向量机 ……………… 239
- 8.5 分类的评价指标 ………………… 240
  - 8.5.1 二元分类的评价指标 ……… 240
  - 8.5.2 多元分类的评价指标 ……… 242
- 8.6 实践——分类分析 ……………… 243
  - 8.6.1 利用决策树构建银行客户流失模型 ……………… 243
  - 8.6.2 利用朴素贝叶斯构建垃圾邮件分类模型 …………… 248
  - 8.6.3 利用SVM构建印第安人糖尿病分类模型 ………… 254
- 8.7 本章小结 ………………………… 256
- 8.8 习题 ……………………………… 257

第9章 聚类分析 ……………………… 259

- 9.1 聚类分析基础 …………………… 259
  - 9.1.1 聚类分析的概念 …………… 259
  - 9.1.2 相似性度量 ………………… 260
  - 9.1.3 聚类的评价指标 …………… 261
- 9.2 基于划分的聚类分析 …………… 262
  - 9.2.1 K-Means聚类 ……………… 262
  - 9.2.2 K-Means++聚类 …………… 262
- 9.3 基于层次的聚类分析 …………… 263
  - 9.3.1 自底向上聚类算法 ………… 263
  - 9.3.2 自顶向下聚类算法 ………… 263
- 9.4 基于密度的聚类分析 …………… 264
  - 9.4.1 DBSCAN算法 ……………… 264
  - 9.4.2 OPTICS算法 ……………… 265
- 9.5 实践——聚类分析 ……………… 266
  - 9.5.1 基于划分聚类实现能源效率信息聚类 ……………… 266
  - 9.5.2 基于层次聚类完成用户行为数据聚类 ……………… 268
  - 9.5.3 利用DBSCAN进行人口信息聚类 ……………… 271

9.6 本章小结 …………………… 274
9.7 习题 ………………………… 275

第10章 离群点分析 …………… 276

10.1 离群点分析基础 …………… 276
 10.1.1 离群点分析的定义 …… 276
 10.1.2 离群点分析的作用 …… 276
10.2 基于统计的离群点分析 …… 277
 10.2.1 均值与标准差方法 …… 277
 10.2.2 箱线图方法 …………… 277
10.3 基于距离的离群点分析 …… 278
 10.3.1 欧氏距离 ……………… 278
 10.3.2 曼哈顿距离 …………… 278
10.4 基于密度的离群点分析 …… 279
 10.4.1 局部离群因子（LOF）

方法 ……………………… 279
 10.4.2 基于密度的空间聚类
（DBSCAN）方法 ……… 279
10.5 实践——异常小麦
种子分析 …………………… 280
 10.5.1 数据读入 ……………… 280
 10.5.2 数据初步分析 ………… 281
 10.5.3 数据预处理 …………… 282
 10.5.4 构建离群点模型 ……… 282
 10.5.5 评估离群点模型 ……… 285
 10.5.6 离群点分析的意义 …… 285
10.6 本章小结 …………………… 286
10.7 习题 ………………………… 287

参考文献 ………………………………… 288

第 1 章
大数据分析概述

在当今信息爆炸的时代,大数据分析变得至关重要。通过对海量数据的收集、清洗、建模和分析,能够发现隐藏在数据背后的有价值信息,这些信息可以帮助企业做出决策、优化运营、提高效率并创造商业价值。本章将从大数据的概念和特点入手,介绍大数据分析所需的关键技术,并探讨大数据分析在商业、医疗、金融、社交网络等领域的应用。另外,本章还将介绍 Python 这一强大的编程语言在大数据分析中的作用以及使用 Python 语言完成大数据分析所需环境的搭建。

1.1　大数据介绍

1.1.1　大数据概念

大多数学者认为,大数据(Big Data)的概念最初在 1998 年由美国硅图公司(SGI)首席科学家 John R. Mashey 在 USENIX 大会上提出。在题为"Big Data and the Next Wave of InfraStress"的演讲中,他使用大数据一词来描述数据爆炸的现象,即数据量庞大、增长快速且多样化的情况。同年 10 月,《科学》杂志上发表了一篇介绍计算机软件 HiQ 的文章"A Handler for big data",这是大数据一词首次出现在学术论文中。然而,大数据在当时并没有引起业界的广泛关注。2006 年,全球知名咨询公司麦肯锡也提出了大数据的概念,并强调大数据的应用重点不在于堆积数据,而在于利用数据做出更好的、利润更高的决策。因此大数据的核心在于对海量数据的分析和利用,以获得更强的决策力、洞察发现力和流程优化能力。2008 年 9 月,《自然》杂志出版了"大数据"专刊,大数据在学术界得到了认可和广泛应用。此后,大数据技术开始向商业、科技、医疗、政府、教育、经济、交通、物流及社会的各个领域渗透,大数据这一术语开始风靡各行各业。

大数据是指那些无法在一定时间范围内用常规软件工具进行捕捉、管理和处理的数据集合。它具有海量、高增长和多样化的特点,需要采用新的处理模式才能充分发挥其决策支持、洞察发现和流程优化的潜力。值得注意的是,大数据并非单一技术,而是一个概念和技术圈,涵盖了数据采集、存储、处理、分析和应用等各个环节。通过合理的大数据应用,人们可以从海量数据中提取有价值的信息和知识,为决策和创新提供支持。

1.1.2　大数据的 5 个 "V"

"大数据"一词给人最直观的感受是数据量特别巨大,远超传统数据管理系统和传统处理模式的能力范围。但是,数据量大(Volume)仅仅是大数据的特征之一,IBM 在 2012 年的一份报告中将大数据的特征总结为5个"V",即数据量大(Volume)、数据速度快(Velocity)、数据种类多(Variety)、数据真实性(Veracity)和数据价值密度低(Value),五个"V"的概念被广泛接受并成为大数据领域的重要概念。

1. 数据量大(Volume)

大数据的第一个关键特征是数据量的巨大,今天,众多行业的大数据已达到TB(TeraByte,太字节)的数量级,更高的数量单位还有PB(PetaByte,拍字节)、EB(ExaByte,艾字节)、ZB(ZettaByte,泽字节)和YB(YottaByte,尧字节)为单位。随着数字化和互联网的快速发展,越来越多的数据被生成和收集,如传感器数据、社交媒体数据、日志文件等。处理和存储如此庞大的数据量需要强大的处理能力和存储系统。

计算机存储容量间的换算关系见表1-1。

表1-1 计算机存储容量间的换算关系

中文单位	中文简称	英文单位	英文简称	进率(Byte=1)
位	比特	bit	b	0.125
字节	字节	Byte	B	1
千字节	千字节	KiloByte	KB	2^{10}
兆字节	兆	MegaByte	MB	2^{20}
吉字节	吉	GigaByte	GB	2^{30}
太字节	太	TeraByte	TB	2^{40}
拍字节	拍	PetaByte	PB	2^{50}
艾字节	艾	ExaByte	EB	2^{60}
泽字节	泽	ZettaByte	ZB	2^{70}
尧字节	尧	YottaByte	YB	2^{80}

2. 数据速度快(Velocity)

在大数据背景下,数据产生的速度非常快。数据的快速增长在各个领域都呈现出爆发式的态势。以互联网和数字化世界为例,根据数据可视化软件开发商Domo Technologies提供的数据,谷歌每分钟处理360万次搜索查询,YouTube每分钟播放414万个视频,互联网上每分钟产生1亿封垃圾邮件。此外,在社交媒体平台中,Facebook每分钟有超过51万条新的评论,Twitter每分钟有超过50万条新的推文发布。电子商务领域,亚马逊每分钟处理超过5000个订单,eBay每分钟有超过1700个新的拍卖活动开始。在科学研究方面,大型实验和观测项目,如CERN的大型强子对撞机,每秒钟产生约1PB的数据。这些实例生动地展示了数据的快速增长和庞大规模,也催生了采用更高效、实时的方法来处理和分析这些数据的需求,以便于从中获得更多的价值和洞察。

3. 数据种类多(Variety)

大数据的另一个特征是数据来源和类型的日益增多。传统数据主要来自企业运营、金融交易、科学研究、新闻媒体等领域,包括业务管理系统、金融交易、科学研究数据和新闻媒体内容。然而,随着互联网和物联网技术的迅猛发展,出现了社交网络、搜索引擎、车联网以及各种遍布全球的传感器等新型数据源。相应地,数据类型也不再局限于传统的结构化数据,各种半结构化和非结构化数据不断涌现。结构化数据通常以关系型数据库中的二维表形式存储,如企业 ERP 系统、医疗 HIS 数据库、教育一卡通等。非结构化数据则没有标准格式,包括办公文档、图片、音频、视频、日志文件、机器数据等。半结构化数据具有一定的结构化元素,例如日志文件、XML 文件和 JSON 文件。非结构化数据是当今大数据的主体,据统计,全球 80% 以上的大数据都是非结构化的,而且其增长速度还在不断攀升。

4. 数据真实性(Veracity)

数据真实性是在处理和分析大数据时必须考虑的重要因素。它涵盖了数据的准确性、完整性和可信度。由于大数据的多样性和来源的广泛性,其中可能存在噪声、错误、重复项和恶意篡改等问题。因此,在分析大数据之前,需要先对数据集进行预处理,检测出不一致的数据,剔除虚假数据,以保证分析和预测结果的准确性和有效性。

5. 数据价值密度低(Value)

在互联网和物联网广泛应用的背景下,产生了新的挑战,那就是信息量庞大但价值密度较低。在这个时代,结合业务逻辑并利用强大的机器算法来挖掘数据的真正价值成为当务之急。以视频监控为例,长时间的监控可能只有极少部分时间段包含有用数据,甚至可能只有一两秒。然而,为了获取所需的信息和预测结果,人们不得不投入大量资金购买网络设备和监控设备。由于数据采集不及时、数据样本不全面、数据可能不连续等问题,数据可能会产生失真。然而,当数据量达到一定规模时,通过更多的数据可以获得更真实和全面的反馈。因此,从大规模的数据中挖掘潜在的价值尤为重要。

这 5 个"V"的特征结合在一起定义了大数据,并帮助企业和组织从庞大、多样的数据中获取有用的信息,做出更明智的决策,并实现商业价值。

1.1.3 大数据的处理方法

高速增长的大数据洪流,给数据的管理和分析带来了巨大挑战,传统的数据处理方法已经不能适应大数据处理的需求。因此需要根据大数据的特点,对传统的常规数据处理技术进行变革,形成适用于大数据发展的全新体系架构,实现大规模数据的获取、存储、管理和分析。

1. 分布式存储

与大数据相比,传统数据的来源相对单一,数据规模较小,一般的关系型数据库就能满足数据存储的要求。而大数据来源丰富、类型多样,不仅有简单的结构化数据,更多的是复杂的非结构化数据,而且多种来源的数据之间存在复杂的联系,传统的存储方法已经无法胜任。大数据需要分布式存储技术,如分布式文件系统和分布式数据库,来满足海量数据的存储需求。分布式存储系统将数据分散存储在多个节点上,实现了数据的高可靠性、高扩展性和高性能。同时,通过数据融合技术,可以对不同来源的数据进行整合,实现多信息源数据的统一管理和处理。

2. 数据预处理

大数据的多源和多样性可能导致数据质量问题,如数据不一致、不准确和不完整。这些问题对数据的可用性带来负面影响,甚至可能导致严重后果。据估算,数据错误问题每年给美国工业界造成约占 GDP 6% 的经济损失,医疗数据错误还导致每年多达 98000 名美国患者丧生。为了提升数据分析结果的准确性和可靠性,需要采用数据清洗、数据集成、数据转换等预处理技术来改善数据质量。数据清洗技术能够识别和纠正数据中的错误、缺失和异常值；数据集成技术能够整合来自不同源头的数据，消除冗余和重复；数据转换技术能够将数据转换为适合分析的格式和结构。通过优化数据质量，能够更好地理解和利用大数据，为决策和行动提供更可靠的支持，提高业务效率和客户满意度。因此，数据预处理技术在大数据领域具有重要的作用，为数据分析和应用奠定了基础。

3. 流式数据实时处理

传统数据主要采用批处理的方式进行处理，即将数据完整存储后再进行一次性的读取和分析，因此具有较高的延时。在大数据背景下，批处理仍然适用于对实时性要求不高的应用场景。然而，对于金融业、物联网、互联网等领域产生的流式数据来说，情况则有所不同。流式数据具有实时性、易失性、无序性和无限性等特征。这类数据的有效时间很短，需要立即进行分析，而且数据源会不断产生新数据，潜在的数据量是无限的，大部分数据在处理后会被丢弃，只有极少数的数据会被永久保存。显然，传统的"先存储后处理"的模式已经不适用于流式数据的处理需求。

近年来，针对流式数据实时处理的平台和解决方案应运而生。一些知名的流式处理平台包括 Storm、Spark、Flink、Apex 等。这些平台提供了实时处理流式数据的能力，可以在数据产生的同时进行实时的分析和处理。它们支持高速数据流的实时处理，具有低延迟、高可靠性和高扩展性的特点。通过这些处理平台，可以更好地应对流式数据的特点，实现对数据的实时分析和决策，从而更好地满足对实时性要求较高的应用场景。

1.2 大数据关键技术

大数据的战略意义不仅在于数据的庞大，更在于对这些数据进行专业化处理，从中获取对自然界和人类社会规律的深刻和全面认识。大数据就像未经加工的原油，如果没有经过提炼，将毫无经济价值。大数据的处理过程就是对原油进行提炼的过程，其中涉及一系列关键技术，包括数据采集、数据预处理、数据存储与管理、数据分析与挖掘及数据展现与可视化，整个流程如图 1-1 所示。通过这些技术的应用，能够从大数据中提取出有意义的信息，揭示出隐藏的模式、趋势和关联，进而进行深入的洞察和决策支持。大数据的战略意义在于能够为企业和组织提供准确的数据驱动决策、优化业务流程、创新产品和服务，提高竞争力，从而推动社会和经济的发展。

1.2.1 数据采集

数据采集是大数据处理流程最基础的一步，是通过 RFID 射频、传感器、社交网络和移动互联网等渠道获取各种类型的结构化、半结构化和非结构化数据的过程。这些数据采用的感知和采集手段通常是不一样的，大致可以分为以下几种方式。

1. 系统日志采集

在数字设备运行过程中，几乎所有设备都会将与自身运行相关的信息记录到日志文件中。这些日志数据包含了丰富的信息，具有极高的实用价值。比如，互联网服务器日志、防火墙日志、VPN 日志以及路由器日志等可以用于网络安全风险评估；电信网络中交换设备、接入设备产生的告警日志则可用于网络故障的诊断和恢复。日志数据记录了设备的运行状态、事件发生情况、错误信息等重要数据，对于监控设备运行、问题排查、性能优化都至关重要。通过对日志数据的分析和挖掘，可以及时发现问题、预测潜在风险、优化系统运行、提高设备的稳定性和安全性。因此，日志数据在数字设备管理和维护中具有不可替代的作用，对于保障系统的正常运行和安全性至关重要。

数据展现与可视化	雷达图	词云	仪表盘	地图
数据分析与挖掘	并行计算	数据挖掘	机器学习	数理统计
数据存储与管理	传统关系型数据库 MySQL、Oracle…	非关系型数据库 HBase、MongoDB、Neo4j…	新型数据库 Apache Hadoop、Apache Kafka…	
数据预处理	数据清洗	数据集成	数据转换	数据规约
数据采集	系统日志采集	网络数据采集	传感器采集	
数据源	结构化数据	非结构化数据	半结构化数据	

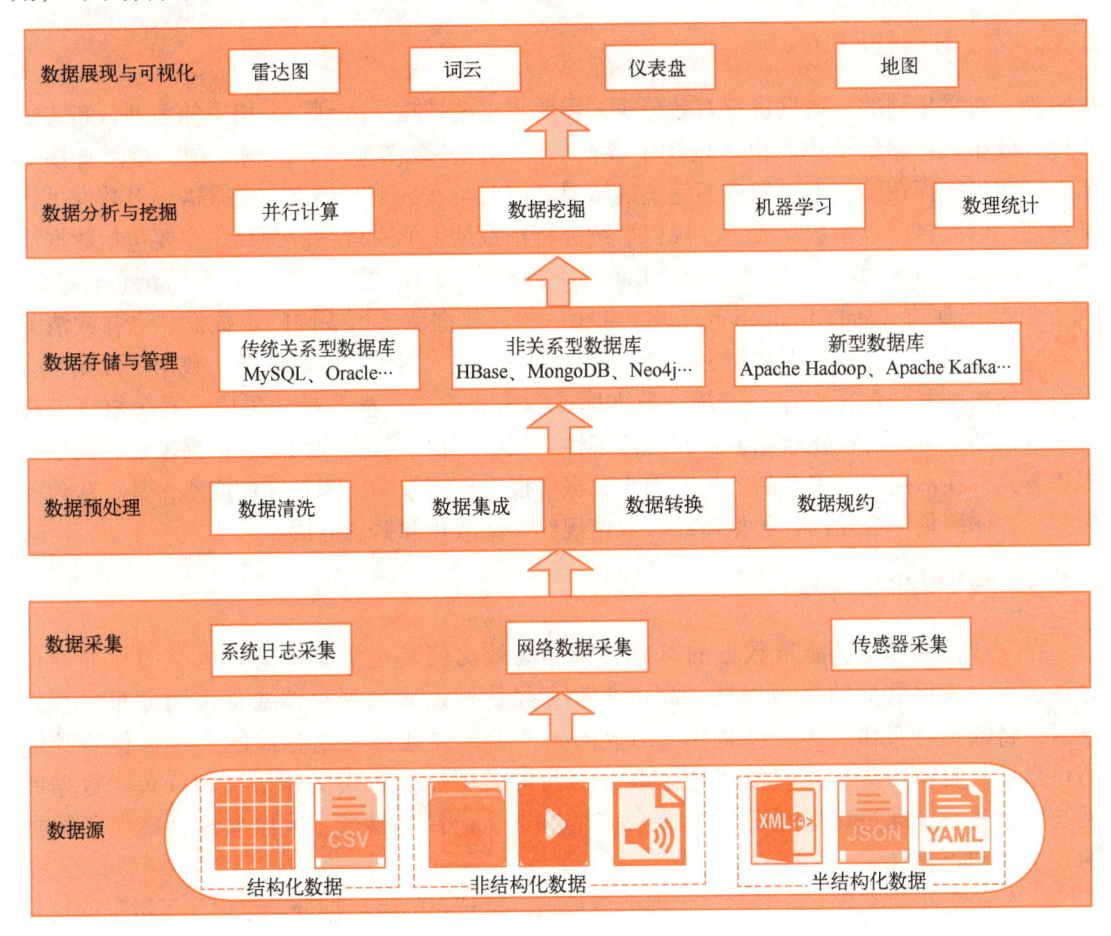

图 1-1 大数据处理流程

2. 网络数据采集

随着 Web 技术的不断发展，网络信息资源呈现出以几何级数增长的趋势。为了有效获取这些信息，网络数据采集综合运用了网络爬虫、分词系统、任务与索引系统等先进技术。通过这些技术手段，系统能够从互联网中提取非结构化和半结构化数据，为互联网舆情监控、用户行为分析、网络社会学等领域的研究提供了重要的数据基础。

3. 传感器采集

在信息时代，传感器已成为人类生产、生活、科研等活动中不可或缺的工具，持续为人类提供着宏观和微观的各种信息。据统计，当前已有成千上万的传感器嵌入到现实世界的各种设备中。每部智能手机平均搭载约 15 种传感器，而豪华轿车上则可能安装多达 200 个传感器。随着物联网技术的不断发展，以及可穿戴设备、无人驾驶、医疗健康监测、工业控制、智能家居、智能交通控制等应用的广泛普及，携带传感器的智能设备将愈发普及，从而产生前所未有的海量数据。

除了先前提到的基本数据采集方式外，还存在一些特定的数据采集方法。例如，在科学实验领域，研究人员可以借助专门的工具和技术，如磁光谱仪、射电望远镜等，来获取实验数据。这些高级仪器的运用不仅为科学研究提供了更为精确和详尽的数据支持，也拓展了数据采集的广度和深度。

1.2.2 数据预处理

为了对采集到的大数据进行有效分析，需要将这些数据导入到一个集中的大型分布式数据库或分布式存储集群中。由于现实中数据来源多样，数据种类和结构复杂，难以直接分析，同时可能存在结构不一致或不完整的情况。因此，在数据存储之前通常需要对数据进行预处理，以监督和改善数据质量，确保后续分析挖掘结果的有效性。预处理主要包括数据清洗（Data Cleaning，DC）、数据集成（Data Integration，DI）、数据转换（Data Transformation，DT）和数据规约（Data Reduction，DR）4个阶段。数据清洗可去除噪声数据、合并或清除重复数据、纠正或删除错误数据、处理缺失数据并解决数据不一致的问题。数据集成则整合来自不同数据源的数据，存储于统一数据库或数据仓库中，涉及模式集成、冗余数据处理等。数据转换可以规范化数据，提高可理解性，便于分析。数据规约通过数据采样、属性选择等方式，在不损失准确性的前提下缩小数据规模，提高效率，降低存储成本，其方法包括数据立方体聚集、维规约、数据压缩、数值规约、离散化和概念分层。

1.2.3 数据存储与管理

在大数据处理中，海量数据的可靠存储和高效访问是至关重要的，也是面临的难点之一。为了确保数据的高可用性、高可靠性和经济性，大数据存储通常采用分布式存储技术，将数据分布在由多个存储节点构成的集群上，并通过冗余存储的方式来保障数据的可靠性。目前，分布式存储系统主要分为两种类型：分布式文件系统和分布式数据库系统。这些系统通过将数据分散存储在多个节点上，并提供数据冗余备份，确保了数据的安全性和可靠性。

分布式文件系统是大数据存储管理中最基础、最核心的组成部分，它构建了数据的物理存储架构。目前广泛应用的分布式文件系统包括 Hadoop 分布式文件系统（HDFS）、Google 文件系统（GFS，已发展为 Colossus 系统）、淘宝文件系统（TFS）等。这些系统为大数据的存储和管理提供了可靠的基础架构，支持数据的分布式存储和高效访问，满足了现代大数据处理的需求。

分布式数据库常构建在分布式文件系统之上，用于实现数据的存储管理和快速查询。数据库主要分为传统的关系型数据库、非关系型数据库（NoSQL）和新型数据库（NewSQL）。关系型数据库技术经过多年发展，代表产品有 Oracle、SQL Server 和 MySQL。非关系型数据库具有灵活的数据模型，适合存储非结构化数据，并且易于扩展，因此，成为大数据处理的核心技术之一。根据数据存储模型和特点的不同，NoSQL 可分为列式数据库、文档数据库、键值对数据库、图形数据库和对象数据库等类型，代表产品有 HBase、Cassandra、MongoDB、CouchDB。NewSQL 是一类新型的分布式关系数据库，融合了 NoSQL 和传统数据库的特点，既具备 NoSQL 的海量数据处理技术和可扩展性，又保留了 SQL 查询的便捷性和传统数据库事务操作的 ACID 特性（原子性、一致性、隔离性和持久性）。NewSQL 数据库大致可分为全新架构的 NewSQL、利用高度优化的 SQL 存储引擎的 NewSQL 和提供透明数据分片中间件的 NewSQL 3 类。

1.2.4 数据分析与挖掘

数据分析与挖掘是大数据技术领域中至关重要的组成部分，也是展现大数据价值的关键环节。通过数据分析，人们能够发现大量数据背后的潜在规律，提取出有用的信息，这对于理解客户商业需求、预测企业市场趋势、制订国家发展计划具有重要指导意义。传统的数据分析方法包括统计分析、机器学习和数据挖掘等，这些方法主要针对结构化、单一对象的小数据集，然而很多方法也适用于大数据的分析与处理。

1. 统计分析

统计分析以概率论为基础，通过对大量随机数据进行收集、整理和建模，推断其中存在的统计规律性。在大数据领域，常用的统计分析方法包括描述性统计分析、回归分析、方差分析和因子分析等。描述性统计分析通过表格、图形和数字统计量等形式，概括数据的整体状况、特征以及属性之间的关联关系。它包括数据的集中趋势分析、离散程度分析和相对指标分析，有助于揭示数据的内在特征。回归分析是一种统计方法，用于确定两种或两种以上变量之间的定量关系。作为一种预测性建模技术，回归分析可根据自变量的给定值来估计或预测因变量的平均值，在大数据分析中常用于预测分析和发现变量间的因果关系。方差分析是用于研究待考察事物受某种或多种因素影响程度的统计方法，可找出事物的显著影响因素和各因素间的相互作用。在农业中，方差分析可应用于研究土壤、肥料、日照时间等因素对农作物产量的影响。因子分析是一种多元统计分析方法，利用降维思想将具有复杂关系的多个变量综合为少数几个因子，用于简化数据和探测数据的内在结构。因子分析有助于揭示数据背后的潜在结构和关联关系，为数据理解和应用提供重要支持。

2. 机器学习

机器学习作为人工智能的核心研究领域之一，致力于让计算机模拟人类学习行为，自动获取新知识和技能，并通过经验知识提升自身性能。从方法论角度看，机器学习分为监督式学习、非监督式学习和半监督式学习3种类型。监督式学习使用有标签的训练数据集推断输入数据与期望输出之间的映射关系，以预测新数据的标签值，常用于解决分类和回归问题，典型算法包括决策树、朴素贝叶斯、逻辑斯谛回归（简称逻辑回归）等。非监督式学习旨在发现无标签训练数据中的共性特征和结构，或者探索数据特征之间的关联关系，经典算法包括K-均值聚类、主成分分析、受限玻尔兹曼机等。半监督式学习结合监督式学习和非监督式学习，利用少量有标签数据和大量无标签数据来提升学习性能，广泛应用于分类、回归、聚类和关联分析等领域。这些方法的应用推动了机器学习技术在各行业的发展和应用。

3. 数据挖掘

数据挖掘是从大量的、不完全的、带噪声、模糊、随机的实际应用数据中，提取潜在有用的信息和知识的过程，这些信息常常是人们事先不知道的。2006年，IEEE 国际数据挖掘会议（ICDM）通过严格的筛选程序，确定了10种最具影响力的数据挖掘算法，包括SVM、C4.5、Apriori、K-Means、CART、EM 和 Naive Bayes 等。这些算法被广泛应用于解决大数据分析领域的重要问题，如分类、回归、聚类、关联分析等，推动了数据挖掘技术在实践中的发展和应用。

传统的数据分析处理通常采用串行计算模式，然而在处理海量数据时，这种方式往往效率不高，难以满足实际应用的需求。近年来，随着并行计算技术的成熟和云计算平台的发展，数据挖掘与并行计算相结合形成了并行数据挖掘。通过利用多个节点并行进行挖掘任务，系统的运行速度和处理效率得到显著提升。此外，在大数据环境下，对流式数据处理的需求不断增长，实时挖掘和流式挖掘因其具有实时性和高效性而成为数据挖掘领域的新研究热点。这些技术的发展和应用为实时数据分析和决策提供了重要支持，推动了数据挖掘领域的进步和创新。

1.2.5 数据展现与可视化

数据分析挖掘的结果应以生动直观的方式展示，使用户能理解和应用数据，为生产、运营、规划提供决策支持。可视化是解释复杂数据、理解复杂现象的重要手段。传统的数据可视化技术主要通过简单的图表、图形展示数据分析结果，如 Excel 图表。这种方法适用于小规模数据集，但无法满足海量、复杂、高维数据的可视化需求。

大数据的数据可视化技术利用图表、地图、仪表盘等视觉化手段，将海量、复杂的数据呈现为直观、易理解的图形化形式。通过数据可视化，用户能更直观地理解数据的模式、趋势和关联，从而更迅速、准确地做出决策和发现洞察。常见的数据可视化技术包括线图、条形图、饼图、热力图、地图等，以及交互式可视化工具和大屏幕仪表盘。这些技术广泛应用于商业智能、数据分析、运营监控和决策支持领域，帮助用户更好地理解和利用大数据，挖掘潜在价值并提升业务绩效。

1.3 大数据分析在不同领域的应用

在商业、医疗、金融和社交网络等领域，大数据分析的应用正日益深入人心，为各行各业带来前所未有的机遇和挑战。通过大数据分析，企业可以更好地理解消费者需求，提升市场竞争力；医疗机构可以实现个性化诊疗，提高医疗水平；金融机构可以提升风险管理水平，改善客户体验；社交网络和媒体可以精细化用户服务，提高内容吸引力。随着大数据分析技术的不断发展和应用场景的不断扩展，有理由相信，大数据分析将继续为各行业带来更多创新和发展机遇，推动社会进步和商业繁荣。

1.3.1 商业与市场营销

大数据分析在商业与市场营销中有多种应用。通过收集和分析海量数据，企业可以了解消费者的行为和喜好，从而优化产品定位、精确营销推广和个性化服务，提高销售和用户满意度。此外，大数据还可以用于市场趋势分析、竞争对手监测和预测，帮助企业做出战略决策和市场规划。同时，大数据分析还可以帮助企业进行客户细分、目标定位和营销策略优化，提升市场推广效果和营销 ROI（投资回报率）。总之，大数据分析为商业与市场营销提供了更深入的洞察和决策支持，帮助企业更好地适应变化的市场环境并实现商业增长。

1.3.2 医疗与健康

大数据分析在医疗与健康领域具有广泛的应用。通过收集和分析大量的医疗数据，如病历、医疗影像、生物标志物等，可以帮助医生进行精准诊断和个性化治疗，提高医疗质量和效率。大数据分析还可用于发现新的医疗知识、关联病因和疾病风险因素，促进科学研究和医学进步。另外，大数据分析还在健康管理和预防领域发挥作用，通过追踪个体的生理指标、行为习惯和环境数据，实现个性化的健康监测、预测和干预，帮助人们管理健康风险、改善生活方式。总之，大数据分析的应用可以提升医疗决策的科学性和个体化，促进健康管理和疾病防控，为人们的健康提供更加全面和有效的支持。

1.3.3 金融与保险

通过分析海量的交易数据和客户行为数据，金融机构可以进行风险管理和欺诈检测，提高交易安全性和合规性。其次，大数据分析还可用于个人信用评分和贷款风险评估，帮助银行更准确地识别借款人的信用风险和偿还能力。另外，大数据分析还可用于个性化营销和金融产品定制，通过了解客户需求和行为习惯，提供个性化推荐和服务，促进产品销售并提升客户满意度。在保险领域，大数据分析可用于精算建模、保单定价和赔付管理，提高保险精算的准确性和效率，同时支持保险产品创新和风险管理。总之，大数据分析的应用可以提升金融业务的风险管控能力、产品创新能力和客户服务水平，为金融机构和保险公司带来更多商业机会和竞争优势。

1.3.4 社交网络与媒体

大数据分析在社交网络与媒体领域也有着广阔的应用空间。通过分析用户在社交网络中的行为、兴趣和互动，可以实现精准的用户画像和个性化推荐，提供用户喜欢的内容和个性化广告，增强用户体验，提高广告收益。大数据分析还可以用于社交网络的社交关系分析和影响力评估，识别关键意见领袖、传播路径和热点话题，帮助媒体和品牌进行社交媒体营销和舆情监测。另外，大数据还可用于媒体内容分析和预测，通过挖掘用户评论、点击和分享数据，了解受众喜好和需求，优化内容创作和传播策略，提高媒体内容的吸引力和传播效果。总之，大数据分析的应用可以为社交网络和媒体提供更深入的洞察和决策支持，帮助其更好地满足用户需求，增强用户参与度，从而实现更好的营销和传播效果。

1.4 Python 介绍

Python 是一种面向对象的解释型计算机程序设计语言，由荷兰人 Guido van Rossum 于 1991 年正式发布。因其简洁、易读和易学的特点而备受欢迎。它可以应用于多种领域，包括 Web 开发、数据分析、人工智能和科学计算等。Python 具有丰富的库和框架，使得开发者能够快速开发各种类型的应用程序。

Python 的特点如下。

1）简洁易读：Python 的语法简洁清晰，使得代码易于阅读和理解，同时也有助于提高开发效率。

2）多样化的应用领域：Python 可用于开发 Web 应用、桌面应用、游戏开发、数据分析和人工智能等各种领域。

3）库和框架丰富：Python 拥有大量的第三方库和框架，如 Django、Flask、NumPy、Pandas、TensorFlow 等，可以帮助开发者加快开发进程，提高效率。

4）社区支持和资源丰富：Python 拥有庞大的开发者社区，开发者可以在社区中分享经验、寻求帮助，还可以使用众多的开源资源和工具。

1.4.1 安装 Python 解释器

安装 Python 解释器非常简单。可以按照以下步骤进行：

1）访问 Python 官方网站 https://www.python.org/downloads/，单击"Downloads"按钮选择需要的 Python 版本。

2）根据操作系统（Windows、macOS、Linux 等）选择合适的安装程序并下载。

3）运行下载的安装程序，按照提示进行安装。在安装过程中，确保选中"Add Python to PATH"选项，这样可以在命令行中直接运行 Python。

4）完成安装后，打开命令行或终端，输入"python"，如果看到类似"Python 3.8.8 (tags/v3.8.8:024d805, Feb 19 2024, 13:18:16)"的信息，表示 Python 解释器已经成功安装。

通过上述步骤，就可以成功安装 Python 解释器了。安装完成后，在 Windows 开始菜单中可以找到 Python，并且可以查看到 Python 安装的版本号，具体如图 1-2 所示。

按〈Enter〉键后打开 IDLE 窗口，在">>>"后输入语句 print("Hello world!")，然后按〈Enter〉键，即可看到运行结果，具体如图 1-3 所示。这样就完成了在 Python 自带的集成开发环境（IDLE, Integrated Development and Learning Environment）下运行一条简单的测试语句。IDLE 提供了简单的代码编辑器和交互式解释器，方便用户编写、运行和调试 Python 代码。用户可以在 IDLE 中编写 Python 脚本并立即执行它们，也可以通过交互式模式逐行执行代码来进行实时调试和探索。但 IDLE 的功能比较有限，只适合写一些简单的程序，不太适合开发 Python 工程项目。

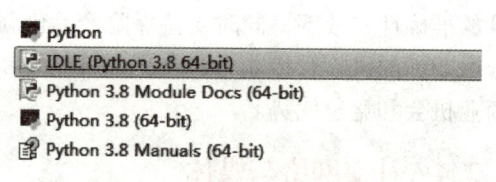

图 1-2 查看 Python 的版本号

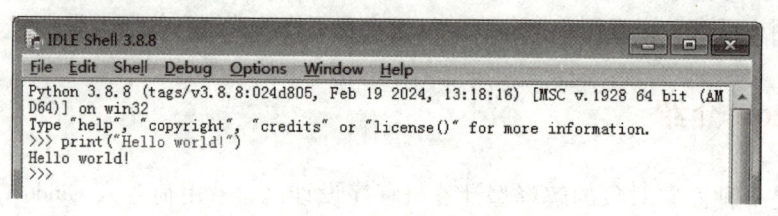

图 1-3 Python 运行结果界面

1.4.2 安装 PyCharm

PyCharm 是一款由 JetBrains 开发的集成开发环境（IDE），专门用于 Python 编程语言的开发。它提供了丰富的功能，包括代码编辑、调试、版本控制、代码分析和测试等，旨在提高 Python 开发者的开发效率。

PyCharm 主要包括两个版本：PyCharm Community Edition（社区版）和 PyCharm Professional Edition（专业版）。社区版是免费的，适用于大部分的 Python 开发任务，而专业版则提供了更多高级功能，如数据库工具、科学计算支持和 Web 开发框架支持等。无论是初学者还是有经验的开发者，都可以借助 PyCharm 强大的工具来提高代码质量和开发效率。特别是对于大数据分析的学习与研究，PyCharm 提供了非常大的助力。PyCharm 社区版的下载安装过程如下。

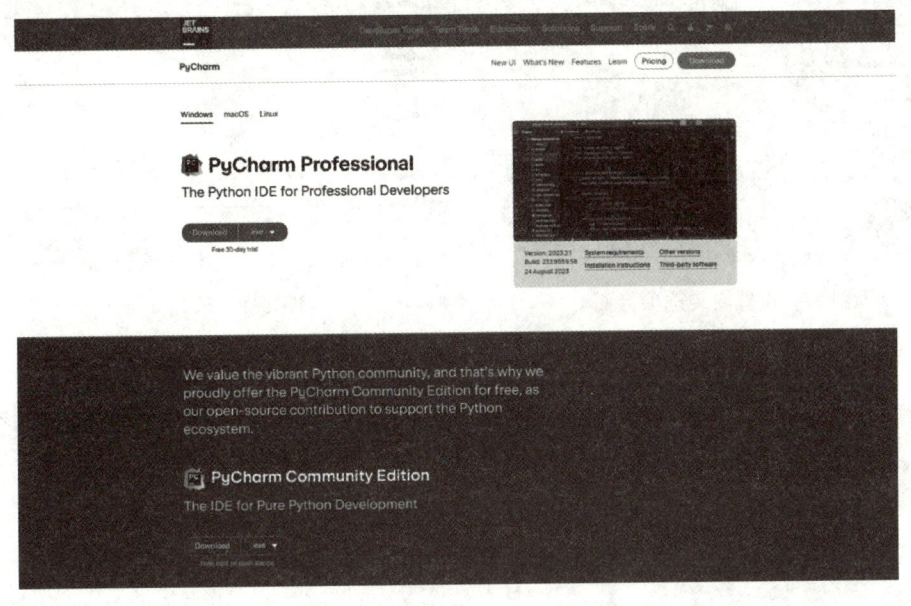

1. 下载 PyCharm

访问 PyCharm 官方网站 https://www.jetbrains.com/pycharm/download，其网页如图 1-4 所示。选择 PyCharm 社区版，并选择适合当前操作系统的版本。下载安装程序，下载完成后，运行安装程序。

图 1-4　PyCharm 官网

2. 安装 PyCharm

打开安装程序后，进入安装向导界面，如图 1-5 所示。按照安装向导的步骤进行操作，单击"Next"按钮，进入选择安装位置界面，如图 1-6 所示。可以选择默认位置，也可以自定义安装路径，选择 PyCharm 的安装位置后，单击"Next"按钮，进入设置安装选项界面，如图 1-7 所示。勾选选项，并单击"Next"按钮，进入开始安装界面，如图 1-8 所示。单击"Install"按钮，开始安装。安装完成后，根据需要选择是否创建桌面快捷方式或启动器图标。

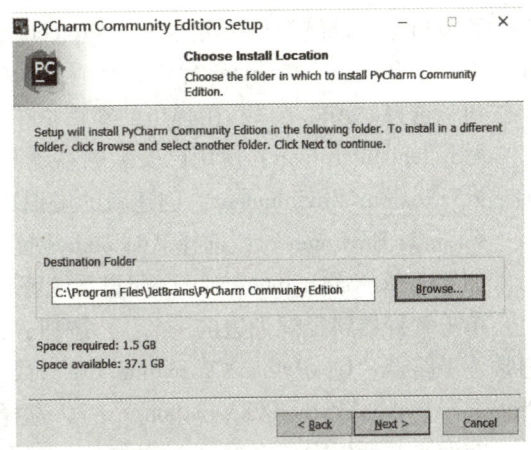

图 1-5　安装向导界面　　　　　图 1-6　选择安装位置界面

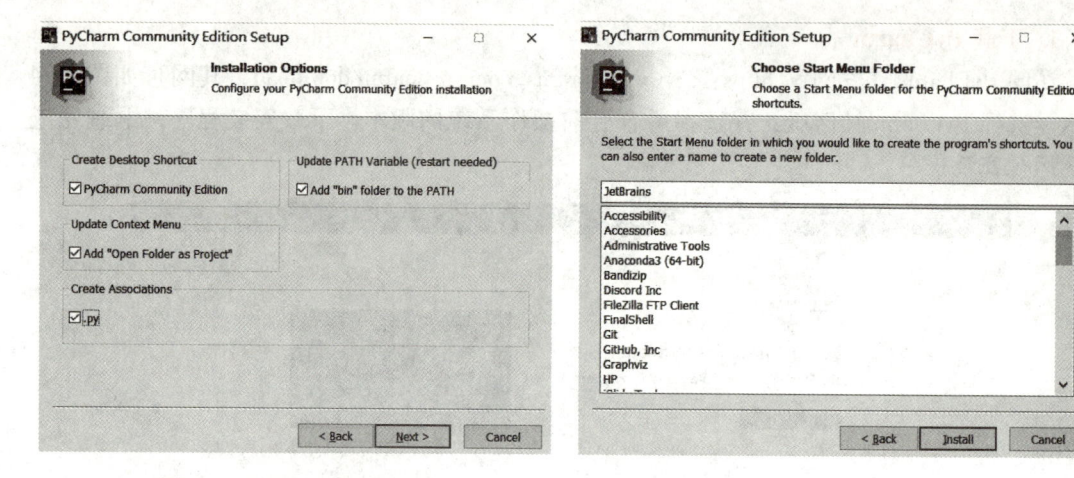

图 1-7　设置安装选项界面

图 1-8　开始安装界面

3. 启动 PyCharm

安装完成后，可以在开始菜单（Windows）或应用程序文件夹（macOS）中找到 PyCharm，并启动它，如图 1-9 所示。

图 1-9　PyCharm 界面

4. 连接 Python 解释器

下面以 Windows 系统为例，描述连接 Python 解释器的过程。

首先，启动 PyCharm 并打开项目。在菜单栏中，单击"File"，然后选择"Settings"。在设置窗口中，导航至以下路径："Project"→"<your_project_name>"→"Python Interpreter"。在 Python Interpreter 界面，将看到当前项目所使用的解释器。单击右上角的齿轮图标按钮，选择"Add..."。在弹出的对话框中，可以选择不同类型的解释器。

- System Interpreter：使用已安装的系统 Python 解释器。
- Virtualenv Environment：创建新的虚拟环境。
- Conda Environment：选择 Anaconda 创建的 Conda 环境。（见 1.4.3 节）

如果选择 System Interpreter，配置系统解释器的步骤如下：

单击解释器路径框旁边的"..."按钮，浏览文件系统。找到已安装的 Python 解释器，通常位于路径"C:\PythonXX\python.exe"或"C:\Users\<YourUsername>\AppData\Local\Programs\Python\PythonXX\python.exe"，选择该解释器后，单击"OK"。

在设置对话框中，会看到新添加的解释器。单击"OK"或"Apply"保存设置。返回项目后，可以在 Python 控制台中运行简单的 Python 代码，以确认解释器已正确连接。

5. 开始使用

打开 PyCharm 后，确认已连接好 Python 解释器，然后就可以创建新项目、导入现有项目或直接开始编写代码了。PyCharm 提供了丰富的功能，包括代码补全、调试和版本控制等，可以极大地提高使用者的开发效率。

以上是安装 PyCharm 的一般步骤。具体步骤可能会因操作系统和 PyCharm 版本的差异而有所不同。在安装过程中如果遇到问题，可以参考官方文档或社区支持资源，也可以在网上搜索相关教程。

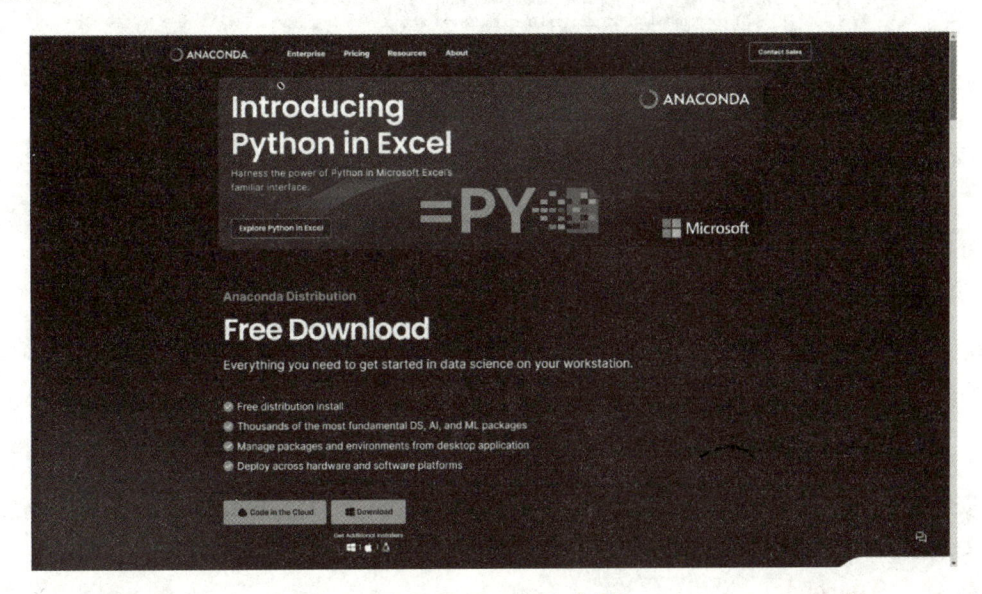

1.4.3 安装 Anaconda

Anaconda 是一个用于科学计算和数据科学的开源发行版，为数据分析、机器学习和科学计算提供了丰富的工具、库和环境。Anaconda 中包含了 Python 解释器，以及一些常用的 Python 编辑器（如 Jupyter Notebook、Spyder 等），让用户可以方便地进行编程和数据分析工作。此外，Anaconda 还预装了许多常用的科学计算库，如 NumPy、pandas、Matplotlib、Scikit-learn 等，这些库提供了丰富的功能和工具，帮助用户进行数据处理、可视化和机器学习任务。Anaconda 还提供了包管理器（如 pip、conda 等），使用户可以轻松地安装、更新和管理软件包。另外，Anaconda 提供了一个统一的界面，让用户可以方便地访问和管理 Anaconda 中的工具和环境。Anaconda 的这些特性使得它成为数据科学领域中非常受欢迎的工具之一。Anaconda 的安装教程如下。

1. 下载 Anaconda

访问 Anaconda 官方网站 https://www.anaconda.com/products/distribution，其网页如图 1-10 所示。选择适用于当前操作系统的 Anaconda 版本（通常是 Python 3.x 版本），单击下载按钮。下载完成后进行安装。

图 1-10 Anaconda 官网

2. 安装 Anaconda

打开下载的安装程序（在 Windows 中是一个 .exe 文件，在 macOS 中是一个 .pkg 文件)。如图1-11所示,选中"Just Me"单选按钮,然后单击"Next"(下一步)按钮,进入选择安装位置界面,如图1-12所示。选择安装目标文件夹和选项(通常使用默认设置即可),然后单击"Next"(下一步)按钮,进入开始安装界面,如图1-13所示。选中"Register Anaconda3 as my default Python 3.11"(将Anaconda3注册为我的默认Python 3.11)单选按钮,然后单击"Install"(安装)按钮。

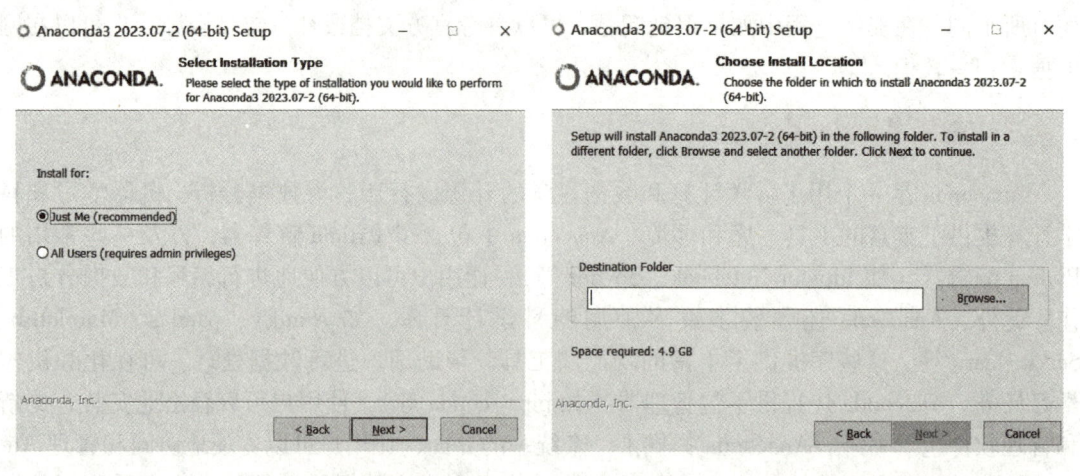

图1-11 Anconda安装选项

图1-12 选择安装位置界面

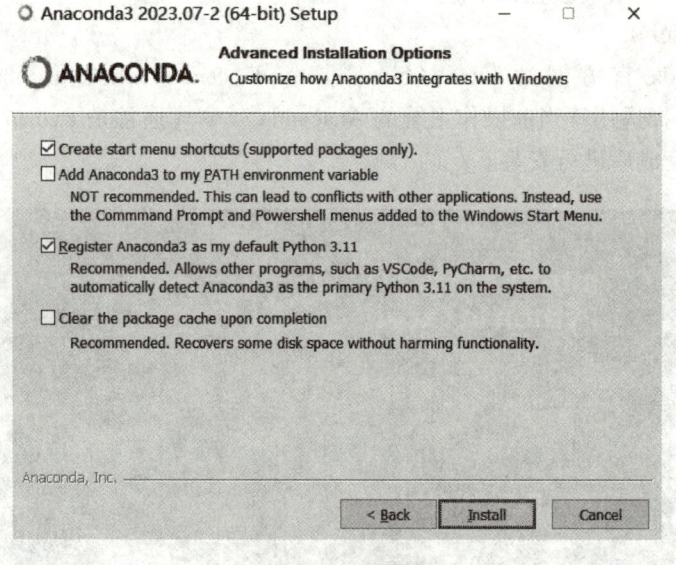

图1-13 开始安装界面

3. 验证安装

安装完成后,打开cmd窗口,输入conda-version命令来验证Anaconda是否成功安装。如果安装成功,会显示当前安装的conda版本信息。

4. 使用Anaconda

安装Anaconda后的Windows开始菜单项及用法如图1-14所示。可以发现,Anaconda集成了解释器、编辑器、包及包管理器,另外,不需要手动配置它们的关联参数,就可以直接使用相应的功能。

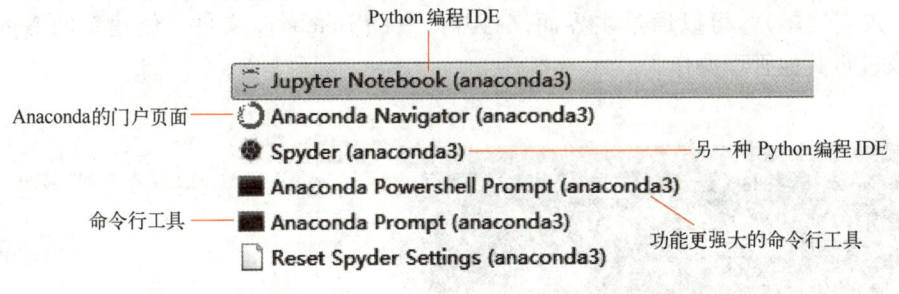

图 1-14 安装 Anaconda 后的 Windows 开始菜单项及用法

Anaconda Navigator 是 Anaconda 的图形化界面，统一显示了 Anaconda 的各个组成部分和工具，方便用户管理和访问。打开 Anaconda Navigator 首页，如图 1-15 所示。

图 1-15 Anaconda Navigator 首页

Jupyter Notebook 是一个交互式的笔记本界面，可以让用户创建和共享文档，其中包含实时代码、可视化图表和说明文本等内容。Jupyter Notebook 最初是作为 IPython（一个交互式 Python shell）的一个扩展项目而开发的，后来发展成为支持多种编程语言的开源项目。打开 Jupyter Notebook 会弹出 Jupyter Notebook 服务器的控制台界面（见图 1-16）和 Jupyter Notebook 的主界面（见图 1-17）。

Jupyter Notebook 服务器的控制台提供了与服务器交互的方式。它通常是一个后台进程，负责运行和管理 Jupyter Notebook 服务，同时也可以显示一些关键的信息和输出内容。在正常情况下，可以忽略这个窗口，除非需要查看服务器的输出信息或进行相关操作。

Jupyter Notebook 的主界面用于管理文件和启动新的 Jupyter Notebook。在这个界面中，可以看到当前目录下的所有文件和文件夹，包括已经创建的 Jupyter Notebook 文件（以

.ipynb 扩展名结尾）。可以通过主界面来打开已有的 Notebook 文件，创建新的 Notebook 文件，以及进行其他管理操作。

图 1-16　Jupyter Notebook 服务器的控制台界面

图 1-17　Jupyter Notebook 的主界面

在图 1-17 的主界面上单击 Python3 就可以进入 Jupyter Notebook 的编辑界面，如图 1-18 所示。Jupyter Notebook 编辑界面为用户提供了一个交互式的编程和文档撰写环境，结合代码执行、文本说明和数据可视化等功能，使得数据分析、机器学习和科学计算工作更加直观和高效。

图 1-18　Jupyter Notebook 的编辑界面

总之，搭建 Python 开发环境有两种主要方式，一种是通过安装 Python 解释器和集成开发环境（如 PyCharm），另一种是安装 Anaconda。前者适合对开发工具有特定偏好或希望自定义开发环境的用户，后者适合需要一站式解决方案的数据科学家和研究人员。读者可根据个人喜好和需求进行选择。

1.5　本章小结

本章主要介绍了大数据的概念、关键技术及大数据分析在不同领域的应用，同时也对 Python 进行了简要介绍和安装说明。在大数据介绍部分，了解了大数据的概念、5 个 "V" 及大数据的处理方法。在大数据关键技术部分，阐述了数据采集、数据预处理、数据存储与管理、数据分析与挖掘以及数据展现与可视化的重要性。此外，还介绍了大数据分析在商业与市场营销、医疗与健康、金融与保险、社交网络与媒体等领域的应用。最后，对 Python 进行了简要介绍，并提供了安装 PyCharm 和 Anaconda 的说明，以帮助读者使用 Python 进行大数据分析。通过本章的学习，读者会对大数据的概念、技术和应用有一个全面的了解，同时也具备了使用 Python 进行大数据分析的基础知识和工具。

1.6　习题

1. 请简述大数据的概念。
2. 大数据的 5 个"V"分别指的是什么？
3. 请简述在大数据分析过程中，如何进行数据预处理？
4. 哪些领域可以进行大数据分析？

第 2 章
Python 大数据分析基础

Python 在大数据分析中扮演着关键的角色，其丰富的数据处理库和工具使得处理大规模数据变得高效且便捷。Python 提供了强大的数据结构和函数，如 NumPy、pandas 和 SciPy 等库，能够快速处理复杂的数据操作。同时，Python 的数据可视化工具（如 Matplotlib 和 Seaborn）可以帮助分析师直观地理解数据，而机器学习和深度学习库（如 Scikit-learn、TensorFlow 和 PyTorch）则提供了强大的建模和预测能力。此外，Python 还可以与大数据处理框架（如 Apache Spark）结合使用，实现分布式数据处理。总的来说，Python 的简洁性和丰富性使其成为大数据分析领域中不可或缺的工具，为数据分析师提供了强大的支持和工具，从而实现数据驱动的决策和洞察。

本章将介绍 Python 编程的基础知识和常用技术，包括基础语法、程序控制结构、组合数据类型、函数和面向对象程序设计等内容。读者将掌握 Python 中的基本语法和常用功能，为进一步学习和应用 Python 打下坚实基础。

2.1　Python 基础语法

本小节介绍 Python 编程语言的基础语法，包括关键字和标识符、常量与变量、基本数据类型以及运算符和表达式。

2.1.1　关键字和标识符

在 Python 语法中，关键字是被编程语言保留用于特定目的的单词或标识符，不能用作变量名或函数名。Python 语言的所有关键字及其含义见表 2-1。

表 2-1　Python 语言的关键字及其含义

序　号	关　键　字	含　义
1	False	布尔值，表示逻辑假
2	True	布尔值，表示逻辑真
3	None	表示空值或空对象
4	and	逻辑运算符，与
5	as	用于别名，常用于导入模块时
6	assert	用于调试目的，判断表达式是否为真
7	async	定义异步函数
8	await	在异步函数内部暂停执行

（续）

序号	关键字	含义
9	break	用于循环中，提前跳出循环
10	class	定义类
11	continue	用于循环中，跳过当前循环的剩余代码，进入下一次循环
12	def	定义函数
13	del	删除对象或对象中的元素
14	elif	在 if 语句中使用，提供额外的判断条件
15	else	在 if 语句中使用，否则
16	except	用于异常处理
17	finally	无论是否发生异常，都会执行的代码块
18	for	用于循环，遍历可迭代对象
19	from	用于导入模块中的特定部分
20	global	在函数内部声明全局变量
21	if	条件语句，如果
22	import	导入模块
23	in	用于检查某个元素是否存在于集合中
24	is	用于比较两个对象是否相同
25	lambda	创建匿名函数
26	nonlocal	在函数或其他作用域中使用外层（非全局）变量
27	not	逻辑运算符，非
28	or	逻辑运算符，或
29	pass	空语句，占位符
30	raise	抛出异常
31	return	从函数中返回值
32	try	异常处理中的尝试代码块
33	while	循环，当条件为真时执行代码块
34	with	用于管理资源，例如文件操作时的上下文管理器
35	yield	生成器函数中，产生值

标识符是由程序员定义的名称，用于标识变量、函数、类等实体。标识符需要满足以下规则：

1）标识符可以由字母（大小写均可）、数字和下画线组成，但不能以数字开头。
2）标识符对大小写敏感，大写字母和小写字母被视为不同的标识符。
3）标识符不能是关键字。

【例 2-1】Python 语法的标识符示例。

```
my_variable = 10                    # 变量名为 my_variable
my_function = lambda x: x ** 2      # 函数名为 my_function
class MyClass:                      # 类名为 MyClass
    pass
```

在此示例中,定义了变量名 my_variable、函数名 my_function、类名 MyClass,这 3 个名字都满足标识符的命名规则。在编写 Python 代码时,应避免使用 Python 中已经定义的关键字作为标识符,以免引发语法错误。

2.1.2 常量与变量

常量和变量是程序中用于存储数据的两个基本概念。

1. 常量

常量是指在程序运行过程中不会改变的量。一般分为字面常量和符号常量。

字面常量:如-5、3.1415926、'zhangsan'、0 等。

符号常量:符号常量是在程序中代表固定值或特定含义的符号或标识符,通常使用全大写字母或下画线来表示符号常量,符号常量的值在程序运行过程中不能被修改,因此常用于表示不会变化的常量值,例如数学常数或程序中的固定参数等。

【例 2-2】常量示例。

程序代码:

```
>>>PI = 3.1415              # 圆周率
>>>E = 2.71828              # 自然对数的底
>>>MAX_VALUE = 100          # 最大值
>>>MIN_VALUE = 0            # 最小值
```

例 2-2 定义了 4 个符号常量,圆周率 PI、自然对数的底 E、最大值 MAX_VALUE、最小值 MIN_VALUE。

2. 变量

变量在程序中充当着存储和表示数据值的角色,就如同容器一样。每个变量都有独一无二的名称,通过这个名称可以访问和操作变量中存储的数据。在 Python 中,变量的赋值是动态的,不需要提前声明类型,而是根据所赋的值自动确定其数据类型。这种灵活性使得 Python 编程更加便捷和直观。在 Python 中,变量名需要遵循标识符的命名规则,变量在使用之前必须进行初始化赋值,否则会导致错误。赋值操作使用"="表示,将右边的值赋给左边的变量,从而为变量指定特定的数据内容。变量的作用就是为数据在内存中分配一个名称,方便程序对数据的存储和处理。

变量赋值语法格式如下:

```
变量名=字面量或表达式
```

将"="右侧的值存放到左边的变量名。"="称为赋值号,此语句也称赋值语句。

【例 2-3】变量赋值示例。

```
>>>x = 100                  # 整数
>>>y = 3.14                 # 浮点数
>>>z = "Hello"              # 字符串
```

结果分析:

第一个赋值语句将整数 100 赋值给变量 x,也就是说,此后 x 就代表整数 100,使用 x 即使用 100。同理,第二个赋值语句将浮点数 3.14 赋值给变量 y,使用变量 y 就是使用

3.14,第三个赋值语句将字符串"Hello"赋值给变量 z,使用 z 就是使用字符串"Hello"。

变量的值不是固定的,可以随时被修改,只要重新赋值即可。另外,也可以将不同类型的数据赋值给同一变量。

【例 2-4】变量多次赋值示例。

程序代码:

```
>>>n = 20              # 将 20 赋值给变量 n
>>>n = 200             # 将 200 赋值给变量 n
>>>n = "xyz"           # 将"xyz"赋值给变量 n
```

注意:变量的值一旦被修改,之前的值就被覆盖了(不存在了)。换句话说,变量只能容纳一个值。上述代码变量 n 的最终值为字符串"xyz"。

2.1.3 基本数据类型

在 Python 语法中,基本数据类型包括整数(int)、浮点数(float)、字符串(str)、布尔值(bool)和 NoneType(None),下面对每种类型进行简要介绍。

1)整数(int):用于表示整数,可以是正数、负数或零,如-5、0、100。

2)浮点数(float):用于表示带有小数点的数值,如 3.14、-0.001、2.0,也可以是科学计数法的表示形式,如 3.5e3 或 3.5E3。

3)字符串(str):用于表示文本数据,可以使用单引号或双引号界定,如" Hello, World!"、'Python'。

4)布尔值(bool):用于表示逻辑值,只有两个取值 True 和 False,常用于条件判断和逻辑运算。

5)NoneType(None):表示空值或缺失值,常用于初始化变量或作为函数的返回值。

Python 还包括复数(complex)等其他数据类型,但以上列举的是最常见和最基本的数据类型。在 Python 编程中,可以使用这些数据类型来存储不同类型的数据,并且可以利用内置函数进行类型转换和操作。例如,可以使用 int()和 float()函数将数据转换为整数或浮点数,使用 str()函数将数据转换为字符串。而在实际编程中,理解和灵活运用这些基本数据类型是编写 Python 程序的重要基础。

2.1.4 运算符和表达式

在 Python 语法中,运算符和表达式是编写计算逻辑和进行数学运算的关键组成部分。Python 中常见的运算符及含义见表 2-2。

表 2-2 Python 中常见的运算符及含义

运算符的类别	运算符	含义
算术运算符	+	加法
	-	减法
	*	乘法
	/	除法
	//	整除
	%	取模(取余数)
	**	幂运算

（续）

运算符的类别	运算符	含义
比较运算符	==	等于
	!=	不等于
	>	大于
	<	小于
	<=	小于或等于
	>=	大于或等于
逻辑运算符	and	逻辑与
	or	逻辑或
	not	逻辑非
赋值运算符	=	简单赋值
	+=	加法赋值
	-=	减法赋值
	*=	乘法赋值
	/=	除法赋值
	//=	整除赋值
	%=	取模赋值
	**=	幂赋值
位运算符（二进制）	&	按位与
	|	按位或
	^	按位异或
	<<	左移
	>>	右移
	~	按位取反
成员运算符	in	存在
	not in	不存在
身份运算符	is	两个对象指向同一内存地址
	is not	两个对象不指向同一内存地址

表达式是由运算符和操作数组成的组合，可以对数据进行计算和操作。在 Python 中，表达式可以包括变量、常量、运算符及函数的调用等。

【例 2-5】 表达式示例。

```
# 算术表达式
result = 3 + 4 * 2

# 逻辑表达式
is_valid = (x > 0) and (y < 10)

# 字符串表达式
```

```
full_name = first_name + " " + last_name

# 函数调用表达式
squared = square(5)
```

例 2-5 展示了算术表达式、逻辑表达式、字符串表达式及函数调用表达式。在 Python 中，运算符的优先级见表 2-3。

表 2-3 Python 中运算符的优先级

序号	运算符	结合性
1	括号（()）：最高优先级	
2	幂运算符（**）	从右到左
3	取正运算符（+）、取负运算符（-）、按位取反运算符（~）	从右到左
4	乘法运算符（*）、除法运算符（/）、取模运算符（%）、整除运算符（//）	
5	加法运算符（+）、减法运算符（-）	
6	左移运算符（<<）、右移运算符（>>）	
7	按位与运算符（&）	
8	按位异或运算符（^）	
9	按位或运算符（|）	
10	比较运算符（==, !=, >, <, >=, <=）	
11	成员运算符（in, not in）、身份运算符（is, is not）	
12	逻辑非运算符（not）	从右到左
13	逻辑与运算符（and）、逻辑或运算符（or）	
14	赋值运算符（=, +=, -=, *=, /=, //=, %=）	

在计算表达式的值时，Python 会根据运算符的优先级（见表 2-3）和结合性（表 2-3 没有给出结合性的运算符，默认为从左到右），依次计算各个运算符的操作。如果有多个同级别（表 2-3 中位于同一行的运算符属于同一优先级）的运算符，Python 会根据结合性（从左到右或从右到左）来确定计算顺序。在复杂的表达式中，可以使用括号来明确指定运算的顺序，以避免混淆和错误结果。

2.2 程序控制结构

Python 语言中的程序控制结构包括顺序结构、分支结构、循环结构和跳转语句。

2.2.1 顺序结构

顺序结构是编程中最简单直观的一种结构，代码按照编写顺序依次执行，没有分支或循环的干扰。在顺序结构中，代码会从上到下顺序地执行，不会发生任何跳转或重复的情况。每个语句执行完毕后，程序会顺序执行下一个语句，直至程序的结束。这种结构清晰明了，让程序的执行流程变得易于理解和控制。

【例 2-6】 顺序程序示例。

```
# 顺序结构示例
name = "Alice"
age = 30
print("Hello, my name is " + name)            # 依次执行
print("I am " + str(age) + " years old")      # 依次执行
```

在例 2-6 中，两条打印语句按照编写的顺序顺次执行，没有分支或循环，整个程序形成了顺序结构。

顺序结构通常用于执行线性流程的操作，例如数据初始化、简单的计算和输出等。虽然简单，但顺序结构是构建更复杂控制结构的基础，它与选择结构和循环结构结合使用，能够构建出更加灵活和功能丰富的程序逻辑。在 Python 语言中，顺序结构是编写程序时最基本的控制结构之一，它为程序提供了线性和有序的执行流程。

2.2.2 分支结构

Python 语言中的分支结构用于根据条件的真假执行不同的代码块。常见的分支结构包括单分支结构、双分支结构、多分支选择结构以及分支嵌套。

1. 单分支结构（if 语句）

单分支结构的语法如下：

```
if condition:
    # 如果条件为真, 执行这里的代码块
    语句块
```

if 关键字引导条件判断，后接一个条件表达式 condition，如果该条件为真（即结果为 True），则执行冒号后缩进的代码块，即语句块。如果条件为假（即结果为 False），则跳过整个 if 语句块，继续执行后续代码。

【例 2-7】 单分支程序示例。

```
# 判断一个数是否为正数
num = float(input("请输入一个数字:"))
if num > 0:
    print("这是一个正数")
```

在例 2-7 中，用户输入一个数字，程序通过 if 语句判断这个数字是否为正数。如果输入的数字大于 0，则输出"这是一个正数"；如果输入的数字不大于 0，则不会有任何输出，因为这是一个单分支的程序，没有 else 部分。

2. 双分支结构（if-else 语句）

双分支结构的语法如下：

```
if condition:
    语句块 1          # 如果条件为真, 执行这里的代码块
else:
    语句块 2          # 如果条件为假, 执行这里的代码块
```

if 关键字引导条件判断，后接一个条件表达式 condition，如果该条件为真（即结果为 True），则执行冒号后面缩进的代码块，即语句块 1；如果条件为假（即结果为 False），则执行 else 后面的代码块，即语句块 2。通过这种方式，程序可以根据条件的真假执行不同的代码逻辑。

【例 2-8】 双分支程序示例。

```
x = 10
if x > 0:
    print("x is positive")
else:
    print("x is non-positive")
```

在例 2-8 中，如果 x 大于 0，则会输出"x is positive"；否则，会输出"x is non-positive"。由于 x 等于 10，因此输出"x is positive"。

3. 多分支选择结构（if-elif-else 语句）

多分支选择结构的语法如下：

```
if condition1:
    语句块 1        # 如果 condition1 为真，执行这里的代码块
elif condition2:
    语句块 2        # 如果 condition2 为真，执行这里的代码块
elif condition3:
    语句块 3        # 如果 condition3 为真，执行这里的代码块
    ...
else:
    语句块 n        # 如果以上条件都不为真，执行这里的代码块
```

首先检查 condition1，如果为真，则执行对应的语句块 1；如果为假，则继续检查 condition2，依此类推。如果所有的条件都为假，最后会执行 else 后面的语句块 n。这种多分支选择结构让程序能够根据不同的条件执行不同的代码分支。

【例 2-9】 多分支选择程序示例。

```
score = 90
if score >= 90:
    print("优秀")
elif score >= 60:
    print("及格")
else:
    print("不及格")
```

运行结果如下：

```
优秀
```

由于 score=90，满足 if 后面的条件，因此输出结果为"优秀"。

4. 分支嵌套

在 Python 中，分支嵌套是指在一个分支语句内部包含另一个或多个分支语句的情况。

这种嵌套结构可以根据不同的条件执行不同的代码块，使程序具有更多的逻辑判断和灵活性。

分支嵌套的形式多样，下面给出一种包含单分支的分支嵌套语法。

```
if condition1:
    语句块 1
    if condition2:
        语句块 2        # 在 condition1 和 condition2 都为真时执行的代码
    else:
        语句块 3        # 在 condition1 为真且 condition2 为假时执行的代码
else:
    语句块 3            # 在 condition1 为假时执行的代码
```

【例 2-10】分支嵌套程序示例。

```
# 根据用户输入的成绩判断等级
score = float(input("请输入成绩:"))

if score >= 90:
    print("优秀")
else:
    if score >= 80:
        print("良好")
    else:
        if score >= 60:
            print("及格")
        else:
            print("不及格")
```

在例 2-10 中，基于用户输入的成绩，程序会根据不同的分数范围输出不同的等级评价。通过嵌套的方式，实现了多个条件的判断和处理，使代码逻辑更加清晰和灵活。

注意：在编写代码时，确保 if 嵌套的层数不要过深。过多的嵌套会降低代码的可读性，使程序难以理解和维护。此外，要记住 else 始终与最近的 if 配对，这样可以确保代码逻辑清晰，避免出现错误。如果遇到需要多层嵌套的情况，可以考虑使用其他结构（如 elif 语句或者重构代码逻辑）来简化代码，提高可读性。保持代码清晰简洁是良好编程习惯的一部分。

2.2.3 循环结构

在 Python 语言中，循环结构用于重复执行特定的代码块，直到满足某个条件为止。Python 提供了两种主要的循环结构，分别是 for 循环和 while 循环。

1. for 循环

for 循环用于按顺序迭代可迭代对象（如列表、元组、字符串或字典的键），执行特定代码块。其基本语法如下：

```
for 变量 in 可迭代对象:
    执行的代码块
```

【例2-11】for 循环示例。

```
fruits = ["apple", "banana", "cherry"]
for fruit in fruits:
    print(fruit)
```

在例2-11中，for 循环逐个迭代 fruits 列表中的元素，并依次执行 print 语句。运行结果如下：

```
apple
banana
cherry
```

2. while 循环

while 循环根据条件的真假循环执行特定代码块，直到条件不满足为止。其基本语法如下：

```
while 条件:
    执行的代码块
```

【例2-12】while 循环示例。

```
count = 0
while count < 5:
    print(count)
    count += 1
```

在例2-12中，while 循环会在 count 小于5的情况下重复执行 print 语句，并且在每次执行后将 count 的值加1，直到 count 不再小于5为止。运行结果如下：

```
0
1
2
3
4
```

通过 for 循环和 while 循环，可以实现在满足特定条件时重复执行某段代码的逻辑，这为程序提供了处理重复性任务的强大能力。在循环内部，还可以使用控制语句（如 break、continue 等）来控制循环的执行流程。其中，break 用于提前跳出循环，而 continue 用于跳过本次循环的剩余代码，进入下一次循环。

2.2.4 跳转语句

在 Python 语言中，程序控制结构的跳转语句包括 break 语句、continue 语句和 pass 语句。

1. break 语句

break 语句用于提前跳出 for 循环或 while 循环，即使循环条件仍然为真。通常需要在循环中检测到某个条件需立即退出循环时使用。

【例 2-13】 break 语句示例。

```
for i in range(5):
    if i == 3:
        break
    print(i)
```

例 2-13 中，当 i 等于 3 时，break 语句使得循环立即终止。运行结果如下：

```
0
1
2
```

2. continue 语句

continue 语句用于终止当前循环的迭代，并跳到下一次循环的迭代。

【例 2-14】 continue 语句示例。

```
for i in range(5):
    if i == 2:
        continue
    print(i)
```

例 2-14 中，当 i 等于 2 时，continue 语句导致当前迭代终止，并跳到下一次迭代。运行结果如下：

```
0
1
3
4
```

3. pass 语句

pass 语句用作占位符，不做任何操作，仅用于保持程序结构的完整性。

【例 2-15】 pass 语句示例。

```
for i in range(5):
    if i == 2:
        pass
    else:
        print(i)
```

当 i 等于 2 时，pass 语句确保在此情况下不执行任何特定操作，并继续执行下一次迭代。运行结果如下：

```
0
1
3
4
```

以上这些跳转语句能够使程序具有更加灵活的控制结构，根据特定条件执行相应的操作。

2.3　组合数据类型

2.3.1　列表

　　Python 中的列表是一种有序的、可变的、可重复的数据类型。它是一种容器，可以存储任意类型的数据，包括数字、字符串和列表等。可以将列表想象成一个有序的项目清单。

1. 创建列表

可以通过以下几种方式创建列表：
- 使用方括号[ ]并用逗号分隔每个元素来创建列表。
- 使用 list( )构造函数来创建列表。
- 使用 range( )函数来创建列表。

【例 2-16】创建列表示例。

```
my_list = [1, 2, 3, 'a', 'b', 'c']
Number1 = list([1, 2, 3, 4, 5])
Number2 = list(range(1, 6))
print(my_list)
print(Number1)
print(Number2)
```

运行结果如下：

```
[1, 2, 3, 'a', 'b', 'c']
[1, 2, 3, 4, 5]
[1, 2, 3, 4, 5]
```

由运行结果可知：上述代码创建了 3 个列表，[ ]是列表数据的标识符。

2. 列表索引

　　列表有两种索引方式，即正向索引和逆向索引。正向索引是从左到右的索引方式，从 0 开始，索引值依次递增；逆向索引是从右到左的索引方式，从-1 开始，索引值依次递减。

【例 2-17】列表索引访问示例。

```
# 创建一个包含多个元素的列表
fruits = ['apple', 'banana', 'cherry', 'date']

# 使用正向索引访问列表中的元素
print("正向索引：")
print(fruits[0])
print(fruits[2])
# 使用逆向索引访问列表中的元素
print("\n 逆向索引：")
print(fruits[-1])
print(fruits[-3])
```

运行结果如下：

> 正向索引：
> apple
> cherry
>
> 逆向索引：
> date
> banana

由运行结果可知：语句 print(fruits[0])输出列表的第一个元素'apple'；print(fruits[2])输出列表的第三个元素'cherry'；print(fruits[-1])输出列表的倒数第一个元素'date'；print(fruits[-3])输出列表的倒数第三个元素'banana'。

【例 2-18】列表切片索引访问示例。

```
# 创建一个包含多个元素的列表
fruits = ['apple', 'banana', 'cherry', 'date', 'elderberry', 'fig', 'grape']
# 使用切片索引访问列表中的元素
print("fruits[:3]:", fruits[:3])
print("fruits[1:5]:", fruits[1:5])
print("fruits[::2]:", fruits[::2])
print("fruits[::-1]:", fruits[::-1])
```

运行结果如下：

> fruits[:3]：['apple', 'banana', 'cherry']
> fruits[1:5]：['banana', 'cherry', 'date', 'elderberry']
> fruits[::2]：['apple', 'cherry', 'elderberry', 'grape']
> fruits[::-1]：['grape', 'fig', 'elderberry', 'date', 'cherry', 'banana', 'apple']

由运行结果可知：语句 fruits[:3]访问列表的前三个元素，即['apple','banana','cherry']；fruits[1:5]访问列表的第二个到第五个元素，即['banana','cherry','date','elderberry']；fruits[::2]每隔一个元素获取列表的一个元素，即['apple','cherry','elderberry','grape']，其中 2 代表步长，就是每隔一个元素进行访问；fruits[::-1]倒序获取列表中元素，即['grape','fig','elderberry','date','cherry','banana','apple']。

3. 列表的常见操作

列表是可变的，可以添加、删除或修改列表中的元素，可以使用一些内置的方法来实现这些操作。例如，append()方法用于在列表末尾添加一个元素，pop()方法用于删除列表中的某个元素。常见的列表操作见表 2-4。

表 2-4 常见的列表操作

操作	含义	示例
使用索引	访问列表中的元素	my_list[0]
直接赋值给指定索引	修改列表中的元素	my_list[0] = 10
append()	添加元素到列表末尾	my_list.append(4)

(续)

操作	含义	示例
insert( )	插入元素到指定位置	my_list.insert(1, 'x')
remove( )	删除列表中的元素	my_list.remove('a')
pop( )	删除指定索引的元素	my_list.pop(0)

除了上述操作，列表还提供了许多其他有用的方法和函数，例如 len( )函数用于获取列表长度，sort( )方法用于对列表进行排序等。

2.3.2 元组

在 Python 中，元组是另一种常见的组合数据类型。与列表类似，元组也是一种有序的数据集合，可以包含不同类型的数据，如数字、字符串、列表等。但与列表不同的是，元组是不可变的，即创建后不可修改。

1. 创建元组

可以通过以下几种方式创建元组：
- 使用逗号分隔元素创建元组。
- 使用带圆括号( )的元素序列创建元组。
- 使用 tuple( )构造函数创建元组。
- 直接使用圆括号( )创建空元组。

【例 2-19】创建元组示例。

```
# 使用不同方式创建元组
my_tuple_1 = 1, 2, 3, 4, 5
my_tuple_2 = (1, 2, 3, 4, 5)
my_tuple_3 = tuple([1, 2, 3, 4, 5])
empty_tuple = ()

# 打印创建的元组
print("使用逗号分隔元素：", my_tuple_1)
print("使用圆括号的元素序列：", my_tuple_2)
print("使用 tuple( )构造函数：", my_tuple_3)
print("创建空元组：", empty_tuple)
```

运行结果如下：

```
使用逗号分隔元素：(1, 2, 3, 4, 5)
使用圆括号的元素序列：(1, 2, 3, 4, 5)
使用 tuple( )构造函数：(1, 2, 3, 4, 5)
创建空元组：()
```

2. 元组的常见操作

元组与列表类似，均支持两种索引方式，即正向索引和逆向索引，通过索引可以访问元组中的元素。例如，my_tuple_1[0]表示元组中的第一个元素，即 1。由于元组是不可变的数据结构，这意味着元组一旦创建，其内容不可更改。尽管元组不支持修改、添加或删除元素，但仍支持部分操作，例如访问元素、切片、长度获取和拼接等。

【例2-20】元组的常见操作示例。

```
# 创建一个元组
my_tuple = (1, 2, 3, 4, 5)
print("原始元组：", my_tuple)

# 索引访问
print("索引访问：", my_tuple[0])

# 切片
print("切片：", my_tuple[1:4])

# 长度获取
print("元组长度：", len(my_tuple))

# 元组拼接
new_tuple = my_tuple + (6, 7, 8)
print("拼接后的元组：", new_tuple)

# 元组重复
repeated_tuple = my_tuple * 2
print("重复元组：", repeated_tuple)

# 查找元素索引
index = my_tuple.index(3)
print("元素3的索引：", index)

# 计算元素4出现的次数
count = my_tuple.count(4)
print("元素4出现的次数：", count)
```

运行结果如下：

```
原始元组：(1, 2, 3, 4, 5)
索引访问：1
切片：(2, 3, 4)
元组长度：5
拼接后的元组：(1, 2, 3, 4, 5, 6, 7, 8)
重复元组：(1, 2, 3, 4, 5, 1, 2, 3, 4, 5)
元素3的索引：2
元素4出现的次数：1
```

例2-20展示了如何在元组中执行索引访问、切片、长度获取、拼接、重复、查找元素索引和计算元素出现次数等常见操作，丰富了对元组的操作和应用。

元组常用于以下情况：

1) 创建一个不可变的数据集合时,例如存储一些常量值或配置信息。
2) 将一组值作为一个单独的实体传递给函数,因为元组是不可变的,所以可以防止在函数内部对其进行修改。

2.3.3 字典

在 Python 中,字典是一种非常常见和实用的数据类型,用于存储键值对(Key-value Pairs)。它是一个可变的、无序的集合,其中每个元素由一个键和对应的值组成。

1. 创建字典

创建字典的几种常见方法:
- 使用花括号{}并用冒号:分隔键和值来创建字典。
- 使用 dict() 构造函数和关键字参数创建字典。
- 使用 dict() 构造函数和键值对元组列表创建字典。
- 使用推导式创建字典。
- 使用花括号{}创建空字典。

这些方法为创建字典提供了灵活多样的选择,可以根据需求来选用。

【例 2-21】创建字典示例。

```
# 使用花括号创建字典
dict1 = {'name': 'Alice', 'age': 30, 'city': 'New York'}

# 使用 dict() 构造函数和关键字参数创建字典
dict2 = dict(name='Bob', age=25, city='Los Angeles')

# 使用 dict() 构造函数和键值对元组列表创建字典
dict3 = dict([('name', 'Charlie'), ('age', 35), ('city', 'Chicago')])

# 使用推导式创建字典
dict4 = {x: x**2 for x in range(5)}

# 创建空字典
empty_dict = {}

# 打印创建的字典
print("字典 1:", dict1)
print("字典 2:", dict2)
print("字典 3:", dict3)
print("字典 4:", dict4)
print("空字典:", empty_dict)
```

运行结果如下:

```
字典 1: {'name': 'Alice', 'age': 30, 'city': 'New York'}
字典 2: {'name': 'Bob', 'age': 25, 'city': 'Los Angeles'}
字典 3: {'name': 'Charlie', 'age': 35, 'city': 'Chicago'}
```

```
字典 4：{0: 0, 1: 1, 2: 4, 3: 9, 4: 16}
空字典：{}
```

2. 字典的常见操作

字典中的元素没有固定的顺序，所以并不能使用索引来访问字典中的元素，而要通过键来获取对应的值。字典是可变的，所以可以添加、删除或修改字典中的元素，可以使用一些内置的方法来实现这些操作。

【例 2-22】字典的常见操作示例。

```python
# 创建一个字典
my_dict = {'name': 'Alice', 'age': 30}
print("原始字典：", my_dict)

# 使用 get() 方法获取字典中的值
age = my_dict.get('age', 'N/A')
city = my_dict.get('city', 'Unknown')
print("获取值：", age)                    # 输出 '30'
print("获取值：", city)                   # 输出 'Unknown'

# 使用 update() 方法合并两个字典
additional_info = {'city': 'New York', 'email': 'alice@example.com'}
my_dict.update(additional_info)
print("合并字典：", my_dict)

# 使用 pop() 方法删除指定键并返回对应的值
deleted_value = my_dict.pop('email', 'No email')
print("删除键 email 后的值：", deleted_value)    # 输出 'alice@example.com'

# 检查键是否存在
if 'city' in my_dict:
    print("Key 'city' exists in the dictionary")

# 获取所有键、值、键值对
keys = my_dict.keys()
values = my_dict.values()
items = my_dict.items()
print("所有键：", keys)
print("所有值：", values)
print("所有键值对：", items)

# 清空字典
my_dict.clear()
print("清空字典后：", my_dict)
```

运行结果如下：

```
原始字典：{'name': 'Alice', 'age': 30}
获取值：30
获取值：Unknown
合并字典：{'name': 'Alice', 'age': 30, 'city': 'New York', 'email': 'alice@ example. com'}
删除键 email 后的值：alice@ example. com
Key 'city' exists in the dictionary
所有键：dict_keys(['name', 'age', 'city'])
所有值：dict_values(['Alice', 30, 'New York'])
所有键值对：dict_items([('name', 'Alice'), ('age', 30), ('city', 'New York')])
清空字典后：{}
```

2.3.4 集合

在 Python 中，集合是一种无序、不重复的数据类型，用于存储唯一的元素。它类似于数学中的集合概念，可以进行交、并、差等常见的集合运算。

1. 创建集合

- 使用花括号{}和逗号分隔的元素创建集合。
- 使用 set( ) 构造函数和列表创建集合。
- 使用 set( ) 构造函数和字符串创建集合。
- 使用 set( ) 创建空集合。

【例 2-23】创建集合示例 1。

```
# 使用花括号和逗号分隔的元素创建集合
set1 = {1, 2, 3, 4, 5}

# 使用 set( )构造函数和列表创建集合
set2 = set([1, 2, 3, 4, 5])

# 使用 set( )构造函数和字符串创建集合
set3 = set("hello")

# 创建空集合
empty_set = set( )

# 打印创建的集合
print("集合 1:", set1)
print("集合 2:", set2)
print("集合 3:", set3)
print("空集合:", empty_set)
```

运行结果如下：

```
集合 1：{1, 2, 3, 4, 5}
集合 2：{1, 2, 3, 4, 5}
```

```
集合 3：{'o', 'e', 'l', 'h'}
空集合：set( )
```

值得注意的是，集合中的元素不会重复，即使在创建集合时添加了重复的元素，也只会保留一个元素。

【例 2-24】 创建集合示例 2。

```
my_set = {1, 2, 2, 3, 3, 3}
print(my_set)
```

运行结果如下：

```
{1, 2, 3}
```

2. 集合的常见操作

Python 的集合类型支持丰富的操作，包括添加元素、移除元素、检查元素是否存在，并且支持数学上的集合运算，如交（&）、并（|）、差（-）等。这些操作使得集合类型在处理唯一元素并进行集合运算时非常实用。集合类型是一种无序且元素唯一的数据结构，在处理数据去重和关系运算等方面具有很强的实用性。

【例 2-25】 集合的常见操作示例。

```python
# 创建两个集合
set1 = {1, 2, 3, 4, 5}
set2 = {4, 5, 6, 7, 8}

# 添加元素到集合中
set1.add(6)
print("添加元素后的集合 1：", set1)

# 从集合中移除元素
set1.remove(3)
print("移除元素后的集合 1：", set1)

# 检查集合中是否包含某个元素
print("元素 2 是否在集合 1 中：", 2 in set1)

# 计算集合的交集、并集、差集
intersection = set1 & set2      # 交集
union = set1 | set2             # 并集
difference = set1 - set2        # 差集

print("集合 1 和集合 2 的交集：", intersection)
print("集合 1 和集合 2 的并集：", union)
print("集合 1 和集合 2 的差集：", difference)
```

运行结果如下:

```
添加元素后的集合1：{1, 2, 3, 4, 5, 6}
移除元素后的集合1：{1, 2, 4, 5, 6}
元素2是否在集合1中：True
集合1和集合2的交集：{4, 5, 6}
集合1和集合2的并集：{1, 2, 4, 5, 6, 7, 8}
集合1和集合2的差集：{1, 2}
```

本节介绍的组合数据类型包括列表（list）、元组（tuple）、字典（dictionary）和集合（set）。列表是有序且可变的数据结构，元组是有序且不可变的数据结构，字典是键值对的无序集合，集合是无序且元素唯一的数据结构。这些组合数据类型在 Python 中提供了丰富的操作和功能，可以灵活地处理不同类型的数据集合。列表和元组适用于存储有序的元素集合，字典用于存储键值对的映射关系，集合用于存储唯一元素。这些数据类型支持各种操作，如索引访问、切片、增加、删除、合并等，使得 Python 在处理复杂数据结构和集合运算时非常便利。组合数据类型的灵活性和多样性使得 Python 成为一种强大的数据处理工具和编程语言。

2.4 函数

2.4.1 函数的定义

在 Python 中，函数使用 def 关键字进行定义。函数定义的一般语法格式如下：

```
def function_name(parameters):
    """
    函数文档字符串(可选)
    """
    # 函数体，实现函数的功能
    statement1
    statement2
    ...
    return expression    # 可选
```

其中：

1）def 关键字用于定义函数。
2）function_name 是函数的名称，满足标识符的命名规则。
3）parameters 是函数的参数列表，可以为空或包含多个由逗号分隔的参数。
4）函数体中的多个语句 statement1、statement2…是函数的具体实现，用于完成特定的功能。
5）return 语句可选，用于返回函数的结果，结束函数的执行，并将结果传递给调用者。

【例2-26】简单的函数定义示例。

```
def greet(name):
    """
```

```
            打招呼函数，根据输入的名字打招呼
            """
            message = "Hello, " + name + "!"
            return message

    # 调用函数
    print(greet("Alice"))
```

在例 2-26 中，greet()函数接受一个参数 name 并返回一个包含问候消息的字符串。通过调用 greet("Alice")，函数会返回"Hello, Alice!"并打印出来。

2.4.2 函数的参数

在 Python 中，函数的参数是传递给函数的值或变量。参数允许将数据传递给函数，以便在函数内部进行操作。Python 中的函数参数可以分为 4 种类型：位置参数、关键字参数、默认参数和可变参数。

1. 位置参数

位置参数是根据参数的位置进行传递的，默认情况下，函数使用位置参数。

【例 2-27】位置参数示例。

```
    def greet(name, age):
        print(f"Hello, {name}! You are {age} years old.")

    greet("Alice", 25)
```

运行结果如下：

```
    Hello, Alice! You are 25 years old.
```

在例 2-27 中，name 和 age 是位置参数，在函数调用时按照声明的顺序传递给函数，即"Alice"传给了 name，25 传给了 age。

2. 关键字参数

关键字参数是根据参数名称进行传递的，通过参数名称和对应的值进行匹配来传递参数。

【例 2-28】关键字参数示例。

```
    def greet(name, age):
        print(f"Hello, {name}! You are {age} years old.")
    greet(age=25, name="Alice")
```

运行结果如下：

```
    Hello, Alice! You are 25 years old.
```

在例 2-28 中，通过指定参数名称来传递参数，这样就可以不按照声明的参数顺序进行传递。

3. 默认参数

默认参数是在函数定义时指定参数默认值，如果调用时没有提供对应的参数，则使用默认值。

【例2-29】默认参数示例。

```
def greet(name, age=18):
    print(f"Hello, {name}! You are {age} years old.")

greet("Alice")
greet("Bob", 20)
```

运行结果如下：

```
Hello, Alice! You are 18 years old.
Hello, Bob! You are 20 years old.
```

在例2-29中，定义了一个名为greet的函数，该函数接受两个参数name和age，其中age设置的默认值为18。当调用greet("Alice")时，只提供了name参数的值"Alice"，而age参数会使用默认值18。而当调用greet("Bob", 20)时，两个参数都有具体的实参值，覆盖了默认值。

4. 可变参数

可变参数允许函数接受任意数量的参数，可以是位置参数或关键字参数。在函数定义时，使用 *args 表示可变数量的位置参数，使用 **kwargs 表示可变数量的关键字参数。

【例2-30】可变参数示例。

```
def show_message(*args, **kwargs):
    for arg in args:
        print(arg)

    for key, value in kwargs.items():
        print(f"{key}: {value}")

# 调用函数
show_message("Hello", "World", name="Alice", age=30)
```

在例2-30中，show_message()函数定义中的 *args 表示接受任意数量的位置参数，**kwargs 表示接受任意数量的关键字参数。在函数体内，遍历并打印了所有位置参数和关键字参数的值。当调用show_message("Hello", "World", name="Alice", age=30)时，"Hello"、"World"传给了位置参数args，name="Alice"、age=30传给了关键字参数kwargs。

运行结果如下：

```
Hello
World
name: Alice
age: 30
```

函数参数提供了灵活性和可扩展性，可以根据实际需求来传递所需的参数。可以使用位置参数、关键字参数、默认参数和可变参数等来确保函数可以接受不同类型、不同数量的参数。

2.4.3 函数的作用域

在 Python 中，函数的作用域是指变量的可访问性或可见性范围。Python 中有 3 种类型的作用域：全局作用域、局部作用域和嵌套作用域。

1. 全局作用域

在函数之外定义的变量具有全局作用域，这意味着它们可以在整个程序中被访问和使用。另外，还可以在函数内部使用 global 关键字来访问和修改全局作用域的变量。

【例 2-31】全局作用域示例 1。

```python
# 定义全局变量
global_var = 10

def access_global_var():
    # 在函数内部使用全局变量
    print("Global variable inside function:", global_var)

# 调用函数
access_global_var()

# 在函数外部访问全局变量
print("Global variable outside function:", global_var)
```

在例 2-31 中，global_var 是一个全局变量，在函数 access_global_var() 内部通过 global_var 访问并打印全局变量的值。在函数外部也可以访问全局变量 global_var。

运行结果如下：

```
Global variable inside function: 10
Global variable outside function: 10
```

运行结果表明在函数内部可以访问全局变量，但不能修改全局变量。

【例 2-32】全局作用域示例 2。

```python
# 定义全局变量
global_var = 10

def access_global_var():
    # 在函数内部使用全局变量
    print("Global variable inside function:", global_var)
    global_var = global_var + 10

# 调用函数
access_global_var()

# 在函数外部访问全局变量
print("Global variable outside function:", global_var)
```

运行结果如下:

```
UnboundLocalError                         Traceback (most recent call last)
<ipython-input-44-fe3d71c9c41c> in <module>
      8
      9 # 调用函数
---> 10 access_global_var()
     11
     12 # 在函数外部访问全局变量

<ipython-input-44-fe3d71c9c41c> in access_global_var()
      4 def access_global_var():
      5 # 在函数内部使用全局变量
----> 6     print("Global variable inside function:", global_var)
      7     global_var=global_var+10
      8

UnboundLocalError: local variable 'global_var' referenced before assignment
```

可见运行结果错误,为了使全局变量可以在函数内部被修改,可使用关键字 global 声明一下。

```python
# 定义全局变量
global_var = 10

def access_global_var():
    global global_var   # 声明要修改的全局变量
    # 在函数内部使用全局变量
    print("Global variable inside function:", global_var)
    global_var = global_var + 10
    print("修改后的 global variable:", global_var)

# 调用函数
access_global_var()

# 在函数外部访问全局变量
print("Global variable outside function:", global_var)
```

运行结果如下:

```
Global variable inside function: 10
修改后的 global variable: 20
Global variable outside function: 20
```

通过例 2-32 可见,使用关键字 global 声明的全局变量,可以在函数内部修改。

2. 局部作用域

在函数内部定义的变量具有局部作用域,它们只能在函数内部访问和使用。

【例2-33】局部作用域示例。

```
def local_scope_example():
    # 在函数内部定义局部变量
    local_var = 20
    print("Local variable inside function:", local_var)

# 调用函数
local_scope_example()
# 尝试在函数外部访问局部变量（会导致NameError）
# print("Local variable outside function:", local_var)
```

运行结果如下：

```
Local variable inside function: 20
```

在例2-33中，local_var是在函数local_scope_example()内部定义的局部变量。在函数内部，可以访问和操作局部变量local_var。若把上述代码中最后一行的注释符号"#"删除，运行结果如下：

```
Local variable inside function: 20
---------------------------------
NameError  Traceback (most recent call last) <ipython-input-43-e0c878aa43a0> in <module>
7 local_scope_example()
8 # 尝试在函数外部访问局部变量（会导致NameError）
----> 9 print("Local variable outside function:", local_var)
NameError: name 'local_var' is not defined
```

由运行结果可知，若尝试在函数外部访问局部变量，会导致NameError，因为局部变量只在函数内部的局部作用域中可见，超出函数范围就无法访问。

3. 嵌套作用域

嵌套作用域指的是在函数内部定义函数，内部函数可以访问外部函数的变量。

【例2-34】嵌套作用域示例1。

```
def outer_function():
    outer_var = "I'm in the outer function"

    def inner_function():
        inner_var = "I'm in the inner function"
        print(inner_var)      # 在内部函数中访问内部变量
        print(outer_var)      # 在内部函数中访问外部函数的变量

    inner_function()          # 调用内部函数

# 调用外部函数
outer_function()
```

运行结果如下：

```
I'm in the inner function
I'm in the outer function
```

在例 2-34 中，inner_function( ) 是在 outer_function( ) 内部定义的内部函数。内部函数 inner_function( ) 可以访问外部函数 outer_function( ) 中的变量 outer_var，这展示了嵌套作用域的概念。当调用外部函数 outer_function( ) 时，会执行内部函数 inner_function( )，从而访问内部变量和外部函数的变量。但在函数 inner_function( ) 内部只能访问外部变量不能修改外部变量。

【例 2-35】嵌套作用域示例 2。

```python
def outer_function( ):
    outer_var = "I'm in the outer function"
    
    def inner_function( ):
        inner_var = "I'm in the inner function"
        print(inner_var)                    # 在内部函数中访问内部变量
        outer_var+="I will be modified!"    # 在内部函数中修改外部变量
        print(outer_var)                    # 在内部函数中访问外部函数的变量
    
    inner_function( )                       # 调用内部函数

# 调用外部函数
outer_function( )
```

运行结果如下：

```
I'm in the inner function
UnboundLocalError                         Traceback (most recent call last) <ipython-input-50-cad330a36bd7> in <module>
     11
     12 # 调用外部函数
---> 13 outer_function( )

<ipython-input-50-cad330a36bd7> in outer_function( )
      8         print(outer_var)            # 在内部函数中访问外部函数的变量
      9
---> 10     inner_function( )               # 调用内部函数
     11
     12 # 调用外部函数

<ipython-input-50-cad330a36bd7> in inner_function( )
      5         inner_var = "I'm in the inner function"
      6         print(inner_var)            # 在内部函数中访问内部变量
----> 7         outer_var+="I will be modified!"
      8         print(outer_var)            # 在内部函数中访问外部函数的变量
```

```
    9
    UnboundLocalError: local variable 'outer_var' referenced before assignment
```

由运行结果可知：语句 outer_var+="I will be modified!" 出现了错误，为了能够在函数内部修改函数外部的变量，需要用关键字 nonlocal 进行声明。

【例 2-36】嵌套作用域示例 3。

```
def outer_function():
    outer_var = "I'm in the outer function"

    def inner_function():
        nonlocal outer_var
        inner_var = "I'm in the inner function"
        print(inner_var)                    # 在内部函数中访问内部变量
        outer_var+="I will be modified!"    # 在内部函数中修改外部变量
        print(outer_var)                    # 在内部函数中访问外部函数的变量

    inner_function()                        # 调用内部函数

# 调用外部函数
outer_function()
```

运行结果如下：

```
I'm in the inner function
I'm in the outer functionI will be modified!
```

函数的作用域规则是由变量的生命周期决定的。在 Python 中，函数内部定义的变量属于局部作用域，在函数执行结束后就会被销毁，不能在函数外部直接访问。全局作用域的变量在整个程序执行过程中都是可用的，可以在任何地方被访问。此外，Python 还提供了嵌套作用域的概念，即在函数内部定义的函数具有嵌套作用域，可以访问外部函数以及全局作用域的变量。因此，作用域可以分为局部作用域、全局作用域和嵌套作用域 3 种，它们之间的访问规则由变量的定义位置和生命周期来决定。

2.4.4 递归函数

在 Python 中，递归函数是指在函数定义中调用函数自身的一种特殊方式。递归是一种解决问题的方法，通过将问题分解为更小的、与原始问题类似的子问题来解决问题。

【例 2-37】递归函数示例。

```
def factorial(n):
    if n == 0 or n == 1:
        return 1
    else:
        return n * factorial(n-1)
```

```
    result = factorial(5)
    print(result)
```

运行结果如下：

```
120
```

在例 2-37 中，factorial()函数通过调用自身来计算阶乘。递归函数通常包含两部分：基本情况（Base Case）和递归情况（Recursive Case）。基本情况是 n 等于 0 或 1 时返回 1，递归情况是调用 factorial()函数来计算 n * factorial(n-1)。

递归函数通常在以下情况下使用：

1）问题可以通过分解为较小版本的相同问题来解决。

2）函数调用自身的次数可以被减少，以便最终达到基本情况。

注意，在编写递归函数时，需要小心处理递归深度的问题，因为如果递归层级过深，可能会导致栈溢出（Stack Overflow）。为了避免这种情况，可以考虑使用循环来替代递归，因为循环不会增加调用栈的深度。

2.5 面向对象程序设计

2.5.1 Python 中的面向对象

在 Python 中，面向对象编程（Object-Oriented Programming，OOP）是一种基于对象的编程范式，它的核心概念是类（Class）和对象（Object）。通过面向对象编程，可以将数据和对数据的操作封装到对象中，从而实现代码的组织、复用和抽象。

面向对象编程（Object-Oriented Programming，OOP）通过类与对象的概念，结合封装、继承和多态的特性，为开发者提供了一种强大的工具来组织和管理代码。它不仅促进了代码的复用，减少了冗余，还提高了程序的可读性和可维护性，使得开发复杂应用程序变得更加高效和灵活。通过这些特性，OOP 为软件设计提供了一种清晰而有效的结构，以适应不断变化的需求。

1. 类（Class）

类是对象的模板，用于描述具有相同属性和行为的对象的集合。类定义了对象的属性和方法。

【例 2-38】类定义示例。

```
class Dog:
    def __init__(self, name, age):
        self.name = name
        self.age = age
    def bark(self):
        print(f"{self.name} is barking!")
```

在例 2-38 中，Dog 类具有 name 和 age 两个属性，以及 bark()方法。

这段代码定义了一个名为 Dog 的类。类中包含了一个构造方法__init__()和一个实例方法 bark()。__init__(self, name, age)方法是类的构造方法，用于初始化类的实例。它接受两个参数 name 和 age，并将它们分别赋值给实例变量 self.name 和 self.age。这样在创建 Dog 类的实例时需要传入名字和年龄。bark(self)方法是一个实例方法，用于让狗叫。在这个方法中，通过 self.name 获取狗的名字，然后打印出{self.name} is barking!这样的信息。

因此，这段代码定义了一个简单的 Dog 类，可以通过实例化这个类来创建具有名字和年龄属性的狗对象，并调用 bark()方法让狗叫。

2. 对象（Object）

对象是类的实例，具有类定义的属性和行为。可以通过实例化类来创建对象。

【例 2-39】创建对象示例。

```
my_dog = Dog("Buddy", 3)
print(my_dog.name)
my_dog.bark()
```

在例 2-39 中，my_dog 是 Dog 类的一个实例，它拥有 name 属性和 bark()方法。运行结果如下：

```
Buddy
Buddy is barking!
```

3. 封装

封装是指将数据（属性）和操作数据的方法（行为）封装到对象中，对象对外界隐藏内部状态，并通过暴露的接口提供访问和操作数据的方式。

4. 继承

继承是一种机制，允许一个类（子类）从另一个类（父类）继承属性和方法。子类可以拥有父类的属性和方法，并可以添加自己的属性和方法。

【例 2-40】继承示例。

```
class Puppy(Dog):
    def wag(self):
        print(f"{self.name} is wagging its tail!")
```

例 2-40 中，类 Puppy 继承了 Dog 类的属性和方法，并且具有自己的方法 wag()。

5. 多态

多态是一种概念，允许不同类的对象对相同的消息做出响应，即不同对象可以用相同的方式进行操作，提高了灵活性和可扩展性。

通过面向对象编程，能够更好地组织代码、提高代码的复用性和可维护性。在实际开发中，面向对象编程通常用于构建复杂的系统和模块化的程序，使代码更易于理解和扩展。但面向对象编程也需要谨慎使用，过度的面向对象设计可能会导致复杂性的增加。因此，在实际应用中，需要根据问题的实际需求和规模来选择合适的编程范式。

2.5.2 成员可见性

成员可见性是通过属性和方法名称的命名规则来约束的。Python 并没有像一些其他编程语言（如 Java 或 C++）那样提供严格的访问控制修饰符，例如 public、private 或 protected。

Python 中的成员可见性可以通过以下命名规则来约定。

1. 公有成员

在 Python 中，公有成员是指可以在类的内部和外部访问的成员，不需要通过特殊的方式来访问。公有成员可以包括公有属性和公有方法。在 Python 中，公有成员的定义和访问方式如下。

1）公有属性的定义：在类的内部，直接在方法中使用 self 关键字定义属性即可。在类的外部，可以通过实例对象直接访问公有属性。

【例 2-41】公有属性示例。

```
class MyClass:
    def __init__(self, value):
        self.public_attribute = value        # 定义公有属性

# 创建实例对象
obj = MyClass(10)
print(obj.public_attribute)                  # 访问公有属性
```

运行结果如下：

```
10
```

例 2-41 中，public_attribute 为类 MyClass 的公有属性，代码 obj = MyClass(10) 创建了类 MyClass 的实例对象 obj，然后通过 obj 直接访问公有属性。

2）公有方法的定义：在类的内部，定义一个普通的方法即可。在类的外部，可以通过实例对象直接调用公有方法。

【例 2-42】公有方法示例。

```
class MyClass:
    def public_method(self):                 # 定义公有方法
        print("This is a public method")

# 创建实例对象
obj = MyClass()
obj.public_method()                          # 调用公有方法
```

运行结果如下：

```
This is a public method
```

在例 2-42 中，public_method() 是类 MyClass 的公有方法，创建类 MyClass 的实例对象 obj 在类的外部可直接访问该公有方法。

注意，在 Python 中，公有成员可以被外部访问，并且可以通过直接访问的方式对其进行修改。

【例 2-43】修改公有属性和公有方法示例。

```
class Person:
    def __init__(self, name):
```

```python
        self.name = name

    def greet(self):
        return f"Hello, my name is {self.name}."

# 创建一个Person实例
person = Person("Alice")

# 直接访问并修改公有属性
print(person.name)        # 输出"Alice"
person.name = "Bob"
print(person.name)        # 输出"Bob"

# 调用原始的公有方法
print(person.greet())     # 输出"Hello, my name is Bob."

# 修改公有方法的实现
def custom_greet(self):
    return f"Hi, I'm {self.name}!"

# 重新定义公有方法
Person.greet = custom_greet

# 调用修改后的公有方法
print(person.greet())     # 输出"Hi, I'm Bob!"
```

运行结果如下：

```
Alice
Bob
Hello, my name is Bob.
Hi, I'm Bob!
```

2. 私有成员

在Python中，可以使用双下画线"__"开头来定义私有成员，包括私有属性和私有方法。私有成员只能在类的内部访问，外部无法直接访问。

1）私有属性的定义：在属性名前添加双下画线"__"即可定义私有属性。

【例2-44】 私有属性示例。

```python
class MyClass:
    def __init__(self, value):
        self.__private_attribute = value    # 定义私有属性

    def get_private_attribute(self):
        return self.__private_attribute
```

```
# 创建实例对象
obj = MyClass(20)
# 不能直接访问私有属性
# print(obj.__private_attribute)          # 会导致 AttributeError 错误
# 通过公有方法访问私有属性
print(obj.get_private_attribute())
```

运行结果如下:

```
20
```

若把倒数第三行的注释符号去掉再运行上述代码,运行结果如下:

```
AttributeError    Traceback (most recent call last) <ipython-input-68-8004d968bc48> in <module>
      9 obj = MyClass(20)
     10 # 不能直接访问私有属性
---> 11 print(obj.__private_attribute)    # 会导致 AttributeError 错误
     12 # 通过公有方法访问私有属性
     13 print(obj.get_private_attribute())
AttributeError: 'MyClass' object has no attribute '__private_attribute'
```

由运行结果可知:__private_attribute 为私有属性,私有属性不能直接通过对象进行访问。

2)私有方法的定义:在方法名前添加双下画线"__"即可定义私有方法。

【例 2-45】私有方法示例。

```
class MyClass:
    def __private_method(self):             # 定义私有方法
        print("This is a private method")

    def public_method(self):
        self.__private_method()

# 创建实例对象
obj = MyClass()
# 不能直接调用私有方法
# obj.__private_method()     # 会导致 AttributeError 错误
# 通过公有方法调用私有方法
obj.public_method()
```

运行结果如下:

```
This is a private method
```

若把上述代码倒数第三行的注释符号去掉,运行结果如下:

```
AttributeError    Traceback (most recent call last) <ipython-input-70-7df8279d6f66> in <module>
      9 obj = MyClass()
```

```
10 # 不能直接调用私有方法
---> 11 obj.__private_method()        # 会导致 AttributeError 错误
12 # 通过公有方法调用私有方法
13 obj.public_method()
AttributeError: 'MyClass' object has no attribute '__private_method'
```

由运行结果可知：__private_method()为类 MyClass 的私有方法，该类的对象 obj 无法在类的外部直接调用私有方法，但可以通过类内部的公有方法来间接调用私有方法。这样可以实现封装和隐藏类的内部实现细节，提高代码的安全性和可维护性。

3. 受保护成员

在 Python 中，受保护成员是指使用单下画线"_"开头的成员，包括受保护属性和受保护方法。受保护成员可以在类的内部以及子类中访问，但在类的外部不应直接访问。

1）受保护属性的定义：在属性名前添加单下画线"_"即可定义受保护属性。

【例2-46】受保护属性定义示例。

```python
class MyClass:
    def __init__(self, value):
        self._protected_attribute = value    # 定义受保护属性

    def get_protected_attribute(self):
        return self._protected_attribute

# 创建实例对象
obj = MyClass(30)
# 受保护属性在类的外部可以访问，但不推荐直接访问
print(obj._protected_attribute)
# 通过公有方法访问受保护属性
print(obj.get_protected_attribute())
```

运行结果如下：

```
30
30
```

在例2-46中，_protected_attribute 是受保护属性。

2）受保护方法的定义：在方法名前添加单下画线"_"即可定义受保护方法。

【例2-47】受保护方法定义示例。

```python
class MyClass:
    def _protected_method(self):        # 定义受保护方法
        print("This is a protected method")

    def public_method(self):
        self._protected_method()
```

```
# 创建实例对象
obj = MyClass()
# 受保护方法在类的外部可以调用，但不推荐直接调用
obj._protected_method()
# 通过公有方法调用受保护方法
obj.public_method()
```

运行结果如下：

```
This is a protected method
This is a protected method
```

在例2-47中，_protected_method()是受保护方法。

虽然受保护成员可以在类的外部访问，但更好的做法是通过公有方法来访问和操作受保护成员，以遵循数据封装的原则，提高代码的可维护性和安全性。

2.5.3 方法

在Python面向对象程序设计中，方法是与类相关联的函数。方法可用于访问对象的数据，修改对象的状态，以及执行与对象相关的操作。

1. 实例方法（Instance Methods）

实例方法是最常见的方法类型，它与特定的实例相关联。实例方法的第一个参数通常被命名为self，用于表示调用该方法的实例。实例方法可用于操作实例的属性和执行与实例相关的操作。

【例2-48】实例方法示例。

```
class Car:
    def __init__(self, make, model):
        self.make = make
        self.model = model
        self.mileage = 0

    def drive(self, miles):
        self.mileage += miles
        print(f"Driving {miles} miles. Total mileage: {self.mileage} miles.")

my_car = Car("Toyota", "Corolla")
my_car.drive(100)
```

运行结果如下：

```
Driving 100 miles. Total mileage: 100 miles.
```

在例2-48中，类Car的方法drive()中第一个参数为self，所以此方法为实例方法。该实例方法可以通过该类的对象直接访问，即语句my_car.drive(100)可成功执行。

2. 类方法（Class Methods）

类方法通过@classmethod装饰器进行标识，第一个参数通常被命名为cls，用于表示类

本身。类方法可用于执行与整个类相关的操作，而不局限于特定的实例。

【例 2-49】类方法示例。

```
class Car:
    num_cars = 0

    def __init__(self, make, model):
        self.make = make
        self.model = model
        Car.num_cars += 1

    @classmethod
    def display_num_cars(cls):
        print(f"Total number of cars: {cls.num_cars}")

Car.display_num_cars()           # 输出 "Total number of cars: 0"
car1 = Car("Toyota", "Camry")
Car.display_num_cars()           # 输出 "Total number of cars: 1"
```

运行结果如下：

```
Total number of cars: 0
Total number of cars: 1
```

在例 2-49 中，方法 display_num_cars() 前由装饰器 @classmethod 进行修饰，且第一个参数为 cls，所以方法 display_num_cars() 为类方法，类方法可以通过类名直接访问，所以 Car.display_num_cars() 能够成功执行。

在代码的执行过程中，第一次调用 Car.display_num_cars() 时，由于还没有创建任何 Car 对象实例，所以 num_cars 属性的值为初始值 0。因此第一次执行结果为"Total number of cars: 0"。接着，通过创建一个 Car 对象实例 car1，在 __init__() 方法中会将 num_cars 属性加 1，因为类方法和类属性是共享的，所以每创建一个新的 Car 对象，实例都会增加 num_cars 的值。因此，第二次调用 Car.display_num_cars() 时，num_cars 的值已经变为 1，所以执行结果为"Total number of cars: 1"。

3. 静态方法（Static Methods）

静态方法通过 @staticmethod 装饰器进行标识，它不需要表示实例或类的特定参数。静态方法通常用于与类相关联，但不需要访问类或实例的状态。

【例 2-50】静态方法示例。

```
class MathUtils:
    @staticmethod
    def add(a, b):
        return a + b

    @staticmethod
    def multiply(a, b):
```

```
            return a * b
print(MathUtils.add(3, 5))              # 输出 8
print(MathUtils.multiply(2, 4))         # 输出 8
```

运行结果如下：

```
8
8
```

例 2-50 中，方法 add() 和 multiply() 前有装饰器@staticmethod，所以这两个方法为静态方法。这段代码的含义是使用静态方法来执行加法和乘法运算，通过类名直接调用这些静态方法，并输出计算结果。

实例方法、类方法和静态方法是面向对象编程中常用的方法类型。实例方法操作特定实例的属性和状态，通过"self"参数访问实例；类方法操作类级别的属性和状态，通过"cls"参数访问类；静态方法相对独立于类和实例，不访问类或实例的属性或状态。通过合理地选择和使用这三种方法，可以有效地封装数据和操作，提升代码的结构化程度并加强其封装性，增强代码的可读性、可维护性和可重用性，从而更好地设计和组织面向对象的程序。

2.5.4 类的继承

在 Python 的面向对象程序设计中，类的继承是一种重要的概念，它允许一个类（子类）从另一个类（父类）继承属性和方法。子类可以继承来自父类的特征，并且可以在其中添加新的属性和方法。这种机制使得代码可以更好地组织和重用。

1. 单继承

单继承是指一个子类只能继承一个父类。

【例 2-51】类的单继承示例。

```
class Animal:
    def __init__(self, name):
        self.name = name

    def speak(self):
        pass

class Dog(Animal):                  # Dog 类继承自 Animal 类
    def speak(self):
        return f"{self.name} says Woof!"

class Cat(Animal):                  # Cat 类继承自 Animal 类
    def speak(self):
        return f"{self.name} says Meow!"
```

在例 2-51 中，定义了一个 Animal 类，其中包含了一个构造函数 __init__() 和一个未实现的 speak() 方法。然后，Dog 类和 Cat 类分别继承了 Animal 类，并覆写了 speak() 方法以实现各自的叫声。

通过继承，子类可以获得父类的所有方法和属性，并根据自身的需求进行扩展和定制。同时，子类也可以覆写父类的方法以实现多态的效果。

2. 多继承

Python 除了单继承外，也支持多继承。多继承是指一个子类继承多个父类。对于多继承的情况，Python 使用了方法解析顺序（MRO）来确定方法和属性的继承顺序。

【例 2-52】类的多继承示例。

```python
class A:
    def method_a(self):
        print("Method A from class A")

class B:
    def method_b(self):
        print("Method B from class B")

class C(A, B):
    def method_c(self):
        print("Method C from class C")

# 创建 C 类的实例
obj_c = C()

# 调用继承自 A 类的方法
obj_c.method_a()

# 调用继承自 B 类的方法
obj_c.method_b()

# 调用自身的方法
obj_c.method_c()
```

运行结果如下：

```
Method A from class A
Method B from class B
Method C from class C
```

在例 2-52 中，A 类和 B 类分别定义了 method_a() 和 method_b() 方法，而 C 类同时继承了 A 类和 B 类。通过多继承，C 类同时具有了 A 类和 B 类的方法。在实例化 C 类后，可以调用继承自 A 类和 B 类的方法，以及 C 类自身定义的 method_c() 方法。

需要注意的是，多继承可能会导致方法名冲突或混淆，因此在设计多继承的类时，应该谨慎考虑继承顺序和命名规范。

2.6　Python 数据分析工具

在 Python 中，有许多强大的数据分析工具和库，常用的 Python 数据分析工具如下：

1. NumPy

NumPy 是 Python 科学计算的基础库，提供了多维数组对象和许多数学函数，用于处理大型数据集，进行数值计算和线性代数运算。

2. pandas

pandas 是 Python 中用于数据分析的核心库，提供了快速、灵活、简单的数据结构，能够处理结构化数据，支持数据清洗、数据转换、数据分组和聚合等操作。

3. Matplotlib

Matplotlib 是 Python 中常用的数据可视化库，可以绘制各种类型的图表和图形，包括折线图、散点图、直方图等，帮助用户展示数据分析结果。

4. Seaborn

Seaborn 是基于 Matplotlib 的高级数据可视化库，提供了更美观、更具吸引力的统计图表，适用于创建各种复杂的可视化图形。

5. Scikit-learn

Scikit-learn 是 Python 中常用的机器学习库，提供了许多机器学习算法和工具，用于数据挖掘、预测建模和模式识别等任务。

6. Statsmodels

Statsmodels 是 Python 中用于统计建模和推断的库，提供了各种统计模型和方法，用于执行统计分析和假设检验。

7. SciPy

SciPy 是 Python 科学计算的扩展库，提供了数值计算、优化、插值和统计等功能，适用于科学计算和工程应用。

这些 Python 数据分析工具和库提供了丰富的功能和工具，可以帮助用户进行数据处理、分析和可视化，支持数据科学和机器学习任务。可以根据具体的需求和任务，选择合适的工具进行数据分析和处理。

2.7　本章小结

本章深入介绍了 Python 编程语言的基础语法和程序控制结构，同时阐述了组合数据类型、函数和面向对象程序设计的概念。掌握这些知识可以更好地理解和使用 Python 编程语言，实现复杂的程序逻辑和数据处理任务。同时，学习和掌握 Python 数据分析工具也为数据处理和分析提供了便利。通过本章的学习，读者可以建立起扎实的 Python 编程基础，为进一步学习和应用 Python 打下坚实的基础。

2.8　习题

一、单选题

1. 以下哪个是 Python 中正确的变量命名？（　　）

A. 1str B. $a C. _s1 D. if

2. 以下哪个是 Python 中正确的整数定义？（   ）

A. i=2.3 B. i="int" C. i=0x14 D. i=7.8E10

3. 运行表达式 5 % 3 ** 2 ** 3，得到的结果为？（   ）

A. 5 B. 256 C. 64 D. 8

4. 运行表达式(5 % 3) ** 2 ** 3，得到的结果为？（   ）

A. 5 B. 256 C. 64 D. 8

5. 在 Python 中，空值用什么表示？（   ）

A. Null B. null C. None D. none

6. 以下哪一个是正确的 Python 列表定义？（   ）

A. lst=['A','B',100] B. lst=('A',5,'C')
C. lst={5,'B','C'} D. var lst=['A','B','C']

7. 以下哪个是正确的 Python 字典定义？（   ）

A. d=["name":"xiaoming","age":19]
B. d={"name":"xiaoming","age":19}
C. d={"name","xiaoming","age",19}
D. d={"name"="xiaoming","age"=19}

8. 运行以下命令，运行结果为？（   ）

```
x=3.1415926
round(x,2)
```

A. 3 B. 3.1 C. 3.14 D. 3.1415

9. 以下哪个类型不可以进行切片操作？（   ）

A. tuple B. str C. list D. dict

10. 假设有字符串 s='Happy New Year'，则 s[-2:-12:-3]的结果是（   ）。

A. 'aYH' B. 'p Nw' C. 'a Np' D. 'pwe'

11. 列表 lst=[1,2.56,'python',('a','b'),[1,2,3]]，则 lst[-2]的结果是（   ）。

A. 2.56 B. 'python' C. ('a','b') D. [1,2,3]

12. 下列属于 Python 中的有序序列且可变的内置数据对象类型的是（   ）。

A. 字典 B. 集合 C. 数组 D. 列表

13. 访问字符串的部分字符的操作称为（   ）。

A. 切片 B. 索引 C. 赋值 D. 合并

14. lst.reverse()和 lst[::-1]的主要区别是（   ）。

A. 两者都将列表的所有元素反转排列，没有区别
B. 两者都不会改变列表 lst 原来内容
C. lst.reverse()不会改变列表 lst 的内容，而 lst[::-1]会改变原列表 lst 的内容
D. lst.reverse()会改变 lst 的内容，而 lst[::-1]产生一个新的列表，不会改变列表 lst 原来的内容

15. 下列不能创建字典的语句是（   ）。

A. dict1={} B. dict2={3:5}

C. dict3 = dict([(2, 5), (3, 4)])　　　D. dict4 = dict{[(2, 5), [3, 4]]}

16. 对于字典 dct = {'A': 10, 'B': 20, 'C': 30, 'D': 40}, len(dct)的结果是（　　）。
   A. 4　　　　　B. 8　　　　　C. 10　　　　　D. 12

17. 以下不能创建字典的语句是（　　）。
   A. dct1 = { }　　　　　　　　　　B. dct2 = {3:5}
   C. dct3 = {(1,2,3):'user'}　　　　D. dct4 = {[1,2,3]: 'user'}

18. 以下属于不合法的表达式的是（　　）。
   A. x in [1,2,3,4,5]　　　　　　B. 'abc' > 123
   C. x-6 > 5　　　　　　　　　　D. e > 5 and 4 == f

19. 将数学式 2 < x < 10 表示成等价的 Python 表达式为（　　）。
   A. (2 < x) < 10　　　　　　　　B. 2 < x and x < 10
   C. 2 < x && x < 10　　　　　　D. x > 2 or x < 10

20. 以下 if 语句语法正确的是（　　）。
   A. if a > 0: x = 20
      else: x = 200
   B. if a > 0: x = 20
      else:
          x = 200
   C. if a > 0:
          x = 20
      else: x = 200
   D. if a > 0:
          x = 20
      else:
          x = 200

21. 在 Python 中，实现多分支选择结构较好的方法是（　　）。
   A. if　　　B. if-else　　　C. if-elif-else　　　D. if 多层嵌套

22. 设有程序段：

```
k = 10
while k:
    k = k - 1
    print(k)
```

则下面描述中正确的是（　　）。
   A. while 循环执行了 10 次　　　　B. 循环是无限循环
   C. 循环体语句一次也不执行　　　　D. 循环体语句只执行了一次

23. 以下 for 语句中，能完成 1~10 的累加功能的是（　　）。
   A. for i in range(10, 0):
          sum += i
   B. for i in range(1, 11):

    sum += i
  C. for i in range(10, -1):
    sum += i
  D. for i in range(10, 9, 8, 7, 6, 5, 4, 3, 2, 1):
    sum += i

24. 关于 while 循环和 for 循环的区别，下列叙述正确的是（   ）。
  A. while 语句的循环体至少无条件执行一次，for 语句的循环体有可能一次都不执行
  B. while 语句只能用于循环次数未知的循环，for 语句只能用于循环次数已知的循环
  C. 在很多情况下，while 语句和 for 语句可以等价使用
  D. while 语句只能用于可迭代变量，for 语句可以用于任意表达式的表示条件

25. 下列说法中正确的是（   ）。
  A. break 用在 for 语句中，而 continue 用在 while 语句中
  B. break 用在 while 语句中，而 continue 用在 for 语句中
  C. continue 能结束循环，而 break 只能结束本次循环
  D. break 能结束循环，而 continue 只能结束本次循环

26. 下列 Python 循环体执行的次数与其他不同的是（   ）。
  A. i = 0
    while i <= 10：
      print(i)
      i += 1
  B. i = 10
    while i > 0：
      print(i)
      i -= 1
  C. for i in range(10)：
      print(i)
  D. for i in range(10, 0, -1)：
      print(i)

27. 以下说法错误的是（   ）。
  A. pass 不执行任何操作，一般用作占位语句
  B. range() 函数可创建一个整数列表，一般用在 for 循环中。list(range(0,10,2)) 结果为 [0,2,4,6,8,10]
  C. zip() 函数用于将可迭代的对象作为参数，将对象中对应的元素打包成元组，然后返回由这些元组组成的列表。a = [1,2,3], b=['a','b','c'], list(zip(a,b)) 结果为 [(1, 'a'), (2, 'b'), (3, 'c')]
  D. enumerate() 函数用于将一个可遍历的数据对象（如列表、元组或字符串）组合为一个索引序列，同时列出数据和数据下标，一般用在 for 循环当中。seasons = ['Spring', 'Summer', 'Fall', 'Winter'], list(enumerate(seasons)) 结果为 [(0, 'Spring'), (1, 'Summer'), (2, 'Fall'), (3, 'Winter')]

28. 以下哪个关键字可以用来进行占位操作（　　）。
    A. break   B. continue   C. while   D. pass

29. 下列语句不符合语法要求的是（　　）。

> for var in _____:
>   print(var)

A. range(0, 10)　　B. 'hello'　　C. (1, 2, 3)　　D. {1: 2, 3, 4, 5}

30. 下列选项中不属于函数优点的是（　　）。
    A. 减少代码重复
    B. 使程序模块化
    C. 使程序便于阅读
    D. 便于发挥程序员的创造力

31. 关于函数的说法正确的是（　　）。
    A. 函数定义时必须有形参
    B. 函数中定义的变量只在该函数体中起作用
    C. 函数定义时必须带 return 语句
    D. 实参与形参的个数可以不同，类型可以任意

32. 以下关于函数说法正确的是（　　）。
    A. 函数的实际参数和形式参数必须同名
    B. 函数的形式参数可以是变量也可以是常量
    C. 函数的实际参数不可以是表达式
    D. 函数的实际参数可以是其他函数的调用

33. 以下代码段运行的结果是（　　）。

> def foo():
>   return 1, 2, 3
> a = foo()
> x, y, z = foo()
> print('a=', a)
> print('x=', x)
> print('y=', y)
> print('z=', z)

A. a= 1
   x= 2
   y= 3
   z= 3

B. a= (1, 2, 3)
   x= 1, 2, 3
   y= 1, 2, 3
   z= 3

C. a= (1, 2, 3)
   x= 1
   y= 2
   z= 3

D. a = (1, 2, 3)
   x = (1, 2, 3)
   y = (1, 2, 3)
   z = (1, 2, 3)

34. 以下程序的结果是（   ）。

```
def bar(x, *args, **kwargs):
    print(x)
    print(args)
    print(kwargs)
bar(1, 2, 3, 4, a='python', b='java')
```

A. (1, 2, 3, 4)
   (1, 2, 3, 4)
   {'a': 'python', 'b': 'java'}
B. 1
   (2, 3, 4)
   ['python', 'java']
C. 1
   (2, 3, 4)
   {'python', 'java'}
D. 1
   (2, 3, 4)
   {'a': 'python', 'b': 'java'}

35. 以下程序的结果是（   ）。

```
def my_fun():
    print('before')
    return
    print('after')
my_fun()
```

A. before
   after
B. before
C. after
D. after
   before

36. 以下程序的结果是（   ）。

```
def converts(s):
    lst = [i.upper() if i == i.lower() else i.lower() for i in s]
    return ''.join(lst)
print(converts('Hello'))
```

A. 'Hello'　　　　B. 'hello'　　　　C. 'HELLO'　　　　D. 'hELLO'

二、简答题

1. 列举 Python 中的一些关键字，并解释其作用。
2. 定义一个合法的 Python 标识符，说明标识符的命名规则和约定。
3. 什么是常量？Python 中如何定义常量？
4. 定义一个变量，并演示如何给变量赋值和修改变量的值。
5. 列举 Python 中常见的基本数据类型，分别给出一个例子。
6. Python 中的运算符有哪些？列举并给出优先级顺序。

三、编程题

1. 请编写一个程序，实现从用户输入的两个整数中计算它们的和并输出结果。
2. 请编写一个程序，根据用户输入的年龄判断其是否满足投票条件。如果用户的年龄大于或等于 18 岁，则输出"您已经达到法定投票年龄，可以参与投票！"；如果用户的年龄小于 18 岁，则输出"对不起，您未达到法定投票年龄，不能参与投票。"
3. 编写一个程序，根据用户输入的数字判断其正、负、零状态，并输出相应的信息。
4. 请编写一个程序，创建一个包含整数的列表，然后使用 for 循环遍历该列表中的元素并输出每个整数。
5. 请编写一个程序，使用 while 循环计算并输出 1~100 的整数。
6. 请编写一个程序，使用 for 循环遍历一个整数列表，如果遇到负数，则输出该负数并结束循环；如果遇到正数，则输出该正数并继续下一次循环。
7. 请编写一个程序，使用 for 循环遍历一个整数列表，如果遇到负数，则跳过该负数并继续下一次循环；如果遇到正数，则输出该正数。
8. 请编写一个程序，创建一个包含整数的列表，然后对该列表进行以下操作。

1）输出列表的长度。
2）访问列表中的第三个元素，并输出。
3）使用切片操作获取列表中的第二至第四个元素，并输出。
4）向列表末尾添加一个新的整数。
5）在列表的指定位置（如第二个位置）插入一个新的整数。
6）移除列表中的一个元素（如移除第一个出现的指定元素）。
7）弹出列表中的一个元素（如弹出指定位置的元素）。
8）查找列表中指定元素的索引，并输出。
9）判断列表中是否存在某个元素，并输出判断结果。
10）统计列表中某个元素出现的次数，并输出。
11）对列表进行排序，并输出排序后的列表。

9. 请编写一个程序，创建一个包含整数的元组，然后对该元组进行以下操作。

1）访问元组中的第三个元素，并输出。
2）使用切片操作获取元组中的第二至第四个元素，并输出。
3）查找元组中指定元素的索引，并输出。
4）统计元组中某个元素出现的次数，并输出。

10. 请编写一个程序，创建一个包含学生信息的字典，然后对该字典进行以下操作。

1）访问字典中的指定键值对，并输出。

2）修改字典中的某个键值对，并输出修改后的结果。

3）添加新的键值对到字典中，并输出更新后的字典。

4）删除字典中的指定键值对，并输出更新后的字典。

5）检查字典中是否包含某个键，如果包含则输出对应的值，否则输出提示信息。

11. 请编写一个程序，创建两个集合，并对它们进行以下操作。

1）求并集并输出结果。

2）求交集并输出结果。

3）求差集（第一个集合减去第二个集合）并输出结果。

4）向第一个集合添加一个新元素，并输出更新后的集合。

5）从第一个集合移除一个指定元素，并输出更新后的集合。

12. 请编写一个程序，定义一个函数，接受两个整数作为参数，计算它们的乘积并返回结果。然后调用该函数，传入两个整数，计算它们的乘积并输出结果。

13. 请编写一个程序，定义一个函数 is_prime( )，接受一个整数作为参数，判断该整数是否为素数（质数），如果是素数则返回 True，否则返回 False。然后调用该函数，传入一个整数，判断该整数是否为素数，并输出判断结果。

14. 请编写一个程序，使用全局变量 count 来记录一个系统中某个操作的执行次数。定义一个函数 update_count( )，每调用一次该函数，全局变量 count 的值加 1。然后模拟多次执行该操作，调用 update_count( )函数来更新执行次数，最后输出执行次数的结果。

15. 请编写一个程序，使用面向对象方法实现一个简单的学生信息管理系统。每个学生对象应包含姓名、年龄和班级等信息。程序应具有以下功能。

1）添加多个学生对象，并设置学生的姓名、年龄和班级信息。

2）可以显示每个学生的信息。

3）统计学生对象的总数，并输出结果。

第 3 章
大数据预处理

在数据分析中，原始数据往往存在大量不完整、不一致和异常数据，这些问题严重影响了数据分析建模的执行效率，甚至可能导致挖掘结果的偏差。因此，进行数据预处理至关重要。数据预处理是数据分析过程中的关键环节，它包括数据清洗、数据集成、数据规约和数据变换等步骤，旨在为后续的数据分析和建模提供高质量的数据基础。通过大数据预处理，可以解决数据中的缺失值、不一致性和异常值等问题，从而确保数据的质量和可靠性，为后续的数据挖掘和分析工作奠定坚实基础。数据预处理的重要性不容忽视，它能提高数据分析的准确性和可靠性，确保得到有效的分析结果。

3.1 大数据预处理流程

大数据来源广泛而复杂。当海量数据从各种底层数据源通过不同的采集平台获取之后，这些数据通常不能直接用于数据分析。原始数据往往缺乏统一标准的定义，数据结构差异性很大，可能存在属性值不准确的情况，甚至会出现某些数据属性值丢失或不确定的情况。因此，必须通过预处理过程，才能提高数据质量，使其满足数据挖掘算法的要求，并有效应用于后续数据分析过程。

大数据预处理（Big Data Preprocessing，BDP）是指在进行数据挖掘之前，对采集到的海量数据进行必要的数据清洗、数据集成、数据规约和数据变换等多项处理工作。通过这些步骤，可以改进原始数据的质量，使其符合数据挖掘算法的要求，以便进行知识获取和分析。在实际应用中，可能会根据数据挖掘的结果再次对数据进行预处理，以进一步提高数据质量和准确性。在大数据预处理过程中，各个处理方法之间存在关联性，彼此并非独立。例如，消除数据冗余既可以属于数据集成的方法，也可以看作是一种数据规约的方法。这些预处理步骤相互交织，共同构成了大数据预处理的整体流程。通过对数据进行细致而全面的预处理，可以为后续的数据挖掘和分析工作奠定坚实的基础，从而有效发掘数据中隐藏的有价值信息。

大数据预处理流程如图 3-1 所示。

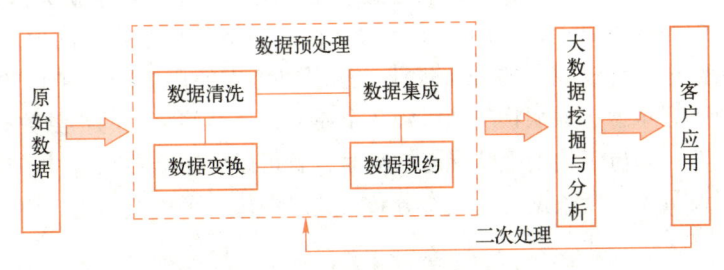

图 3-1 大数据预处理流程

3.2　数据清洗

在现实世界中，数据往往是不完整的（包含缺失值）、包含噪声且存在不一致性。数据清洗的任务就是尝试填充缺失值、平滑噪声、识别离群点，并纠正数据中的不一致之处。通过数据清洗，可以提高数据的质量和准确性，确保数据可靠性，为后续的数据分析和挖掘提供可靠的基础。数据清洗不仅是数据处理过程中的关键步骤，也是确保数据分析结果准确性的重要环节。

3.2.1　缺失值处理

对于缺失值的处理，不同的情况处理方法也不同，总的来说，缺失值处理可概括为删除法和插补法（或称填充法）两类方法。

1. 删除法

删除法是对缺失值进行处理的最原始的方法，它将存在缺失值的记录删除。如果数据缺失问题可以通过简单地删除少部分样本来达到目的的，那么这个方法是最有效的。然而，由于删除了包含非缺失值的数据，样本量的减少可能会削弱统计功效。当样本量很大而缺失值所占比例较少时，可以考虑使用此方法。在应用删除法时，需要权衡数据的完整性和准确性与样本量的损失，以及对后续分析结果的影响。删除法通常适用于缺失值占比较小且可以忽略不计的情况，或者在其他处理方法无法应用或不合适的情况。

2. 插补法

在大数据分析中，经常面对海量数据，数据的属性可能有几十个甚至几百个。因为一个属性值的缺失而放弃大量的其他属性值会导致信息的极大浪费。因此，针对这种情况，产生了以可能值对缺失值进行插补的思想和方法。

1）固定值插补：使用预先确定的特定值（如0或-1）填充缺失值。例如在一个问卷调查中，有一个问题是询问被调查者的婚姻状况，可能选项包括"已婚""未婚""离异""丧偶"等。如果被调查者不愿意或无法回答这个问题，那么这个婚姻状况就会成为缺失值。在这种情况下，可以考虑使用固定值插补的方法。可以选择一个特定的值来代表"无法回答"的情况，比如用"N/A"（Not Available）或者用一个特殊的编码值来填充缺失值，如用"-1"来表示无法回答。这样在数据分析的过程中，就能够清楚地识别出这部分数据的特殊性，而不会因为缺失值而丢失了这一部分信息。

2）统计值插补：根据数据的属性，可以将数据分为定距型和非定距型。如果缺失值是定距型的，就可以使用该属性存在值的平均值来插补缺失的值。如果缺失值是非定距型的，可以根据统计学中的众数原理，使用该属性的众数（即出现频率最高的值）来填补缺失的值。此外，如果数据符合较规范的分布规律，还可以考虑使用中值（中位数）插补。例如在员工数据集中，有年龄、婚姻状况和工资3个属性，当某些员工的年龄数据缺失时，就可以采用均值来填充；当员工的婚姻状况有缺失时，就可以使用众数来填补；当员工的工资数据有缺失时，假设员工工资数据符合正态分布，此时中值与平均值相近，就可以采用中值来填充。

3）最近邻填充：根据样本之间的相似性，利用最近的邻居样本的值来填充缺失值。

【例3-1】假设有一个包含房屋信息的数据集，其中包括房屋的面积和价格，见表3-1。

表3-1 房屋信息数据集

房屋编号	面积/m²	价格（万元）
1	100	80
2	150	120
3	200	?
4	180	150
5	120	?

可以使用欧氏距离来计算房屋3和房屋5与其他房屋的面积之间的相似性。房屋3的面积更接近房屋4，而房屋5的面积更接近房屋1。所以，根据欧氏距离的计算结果，房屋3与房屋4更接近，而房屋5与房屋1更接近。房屋3的价格可填充为150，房屋5的价格可填充为80。

4）插值法填充：利用已知点建立合适的插值函数$f(x)$，未知值由对应点x_i求出的函数值$f(x_i)$近似代替。插值法包括线性插值法、多项式插值法（包括拉格朗日插值法、牛顿插值法）等。

【例3-2】假设数据集包含7个数据点，对应的信息见表3-2。

表3-2 数据点信息

x	y
1	2
3	6
5	?
7	14

观察数据发现数据点之间的关系是线性的，根据这一假设来估计缺失值。首先使用已知数据点（3,6）和（7,14）来构建一条直线，得到$y=2x$，估计$x=5$时y的值为10，所以可用10来填充。

5）预测估计法：利用变量之间的关系，将有缺失值的字段作为待预测的变量，使用其他同类别无缺失值的字段作为预测值，通过数据挖掘方法进行预测，用推断得到的该字段最大可能的取值进行补充。这一方法通常使用各种机器学习和统计建模技术，如线性回归、神经网络、支持向量机、最近邻方法、贝叶斯或决策树等来进行预测。例如，如果一个数据集中有缺失的房价数据，可以利用其他相关变量（如房屋面积、地理位置等）作为特征，建立一个回归模型，然后用这个模型来预测缺失的房价数据。预测估计法可以根据数据之间的关系，利用已有的信息来填补缺失值，从而尽可能准确地还原缺失的数据。

预测估计法相对于其他填充方法来说，充分利用了当前数据同类别字段的全部信息，因此对缺失字段的取值预测较为理想。通过利用各种机器学习和统计建模技术，该方法可以更精确地预测缺失值，并且能够利用数据集中的所有信息来进行预测，从而填补缺失值。

此外，缺失值的填充还可以采用人工方式补填，但比较耗时费力，对于存在大范围缺失情况的大数据集合而言，实际操作可能性较低。

3.2.2 噪声过滤

噪声（Noise）是指数据中存在的随机误差或不相关信息，它可能对数据的准确性和可靠性造成影响，使得数据中包含了不希望出现的随机波动或干扰。在数据处理和分析中，噪声常需要被过滤或消除，以减少对数据分析结果的负面影响。

对噪声进行过滤是数据处理和信号处理中常见的操作，可以通过各种技术和算法来降低噪声对数据的影响，提高数据的质量和可靠性。常见的噪声过滤方法包括回归法、均值平滑法、离群点分析和人机交互检测法等，这些方法可以帮助去除数据中的随机波动，使数据更加清晰和可靠，从而更好地支持数据分析和决策过程。

1. 回归法

回归法是一种常用的噪声过滤方法，它通过拟合数据的回归模型，识别并剔除与模型偏离较大的数据点，从而减少噪声对模型的影响。回归法特别适用于识别和处理具有线性关系的数据。

【例3-3】利用线性回归模型识别噪声示例。

```python
import numpy as np
import matplotlib.pyplot as plt
from sklearn.linear_model import LinearRegression

# 生成带有噪声的线性数据
np.random.seed(0)
X = np.random.rand(100, 1)
y = 2 + 3 * X + np.random.normal(0, 0.3, (100, 1))

# 拟合线性回归模型
model = LinearRegression()
model.fit(X, y)

# 计算残差
residuals = y - model.predict(X)

# 根据残差识别异常值
outlier_idx = np.abs(residuals) > 2 * np.std(residuals)

# 绘制数据和回归线
plt.scatter(X, y, color='b', label='Data')
plt.plot(X, model.predict(X), color='r', label='Regression Line')
plt.scatter(X[outlier_idx], y[outlier_idx], color='g', label='Outliers')
plt.legend()
plt.show()
```

运行结果如图3-2所示。

在例3-3中，首先生成了带有噪声的线性数据，然后使用线性回归模型拟合数据，并计算出残差。最后，根据残差的标准差来识别并标记异常值，并将其在图中用红色标注出来。

通过这样的方法,可以较好地识别和处理数据中的噪声点,提高模型的准确性和鲁棒性。

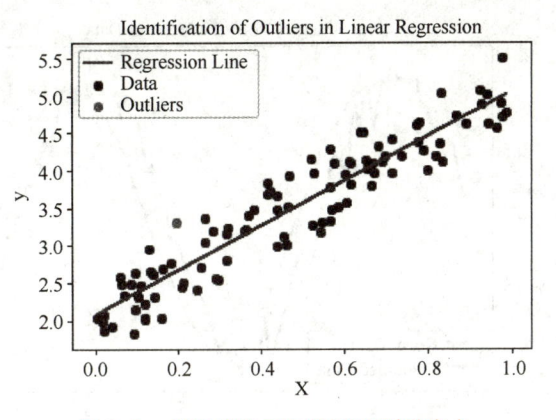

图 3-2　利用线性回归模型识别噪声点

2. 均值平滑法

均值平滑法通过计算数据点周围邻近数据的均值来平滑数据,减少噪声的影响。均值平滑法适用于时间序列数据的平滑处理,对于消除或减弱周期性的噪声有一定效果。

【例3-4】利用均值平滑法处理时间序列数据示例。

```
import numpy as np
import matplotlib.pyplot as plt

# 生成带有噪声的时间序列数据
np.random.seed(0)
t = np.arange(0.0, 10.0, 0.1)
x = np.sin(t) + np.random.normal(0, 0.1, size=len(t))

# 定义均值平滑函数
def moving_average(data, window_size):
    cumsum = np.cumsum(data)
    cumsum[window_size:] = cumsum[window_size:] - cumsum[:-window_size]
    return cumsum[window_size - 1:] / window_size

# 应用均值平滑法
window_size = 10
smoothed_x = moving_average(x, window_size)

# 绘制原始数据和平滑后的数据
plt.plot(t, x, label='Noisy Data')
plt.plot(t[window_size-1:], smoothed_x, 'r', label='Smoothed Data')
plt.xlabel('Time')
plt.ylabel('Value')
plt.title('Smoothing of Noisy Time Series Data')
plt.legend()
plt.show()
```

运行结果如图 3-3 所示。

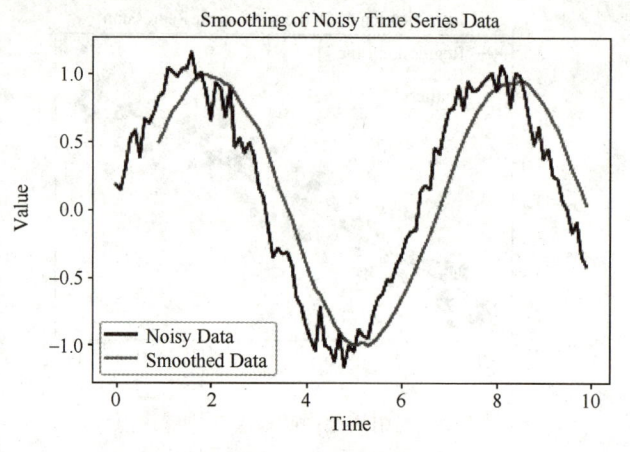

图 3-3　均值平滑去噪

在例 3-4 中，首先生成了带有噪声的正弦波时间序列数据，然后定义了一个均值平滑函数 moving_average( )，该函数计算数据点周围邻近数据的均值。最后，应用了均值平滑法，并绘制了原始数据和平滑后的数据。通过这样的示例，可以清晰地展示均值平滑法对时间序列数据的平滑效果，有助于减少噪声的影响，尤其是对于周期性的噪声有一定效果。

3. 离群点分析

离群点分析是通过聚类等方法来检测离群点，并将其删除，从而实现去噪的方法。直观上，落在簇集合之外的值被视为离群点。

【例 3-5】利用 DBSCAN 算法进行离群点检测示例。

```
import numpy as np
import matplotlib.pyplot as plt
from sklearn.cluster import DBSCAN
from sklearn.preprocessing import StandardScaler

# 生成带有离群点的数据
np.random.seed(0)
# 生成两个聚类中心
centers = [[1, 1], [-1, -1]]
X = np.concatenate([np.random.normal(centers[0], 0.3, (100, 2)),
                    np.random.normal(centers[1], 0.3, (100, 2)),
                    np.array([[-2, -2], [2, 2], [1.5, -1.5]])])
                    # 生成正态分布的数据并添加3个离群点

# 数据标准化
X = StandardScaler().fit_transform(X)

# 使用 DBSCAN 进行离群点检测
dbscan = DBSCAN(eps=0.3, min_samples=5)
dbscan.fit(X)
```

```
outliers = X[dbscan.labels_ = = -1]

# 绘制原始数据和离群点
plt.scatter(X[:,0], X[:,1], label='Data')
plt.scatter(outliers[:,0], outliers[:,1], color='r', label='Outliers')
plt.title('Outlier Detection using DBSCAN')
plt.xlabel('Feature 1')
plt.ylabel('Feature 2')
plt.legend()
plt.show()
```

运行结果如图 3-4 所示。

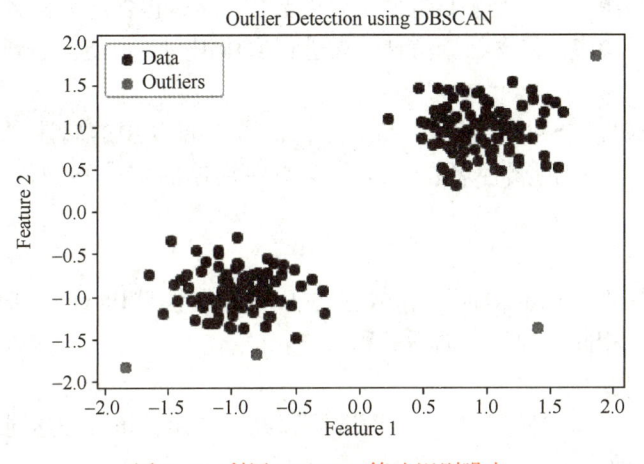

图 3-4 利用 DBSCAN 算法识别噪声

在例 3-5 中，生成了一个简单的二维数据集，并在数据中人为添加了 3 个离群点。然后，使用 DBSCAN 算法进行离群点检测，并将识别出的离群点标记为红色，与原始数据一起绘制出来。这样的示例可以更清晰地展示 DBSCAN 算法对多个离群点的识别效果。

4. 人机交互检测法

人机交互检测法是一种基于人与计算机交互的检查方法，旨在帮助发现噪声数据。该方法依赖于专业分析人员丰富的背景知识和实践经验，他们可以进行人工筛选或制定规则集，然后由计算机自动处理，从而检测出不符合业务逻辑的噪声数据。当规则集设计合理，并且与数据集合的应用领域需求贴近时，这种方法将有助于提高噪声数据筛选的准确率。一个典型的人机交互检测法的例子是在金融领域中的反欺诈检测。专业分析人员可以利用他们丰富的金融知识和欺诈检测经验，制定一套反欺诈规则集，涵盖交易异常模式、地理位置异常、金额异常等多个维度。然后，这些规则可以被输入到计算机系统中，系统可以自动对大量的交易数据进行检测。当系统发现异常交易时，将会把这些异常数据标记出来，并呈现给专业分析人员进一步确认。专业分析人员会进一步验证这些异常数据，排除误报，确认是否存在欺诈行为，然后将验证结果反馈给系统，不断优化规则集，从而实现人机交互检测法的循环闭环。

3.3 数据集成

数据分析需要的数据往往分布在不同的数据源中，数据集成是将来自不同数据源的数据，在逻辑或物理上集成到一个统一的数据集合中的过程。在数据集成时，由于来自多个数据源的现实世界实体的表达形式是不一样的，有可能不匹配，因此要考虑实体识别问题和冗余属性识别问题，将源数据在底层进行转换、提炼和集成。

3.3.1 实体识别

当进行实体识别时，需要处理不同数据源之间可能存在的同名异义、异名同义及单位不统一等问题，以统一不同源数据的矛盾之处。

假设有两个数据源，一个是来自电商平台的数据源 A，包含产品信息，另一个是来自供应链管理系统的数据源 B，包含物流信息。在进行实体识别时可能会遇到以下情况。

1. 同名异义

数据源 A 中的属性"SKU"表示产品编号，而数据源 B 中的属性"SKU"表示库存单位。在这种情况下，相同的属性名在不同数据源中描述的实体不同，可能会导致混淆和错误。

2. 异名同义

数据源 A 中的属性"OrderDate"和数据源 B 中的属性"PurchaseDate"都表示订单日期，名称不同但含义相同，导致数据不一致。

3. 单位不统一

数据源 A 中的重量单位使用"kg"，而数据源 B 中使用"lb"描述同一个实体（如产品重量），但单位不一致。

在实体识别过程中，可以采取以下方法来检测和解决这些冲突：

1. 属性重命名

在处理同名异义情况时，可将同名属性重命名为不同的名称。例如，将数据源 A 中的"SKU"重命名为"ProductSKU"，将数据源 B 中的"SKU"重命名为"StockSKU"，以区分它们的实际含义。

2. 属性映射

在处理异名同义情况时，建立属性之间的对应关系。例如，将"OrderDate"和"PurchaseDate"建立映射关系，明确它们的含义是相同的。这样在数据集成后，可以统一使用一个名称来表示订单日期，避免混淆和错误。

3. 单位转换或标准化

对于单位不统一的情况，可以进行单位转换或统一。例如，将"lb"转换为"kg"或反之，或者引入一个标准化的重量单位，确保所有数据在集成后采用统一的单位。通过这种方式，可以确保数据的一致性和准确性，提高数据集成的效率和质量。在数据集成过程中，处理单位是否统一是非常重要的一环，只有保证数据单位的统一性，才能确保数据分析和应用的准确性。

通过实体识别的任务，可以有效解决不同数据源之间的矛盾和冲突，确保数据的准确性和一致性，为后续的数据整合和分析提供可靠的基础。

3.3.2 冗余属性识别

数据集成往往会导致数据冗余，常见的情况包括同一属性多次出现和同一属性命名不一致导致重复。然而，通过仔细整合不同数据源，可以减少甚至避免数据冗余和不一致性，从而提高数据挖掘的速度和质量。对于冗余属性，可以先进行分析和检测，然后进行适当的处理，比如删除冗余属性。

有些冗余属性可以通过相关分析来检测。相关分析可以帮助理解两个数值型属性之间的关系，通过计算它们之间的相关系数来量化这种关系。相关系数的取值范围通常在-1 到 1 之间，表示两个属性之间的线性相关程度。以下是相关系数的一些常见取值和对应含义：

1. 相关系数接近 1

表示两个属性之间存在强正相关关系，当一个属性增加时，另一个属性也相应增加。

2. 相关系数接近-1

表示两个属性之间存在强负相关关系，当一个属性增加时，另一个属性减少。

3. 相关系数接近 0

表示两个属性之间不存在线性相关关系。

通过相关分析，可以识别出两个属性之间的关联程度，进而判断是否存在冗余属性。如果两个属性之间相关性非常高（接近 1 或-1），则可能其中一个属性是冗余的，可以考虑删除其中一个属性以减少数据冗余。

通过仔细整合不同数据源，并利用相关分析等方法识别和处理冗余属性，可以提高数据质量，减少冗余和不一致性，为数据分析挖掘工作提供更可靠和高效的数据基础。

3.4 数据规约

数据规约是基于挖掘分析需求和数据自身的特性，在原始数据上选择和建立用户感兴趣的数据集合，通过删除数据部分属性、替换部分数据表示形式等操作完成对数据集合中出现的偏差、重复、异常等数据的过滤工作，尽可能保持原始数据的完整性，并最大限度地精简数据量，在得到相同（或者类似）分析结果的前提下节省数据挖掘时间，数据规约的示例如图 3-5 所示。

序号	A1	A2	A3	…	A400
1					
2					
3					
…					
5000					

→

序号	A1	A8	…	A300
1				
5				
…				
3000				

图 3-5 数据规约的示例

数据规约的意义在于：
1）降低无效、错误数据对建模的影响，提高建模的准确性。
2）降低存储数据的成本。
3）少量且具有代表性的数据将大幅缩短数据分析所需的时间。

3.4.1 属性规约

属性规约通过属性合并创建新属性维度，或者直接删除不相关的属性来减少数据维度，进而提高数据分析挖掘的效率，降低计算成本。属性规约的目标是寻找最小的属性子集，并确保新数据子集的概率分布尽可能接近原始数据集的概率分布。属性规约常用方法如下：

1. 合并属性

将一些旧属性合并为新属性。假设有一个社交媒体数据集，包括如下属性：发帖数量、评论数量、点赞数量、分享数量。可以将"点赞数量"和"分享数量"合并为一个新属性"互动量"，表示用户在社交媒体上获得的总体互动量。这样可以减少原始属性的数量，简化数据集结构，同时综合考虑用户在社交媒体上的整体互动情况。

2. 逐步向前选择

从一个空属性开始，每次从原来的属性集合中选择一个当前最优的属性添加到当前属性子集中。直到无法选出最优属性或满足一定阈值约束为止。

3. 逐步向后删除

从一个全属性集开始，每次从当前属性子集中选择一个当前最差的属性，并将其从当前属性子集中移除，直到无法选出最差属性或满足一定阈值约束为止。

逐步向前选择、逐步向后删除方法中的"最优"和"最差"属性通常使用统计显著性检验来确定，前提条件是假设各属性相互独立。此外，还有许多其他属性评估度量方法，如用于构造分类决策树的信息增益。

4. 决策树归纳

利用决策树归纳方法对初始数据进行分类归纳学习，获得一个初始的决策树，所有没有出现在这个决策树上的属性均可认为是无关属性，将这些属性从初始集合中删除，就可以获得一个最优的属性子集。如图3-6所示，每一个椭圆代表对属性的测试，每个分支代表一个测试结果，每个矩形代表一个类的预测，初始属性集合为$\{A_1,A_2,A_3,A_4,A_5\}$，在决策树上体现出来的属性集合为$\{A_1,A_3,A_5\}$，此属性集合为规约后的属性集。

5. 主成分分析（PCA）

主成分分析（PCA）是一种用于连续属性的数据降维方法。它通过构造原始数据的正交变换，将数据转化为一组新的变量，这些新变量被称为"主成分"。主成分是原始变量的线性组合，彼此互不相关。从几何角度看，PCA相当于对原始变量组成的坐标系进行旋转，得到一个新的坐标系，主成分即新坐标系的坐标轴。如图3-7所示，数据的原始坐标轴A_1和A_2被转换为新的正交坐标轴S_1和S_2。

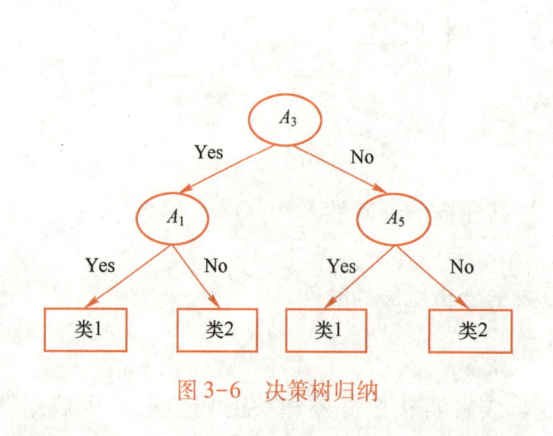

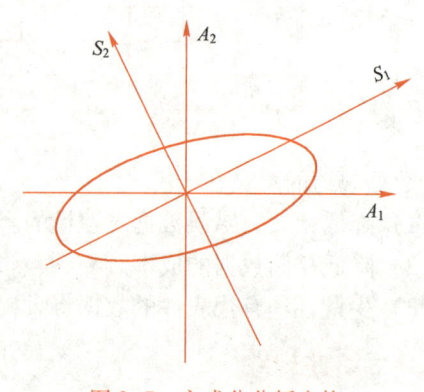

图3-6　决策树归纳

图3-7　主成分分析变换

主成分分析的计算步骤如下。

1）标准化数据：对原始数据进行标准化处理，使每个特征具有相同的重要性。通常采用均值为 0、方差为 1 的标准化方法。

2）计算协方差矩阵：计算标准化后数据的协方差矩阵。协方差矩阵反映了不同特征之间的相关性。

3）计算特征值和特征向量：对协方差矩阵进行特征值分解，得到特征值和对应的特征向量。特征向量代表了新坐标系的主成分方向，而特征值表示该方向上的数据变异程度。

4）选择主成分数量：根据特征值的大小选择保留的主成分数量，通常通过保留累计解释方差的比例来确定。

5）构建投影矩阵：选取前面所选择的主成分数量的特征向量，构建投影矩阵。

6）数据转换：将原始数据投影到选定的主成分上，得到降维后的数据集。

通过以上步骤，可以完成主成分分析，实现数据的降维和特征提取，以便更好地理解数据结构和减少数据的复杂度。

3.4.2 数值规约

数值规约通过选择替代的、较小的数据来减少数据量，包括有参数方法和无参数方法两类。有参数方法使用模型来评估数据，只需存放模型参数，而不需要存放实际数据，如一元线性回归、多元线性回归和对数回归。无参数方法需要存放实际数据，如直方图、聚类和抽样。

1. 有参数回归

简单线性模型和对数线性模型可以用来近似表示给定的数据。

【例 3-6】一元线性回归示例。

```python
import numpy as np
import matplotlib.pyplot as plt
from sklearn.linear_model import LinearRegression

# 生成包含10个整数数据点的示例数据集
x = np.array([1, 2, 3, 4, 5, 6, 7, 8, 9, 10]).reshape(-1, 1)
y = np.array([2, 4, 5, 4, 6, 8, 9, 10, 11, 13])

# 创建并训练线性回归模型
model = LinearRegression()
model.fit(x, y)

# 获取线性回归模型的系数和截距
slope = model.coef_[0]
intercept = model.intercept_


# 绘制散点图和拟合直线
plt.scatter(x, y, color='blue', label='Data Points')
```

```
plt.plot(X, model.predict(X), color='red', label='Fitted Line: y = {:.2f}x + {:.2f}'.format(slope, intercept))
plt.xlabel('x')
plt.ylabel('y')
plt.title('Linear Regression Fit')
plt.legend()
plt.show()
```

运行结果如图 3-8 所示。

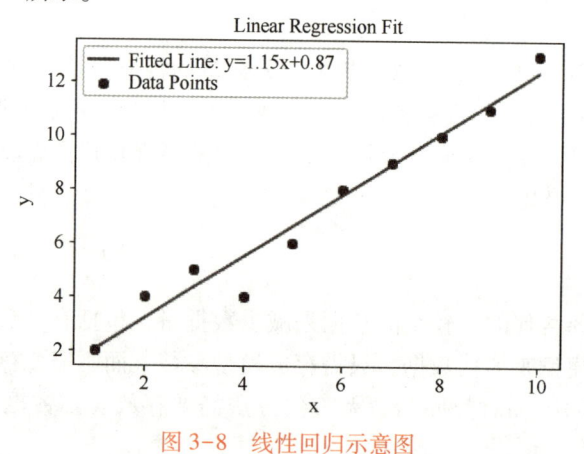

图 3-8 线性回归示意图

在例 3-6 中，代码生成了 10 个数据点，利用一元线性回归模型将这些数据点拟合为一条直线 $y=1.15x+0.87$。同时，将参数 1.15 和 0.87 存储下来，而不是存储实际的 10 个数据点。这样可以更有效地表示数据的关系，并在需要时用于进行预测或其他分析操作。

多元线性回归是对一元线性回归的扩展，允许响应变量 y 建模为两个或多个预测变量的线性函数。

2. 无参数方法

（1）直方图

直方图是一种常见的数据规约形式，通过分箱来近似数据的分布。对于属性 A 的直方图，会将 A 的数据分布划分为不相交的子集或桶。如果每个桶只代表单个属性值及其对应的频数，这种桶称为单桶。通常，桶表示给定属性的一个连续区间。

【例 3-7】直方图示例。

以下数据是某超市销售商品的单价列表（按元四舍五入取整），且已对数据进行了排序：1，1，5，5，5，5，8，8，8，10，10，10，10，15，15，15，15，15，15，15，18，18，18，18，18，18，18，18，20，20，20，20，20，20，20，21，21，21，21，25，25，25，25，28，28，28，30，30，30，30，30。如图 3-9 所示为使用单值桶显示这些数据的直方图。为进一步压缩数据，通常让一个桶代表给定属性的一个连续区域，如图 3-10 所示，每个桶代表价格的一个连续 10 元区间，这种直方图被称为等宽直方图。

根据图 3-10 可知，进行数据规约后，价格可以存储为每个区间的中心值，频率存储为对应桶的最高频数，即（5.5,14），（15.5,17），（25.5,18）。利用等宽直方图进行数值规约可以在一定程度上简化数据，减少噪声，保护隐私，并为后续的数据分析和建模提供更便捷的数据处理方式。

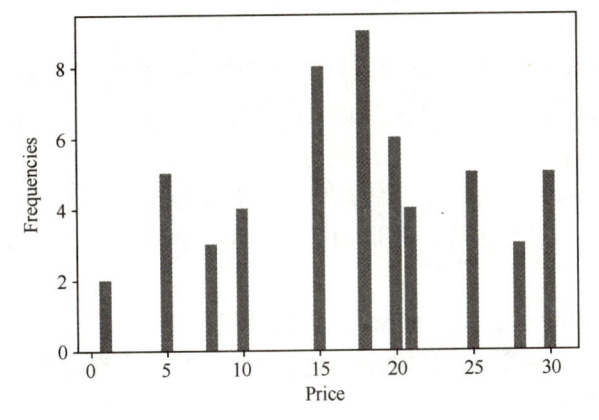

图 3-9　使用单值桶的价格直方图

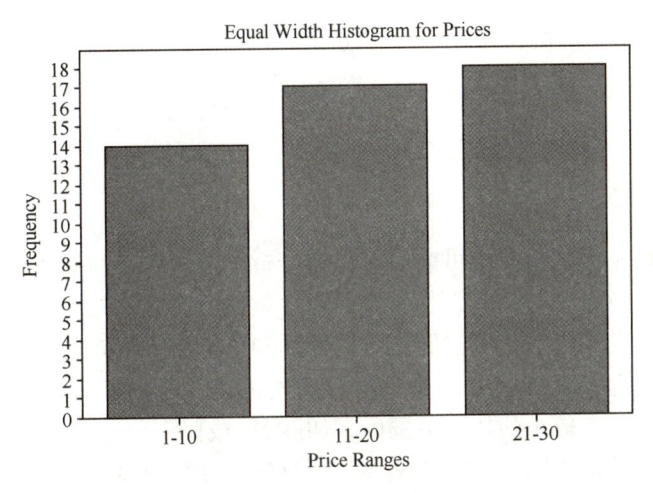

图 3-10　价格的等宽直方图

根据此存储结果，除了采用等宽直方图外，也可以构建等频直方图，通过将数据等频划分为区间来展示其分布，这种方法有助于用户深入了解数据的特征和规律，为数据分析和决策提供支持。

（2）聚类

将数据元组划分成组或者类，同一组或类中的元组比较相似，不同组或者类中的元组彼此不相似。聚类技术的使用受限于实际数据的内在分布，对于被污染的数据，这种技术比较有效。在数据规约的过程中，用数据的簇替换实际数据。该技术的有效性依赖于簇的定义是否符合数据的分布性质。

（3）抽样

抽样是使用数据的较小随机样本（子集）替换大的数据集，以达到减少计算成本、提高计算效率和保持数据特征的目的。以下是几种常见的抽样方法。

1）简单随机抽样（Simple Random Sampling）：从总体中随机地选择样本的方法，每个样本被选中的概率相同，且相互独立。这种抽样方法适用于总体元素没有规律的情况。

2）分层抽样（Stratified Sampling）：将总体按照某种特征分成若干层（或分组），然后在每一层内进行简单随机抽样，确保每一层都有代表性的样本。这种抽样方法能够更好地保留总体的特征。

3）系统抽样（Systematic Sampling）：从总体中按照一定间隔选择样本的方法，首先随机选择一个起始点，然后按照固定间隔从这个起始点开始选取样本。这种抽样方法简单且高效，适用于有序的总体。

4）整群抽样（Cluster Sampling）：将总体分成若干群（或簇），然后随机选择部分群进行抽样，再在选中的群内进行抽样。整群抽样可以降低抽样误差，适用于总体分布不均匀的情况。

5）多阶段抽样（Multistage Sampling）：将抽样过程分成多个阶段，每个阶段进行不同的抽样方法，层层抽样。多阶段抽样常用于复杂的总体结构或难以直接抽样的情况。

选择合适的抽样方法取决于数据集的特点、研究目的和可用资源。在实际应用中，可以根据具体情况选择合适的抽样方法，以获得具有代表性且能够满足数据分析需求的样本集合。

3.5 数据变换

3.5.1 数据规范化

数据属性使用的不同度量单位可能会对数据分析产生影响，例如将距离的单位由千米变为米，时间的度量单位由小时变成天。较小的属性单位会使数值处于较大的范围内，从而导致属性具有较大的影响或权重，可能导致数据处理和分析出现不同的结果。

为了解决这个问题，常见的方法是进行数据规范化（Normalization），它可以将所有属性数据按比例缩放到一个较小的特定范围内，如[0,1]或[-1,1]，从而赋予所有属性相同的权重，消除由于数据单位不同而引起的偏差。规范化的过程能够将原始的度量值转换为无量纲的值，有助于提高数据分析的准确性和稳定性。

常见的规范化方法如下。

1. 最小-最大规范化（Min-Max Normalization）

将数值缩放到一个固定的范围内，通常是[0,1]或[-1,1]，公式见式（3-1）。

$$x^* = \frac{x - \min}{\max - \min} \tag{3-1}$$

式中，max 为样本数据的最大值；min 为样本数据的最小值。这种方法有一个缺陷是当有新数据加入时，可能导致 max 和 min 的变化，需要重新定义。

2. Z-score 规范化（Zero-Mean Normalization）

将数据转换成均值为 0、标准差为 1 的标准正态分布，公式见式（3-2）。

$$x^* = \frac{x - \mu}{\sigma} \tag{3-2}$$

式中，μ 为所有样本数据的均值；σ 为所有样本数据的标准差。

3. 小数定标规范化（Decimal Scaling Normalization）

将数值除以一个固定的基数，使得数值落在[-1,1]区间，公式见式（3-3）。

$$x^* = \frac{x}{10^j} \tag{3-3}$$

式中，j 是满足 $\max\{|x*|\}<1$ 的最小整数。

需要注意：数据规范化对原始数据改变很多，尤其是 Z-score 规范化和小数定标规范化。因此需要保留规范化参数，如均值和标准差，以便后续的实例保持一致的规范化方法。

3.5.2　连续属性离散化

在一些数据分析算法中，特别是一些分类算法如 ID3、Apriori 等，要求数据是分类属性形式。因此，通常需要将连续属性转换为分类属性，即进行连续属性的离散化。

连续属性离散化的目的是在数据的取值范围内设定若干个离散的划分点，将取值范围划分为一些离散化的区间，然后用不同的符号或整数值代表落在每个子区间中的数据值。离散化涉及两个主要任务，即确定分类数和如何将连续属性值映射到这些分类值。

常用的离散化方法如下。

1. 等宽法（Equal Width Discretization）

将连续属性的取值范围均匀划分为若干个区间，每个区间的宽度相等。这种方法适用于数据分布比较均匀的情况。

2. 等频法（Equal Frequency Discretization）

将连续属性的取值按照频率划分为若干个区间，确保每个区间内包含相似数量的数据点。这种方法适用于数据分布不均匀的情况。

3. 聚类法（Cluster-Based Discretization）

使用聚类算法（如 K-Means）将连续属性的值聚类成若干个簇，然后将每个簇作为一个离散化的类别。

4. 基于决策树的离散化（Decision Tree-Based Discretization）

使用决策树算法（如 ID3 等）来自动确定最佳的离散化划分点，以最大化分类的信息增益。

通过适当选择离散化方法，可以将连续属性转换为分类属性，使得数据满足算法的要求，并简化数据处理过程。选择合适的离散化方法需要根据数据分布情况、业务需求和具体算法的要求来确定。

3.6　本章小结

本章对大数据预处理流程进行了深入探讨，包括数据清洗、数据集成、数据规约和数据变换等多个关键步骤。在数据清洗阶段，介绍了如何处理缺失值和噪声过滤，以确保数据质量。在数据集成部分，讨论了实体识别和冗余属性识别的重要性，帮助整合数据并消除重复信息。在数据规约部分，探究了属性规约和数值规约，以简化数据并提高效率。在数据变换环节，重点关注了数据规范化和连续属性离散化的方法，以确保数据处于相同的尺度下进行分析。对数据预处理的关键概念和技术进行探讨，为后续的数据分析工作奠定了基础。

3.7　习题

1. 简述大数据预处理的基本流程和作用。
2. 简述缺失值处理和噪声过滤的方法。

3. 简述实体识别可能出现的问题及解决方法。

4. 什么是数据规约？属性规约和数值规约各包括哪些方法？

5. 假设有 5 名学生，对应的数学成绩和体育成绩见表 3-3。

表 3-3 学生成绩信息表

学生 ID	数 学 成 绩	体 育 成 绩
1	85	8
2	70	6
3	92	9
4	78	7
5	65	5

1）使用最小-最大规范化，将体育成绩转换到[0.0,1.0]区间。

2）使用 Z-score 规范化方法将数学成绩和体育成绩转换为均值为 0、标准差为 1 的分布。

3）编写 Python 代码实现上述规范化操作，并计算规范化后的数学成绩和体育成绩。

6. 简述连续属性离散化的方法。

第 4 章 大数据可视化分析

Matplotlib 作为 Python 中主流的数据可视化库之一，在大数据分析中扮演着至关重要的角色。通过 Matplotlib，能够将庞大的数据集转化为可视化图表，帮助用户更直观地理解数据、发现规律、提取信息，并最终做出准确的决策。Matplotlib 提供了丰富的绘图功能和灵活的定制选项，能够满足对于大规模数据可视化的需求，帮助用户更好地探索数据、展示分析结果，从而为业务决策和数据挖掘提供重要支持。本章将介绍数据可视化工具 Matplotlib 的基础知识和技术应用，包括大数据可视化的重要性和设计原则，NumPy 库的使用，Matplotlib 的绘图基础和常见图表绘制方法，最后通过一个分析案例展示数据可视化在大数据分析中的应用。

4.1 大数据可视化基础

4.1.1 可视化的重要性

数据可视化不仅是一种展示数据的方式，更是一种有力的分析工具。通过可视化，用户能够快速识别数据中的模式、异常和趋势，从而指导决策和行动。此外，数据可视化有助于揭示数据之间的关联性，帮助用户更深入地理解数据，发现潜在的洞察，并及时采取行动以应对变化。它将抽象的数据转化为直观的图形，使得非专业人士也能够轻松理解和利用数据。

大数据可视化则是将大规模、复杂的数据以图形化或图像化的方式展现出来，以便人们更直观、更快速地理解和分析数据。通过可视化，用户可以发现数据之间的模式、趋势和关联，从而做出更明智的决策。它有助于用户从海量数据中提取有用信息，发现隐藏在数据背后的价值，并促进跨部门或跨团队之间的沟通与合作。因此，大数据可视化在提升数据理解、洞察力和决策效率等方面发挥着重要作用。

4.1.2 可视化设计原则

可视化设计原则涵盖了许多方面，其中一些关键原则包括：

1. 简洁性

保持图形简洁明了，避免不必要的装饰和复杂性，使得信息易于理解和解释。

2. 清晰性

确保图形传达的信息清晰明了，避免歧义和混淆，通过清晰的标签和注释帮助观众理解图形。

3. 一致性

保持图形元素（如颜色、标记、线型等）的一致性，以提升可视化的整体美感和易读性。

4. 合适的图形类型

选择合适的图形类型来呈现数据，根据数据的特点和所要表达的信息选择线型图、散点图、柱状图等图形类型。

5. 颜色搭配

选择合适的颜色搭配，确保图形在黑白打印或者色盲人士观看时仍然能够传达信息。

6. 突出重点

突出显示数据中的关键信息，通过颜色、标记或注释等方式突出重点。

7. 可交互性

为交互式图形提供适当的交互功能，可以使用户自由地探索数据和图形，深入了解其中的关联和模式。

8. 审美性

尽量使图形具有美感，通过调整布局、字体、线条粗细等方式增强视觉吸引力。

这些原则有助于设计出有效的可视化图形，可以帮助人们更好地理解数据并从中获取洞察。

4.2 Matplotlib 基础——NumPy

NumPy 库是 Python 中广泛使用的数值计算、矩阵运算、数据处理和数据分析的基础库，也是学习 pandas 和 Matplotlib 等其他数据科学库的重要前提。在本节学习中，将深入了解如何使用 NumPy 创建数组，获取数组的常见属性并探讨使用数组进行各种常见操作的方法。此外，还将学习如何利用 NumPy 进行数组的统计分析。这些内容为在数据分析领域的进一步学习提供坚实的基础。

4.2.1 创建数组

虽然 Python 语言的基础语法中没有提供数组，但数组的功能可以用列表和元组来实现。由于列表和元组中的每个元素都是按"对象"来处理，每个成员都会需要存储引用和对象值，导致时间和空间代价都很大。Python 中出现了"以优化列表和元组，进而实现数组功能"的第三方扩展包，如 NumPy。NumPy 中最常用的数据结构是 ndarray，用于创建数组。相比于列表和元组，ndarray 有 3 个优点：更节省内存、更节省运行时间、更方便使用。ndarray 本质是 n 维数组，并且支持参数 dtype 设置数组元素的类型。

在调用 ndarray 之前需要导入 NumPy 模块，代码如下：

```
import numpy as np
```

1. 用 np.array( ) 创建数组

通过传递一个列表、元组来创建一个数组。

【例 4-1】列表作为参数代码示例。

```
a = np.array([1,2,3,4])
print(a)
```

运行结果如下：

```
array([1, 2, 3, 4])
```

【例4-2】元组作为参数代码示例。

```
a = np.array((1,2,3,4))
print(a)
```

运行结果如下：

```
array([1, 2, 3, 4])
```

2. 用 np.arange() 函数创建数组

np.arange(1,20)返回一个由大于或等于1（包含1）且小于（20）（不包含20）的自然数组成的有序数组。

【例4-3】利用 np.arange() 创建数组示例。

```
Myarray1 = np.arange(1,20)
print(Myarray1)
```

运行结果如下：

```
array([ 1, 2, 3, 4, 5, 6, 7, 8, 9, 10, 11, 12, 13, 14, 15, 16, 17, 18, 19])
```

np.arange(1,20)的功能与range(1,20)类似，np.arange(1,20)返回值为一个数组；而range()是内置函数，返回值为一个迭代器。

【例4-4】利用 range() 生成迭代器示例。

```
print(range(1,20))
```

运行结果如下：

```
range(1, 20)
```

可见内置函数range()返回一个迭代器。可通过强制类型转换显示range()返回的迭代器的内容。

【例4-5】获取迭代器内容示例。

```
print(list(range(1,20)))
```

运行结果如下：

```
[1, 2, 3, 4, 5, 6, 7, 8, 9, 10, 11, 12, 13, 14, 15, 16, 17, 18, 19]
```

上面代码把返回的迭代器的内容强制类型转换为列表进行输出。

虽然内置函数range()的功能与np.arange()相同，但后者是NumPy的方法，运行速度更快，占用内存更小，用起来更方便。

【例4-6】两者对照示例。

```
a = np.array(range(1,10,2))
b = np.arange(1,10,2)
print(a)
print(b)
```

运行结果如下:

```
[1 3 5 7 9]
[1 3 5 7 9]
```

可见,代码 np.array(range(1,10,2))和 np.arange(1,10,2)是等价的。

3. 用 np.zeros( )、np.ones( )等函数创建数组

【例 4-7】利用 np.zeros( )创建数组示例。

```
myarray3 = np.zeros((5,5))
print(myarray3)
```

运行结果如下:

```
array([[0., 0., 0., 0., 0.],
       [0., 0., 0., 0., 0.],
       [0., 0., 0., 0., 0.],
       [0., 0., 0., 0., 0.],
       [0., 0., 0., 0., 0.]])
```

由运行结果可知,参数(5,5)代表的是目标数组的形状,即 5 行 5 列。np.zeros( )方法代表生成数组元素全为 0。

【例 4-8】利用 np.ones( )创建数组示例。

```
myarray4 = np.ones((5,5))
print(myarray4)
```

运行结果如下:

```
array([[1., 1., 1., 1., 1.],
       [1., 1., 1., 1., 1.],
       [1., 1., 1., 1., 1.],
       [1., 1., 1., 1., 1.],
       [1., 1., 1., 1., 1.]])
```

由运行结果可知,参数(5,5)代表的是目标数组的形状,即 5 行 5 列。np.ones( )方法代表生成数组元素全为 1。

4. 用 np.full( )创建相同元素的数组

【例 4-9】利用 np.full( )创建数组示例。

```
myarray5 = np.full((3,5),3)
print(myarray5)
```

运行结果如下:

```
array([[3, 3, 3, 3, 3],
       [3, 3, 3, 3, 3],
       [3, 3, 3, 3, 3]])
```

由运行结果可知,参数((3,5),3)表示创建了一个 3 行 5 列、元素值为 3 的二维数组。

5. 用 np.random() 生成随机数组

- np.random.rand()：接受任意数量的整数参数来指定输出数组的形状，数组元素为来自[0,1)区间的随机数的数组。
- np.random.randn()：根据传入形状参数，创建元素为满足标准正态分布的数组。
- np.random.random()：接受一个形状参数，可以是一个元组或列表，数组元素为来自[0,1)区间的随机数的数组。
- np.random.randint()：根据传入的取值范围和形状参数创建元素为来自范围内的随机整数的数组。
- np.random.normal()：根据传入的数学期望、方差和形状参数来创建元素满足对应正态分布的数组。

【例4-10】创建随机数组示例1。

```
a=np.random.rand(2,2)
print(a)
```

运行结果如下：

```
array([[0.45636871, 0.01686267],
       [0.57852551, 0.70675696]])
```

由运行结果可知，本示例接受了2个参数生成了2行2列的数组，且元素为[0,1)区间的随机小数。

【例4-11】创建随机数组示例2。

```
a=np.random.randn(2,2)
print(a)
```

运行结果如下：

```
array([[ 0.08136983,  1.55846587],
       [-0.82658666, -0.85429064]])
```

由运行结果可知，本示例接受了2个参数生成了2行2列的数组，元素满足正态分布。

【例4-12】创建随机数组示例3。

```
a=np.random.random((2,2))
print(a)
```

运行结果如下：

```
array([[0.32208771, 0.28576748],
       [0.134304  , 0.71553164]])
```

由运行结果可知，本示例接受了1个参数元组(2,2)生成了2行2列的数组，元素为[0,1)区间的随机小数。

【例4-13】创建随机数组示例4。

```
a=np.random.randint(0,10,(2,2))
print(a)
```

运行结果如下：

```
array([[0, 5],
       [3, 5]])
```

由运行结果可知，本示例接受了3个参数，生成了2行2列的数组，元素是来自[0,10)区间的随机整数。

【例4-14】 创建随机数组示例5。

```
a=np.random.normal(0, 1,(2,2))
print(a)
```

运行结果如下：

```
array([[-1.50004213, -1.34764971],
       [-0.77296631,  0.90463134]])
```

由运行结果可知，本示例接受了3个参数，生成了2行2列的数组，元素满足期望为0，方差为1的正态分布。

注意：np.random.rand()和np.random.randn()为直接传入形状参数数字，不需要以元组或者列表的形式去传入维数，且以上函数可以不传入任何参数，用来生成一个满足条件的随机数。

4.2.2 数组的常见属性

数组的常见属性有5个，具体见表4-1。

表4-1 数组的常见属性及说明

属 性	说 明
shape	返回tuple。表示数组的形状，对于n行m列数组，形状为(n,m)
ndim	返回int。表示数组的维数
size	返回int。表示数组的元素总数，等于数组形状的乘积
dtype	返回data-type。描述数组中元素的数据类型
itemsize	返回int。表示数组中每个元素的大小（以字节为单位）

下面一一介绍这些属性的使用方法。

1) shape：返回数组的形状。

【例4-15】 显示数组形状示例。

```
# 先创建一个数组
a=np.random.rand(3,3)
# 显示数组的形状
print(a.shape)
```

运行结果如下：

```
(3, 3)
```

由于此数组a是3行3列的，故返回(3,3)。

2）ndim：表示数组的维数，即数组的秩。

【例4-16】显示数组维数示例。

```
print(a.ndim)
```

运行结果如下：

```
2
```

由于数组 a 是二维的，故返回 2。

3）size：表示数组中元素的总数，即数组的大小。

【例4-17】显示数组大小示例。

```
print(a.size)
```

运行结果如下：

```
9
```

由于数组 a 共有 9 个元素，故返回 9。

4）dtype：表示数组中元素的数据类型，如整数、浮点数等。

【例4-18】显示数组元素类型示例。

```
print(a.dtype)
```

运行结果如下：

```
dtype('float64')
```

由于数组中每个元素都是浮点型，所以返回值为 dtype('float64')。

5）itemsize：表示数组中每个元素的大小，以字节为单位。

【例4-19】显示数组元素的大小示例。

```
print(a.itemsize)
```

运行代码，结果如下：

```
8
```

由于数组中每个元素都是浮点型，占用内存为 8 个字节，所以返回值为 8。

NumPy 所支持的数据类型见表 4-2。

表 4-2 NumPy 所支持的数据类型

名称	含义
bool	布尔类型
int	默认整数
int8	有符号的 8 位整型，占一个字节，取值范围为 -128~127
int16	有符号的 16 位整型，占 2 个字节，取值范围为 -32768~32767
int32	有符号的 32 位整型，占 4 个字节，取值范围为 -2147483648~2147483647
int64	有符号的 64 位整型，占 8 个字节，取值范围为 $-2^{63} \sim (2^{63}-1)$

(续)

名称	含义
uint8	无符号的8位整型，取值范围为0~255
uint16	无符号的16位整型，取值范围为0~65535
uint32	无符号的32位整型，取值范围为0~4294967295
uint64	无符号的64位整型，取值范围为0~($2^{64}-1$)
float16	半精度浮点数：16位，正负号1位，指数5位，精度10位
float32	单精度浮点数：32位，正负号1位，指数8位，精度23位
float64	双精度浮点数：64位，正负号1位，指数11位，精度52位
object	Python对象
string	字符串类型
unicode	Unicode类型
complex64	复数，分别用两个32位浮点数表示实部和虚部
complex128	复数，分别用两个64位浮点数表示实部和虚部

由于数组只能存储一种数据类型，可以利用astype()方法传入想要转化的数据类型来进行操作。

【例4-20】 数组a中元素进行强制类型转换示例。

```
b = a.astype('int')
print(b)
```

运行结果如下：

```
array([[0, 0, 0],
       [0, 0, 0],
       [0, 0, 0]])
```

通过astype()方法将a中的数据元素转化成int类型，它会将元素的小数部分进行截断。
注意： astype()方法并非原地修改，而是在不修改原数组的基础上返回一个新数组。

4.2.3 数组的常见操作

前面的章节中已经介绍了如何去创建数组，但是有时候可能需要把一个数组分割成多个数组，或者把多个数组合并成一个数组，本节将学习如何操作数组，其中包括数组的变形、拼接和分割。

1. 数组的变形

【例4-21】 数组变形示例1。

```
import numpy as np
myarray6 = np.arange(1,21)
print("数组myarray6：",myarray6)
print("数组myarray6的形状：",myarray6.shape)

# 变形
```

```
b = myarray6.reshape((5,4))
print("myarray6 变形后数组 b:\n", b)
print("myarray6 的形状: ", myarray6.shape)

# 更改数组元素
b[0,0] = 100
print("更改变形后数组 b 元素, myarray6 数组: \n", myarray6)
print("更改变形后数组 b 元素, b 数组: \n", b)
```

运行结果如下：

```
数组 myarray6:
[ 1  2  3  4  5  6  7  8  9 10 11 12 13 14 15 16 17 18 19 20]
数组 myarray6 的形状:
(20,)
myarray6 变形后数组 b:
[[ 1  2  3  4]
 [ 5  6  7  8]
 [ 9 10 11 12]
 [13 14 15 16]
 [17 18 19 20]]
myarray6 的形状:
(20,)
更改变形后数组 b 元素, myarray6 数组:
[100   2   3   4   5   6   7   8   9  10  11  12  13  14  15  16  17  18  19  20]
更改变形后数组 b 元素, b 数组:
[[100   2   3   4]
 [  5   6   7   8]
 [  9  10  11  12]
 [ 13  14  15  16]
 [ 17  18  19  20]]
```

由运行结果可知：myarray6 表示一个一维数组，这个数组共有 20 个元素。通过 reshape() 方法将 myarray6 数组变成形状为 (4,5) 的二维数组，输出 myarray6 数组形状，仍是 (20,)。注意，通过 reshape() 方法返回的为原数组的视图，即在返回数组上进行相关操作，都会反映在原数组上面，修改数组 b 中第 0 行第 0 列的值为 100，对原数组 myarray6 的第 (0,0) 位置元素也进行了修改。这种返回副本视图的方式，可能会为数据分析提供一些便利，但在数据分析实战中有时候需要避免这种情况，可使用 Python 的 copy() 方法来避免。

【例 4-22】数组变形示例 2。

```
import numpy as np
myarray7 = np.array([[1,2,3],[4,5,6]])
b = myarray7.reshape((3,2)).copy()
print("变形后数组 b:\n", b)
```

```
# 更改元素值
b[0,0] = 100
print("更改元素后数组 b：\n",b)
print("更改元素后数组 myarray7：\n",myarray7)
```

运行结果如下：

```
变形后数组 b：
[[1 2]
 [3 4]
 [5 6]]
更改元素后数组 b：
[[100   2]
 [  3   4]
 [  5   6]]
更改元素后数组 myarray7：
[[1 2 3]
 [4 5 6]]
```

由运行结果可知：通过 copy( )函数，myarray7 的元素没有发生改变。

2. 数组的拼接

数组的拼接就是将两个数组拼接在一起，主要使用 NumPy 库的函数 concatenate( )，它的第一个参数是传入一个列表或者元组，里面包含着要进行拼接的数组，第二个参数是轴参数，即 axis。

【例 4-23】 利用 concatenate( )进行数组的拼接示例。

```
myarray8 = np.arange(9).reshape((3,3))
print("myarray8：\n",myarray8)
myarray9 = np.arange(9,18).reshape((3,3))
print("myarray9：\n",myarray9)

b = np.concatenate((myarray8,myarray9),axis = 0)
print("myarray8 与 myarray9 按行连接：\n",b)

c = np.concatenate((myarray8,myarray9),axis = 1)
print("myarray8 与 myarray9 按列连接：\n",c)
```

运行结果如下：

```
myarray8：
[[0 1 2]
 [3 4 5]
 [6 7 8]]
myarray9：
[[ 9 10 11]
 [12 13 14]
```

```
    [15 16 17]]
myarray8 与 myarray9 按行连接:
[[ 0  1  2]
 [ 3  4  5]
 [ 6  7  8]
 [ 9 10 11]
 [12 13 14]
 [15 16 17]]
myarray8 与 myarray9 按列连接:
[[ 0  1  2  9 10 11]
 [ 3  4  5 12 13 14]
 [ 6  7  8 15 16 17]]
```

由运行结果可知:当参数 axis=0 时,对应纵轴,在拼接时行数量变化,表示按行拼接。当参数 axis=1 时,对应横轴,在拼接时列数量变化,表示按列拼接。拼接后数组原来的值不变。

另外,NumPy 库还有两个用于数组拼接的函数,分别是水平拼接函数 hstack() 和垂直拼接函数 vstack(),它们只需要传入包含拼接数组的列表或者元组即可,hstack() 相当于指定了 axis=1,按列进行拼接,vstack() 相当于指定了 axis=0,按行进行拼接。

【例 4-24】 利用 hstack() 和 vstack() 进行数组的拼接示例。

```
b=np.hstack((myarray8,myarray9))
print("hstack 的拼接结果:\n",b)

c=np.vstack((myarray8,myarray9))
print("vstack 的拼接结果:\n",c)
```

运行结果如下:

```
hstack 的拼接结果:
[[ 0  1  2  9 10 11]
 [ 3  4  5 12 13 14]
 [ 6  7  8 15 16 17]]
vstack 的拼接结果:
[[ 0  1  2]
 [ 3  4  5]
 [ 6  7  8]
 [ 9 10 11]
 [12 13 14]
 [15 16 17]]
```

由运行结果可知:hstack() 相当于按列拼接,vstack() 相当于按行拼接。

注意: concatenate()、hstack() 和 vstack() 函数在合并数组时返回一个新的数组,而不是原数组的视图,因此对返回数组的修改不会影响原数组。如果希望在合并操作中保持原数组不变,通常不使用 copy() 方法,因为该函数会生成新的数组。

在 NumPy 中，视图是原始数据的一个别名或引用，允许通过该引用访问和操作原有的数据。视图并不产生数据的副本，因此任何对视图的更改都会直接影响到原始数据，因为视图和原始数据共享同一内存位置。在进行切片操作时，返回的通常是原始数据的视图。

相对而言，副本是原始数据的完整复制，具有独立的内存空间。如果对副本进行修改，则不会影响到原始数据。通常通过调用数组的 copy() 方法创建副本，该方法将生成一个新的数组，该数组的物理内存位置与原始数据不同。

3. 数组的分割

数组的分割是根据指定的分割点将数组划分为多个子数组。对于一维的数组通常使用 NumPy 库的 split() 函数，该函数接受两个参数，一个参数是要进行分割的一维数组，另一个参数是分割的点或分割的数据。

【例 4-25】利用 split() 进行一维数组的分割示例。

```
myarray10 = np.array((1,2,3,4,5,6))
print("原数组:", myarray10)

b = np.split(myarray10, [2])
print("分割后数组:", b)
```

运行结果如下：

```
原数组: [1 2 3 4 5 6]
分割后数组: [array([1, 2]), array([3, 4, 5, 6])]
```

通过运行结果可知，分割点索引号为 2，所以索引号为 2 的元素属于后面部分。

对于一维数组使用 split() 函数，对于二维数组用 hsplit() 进行水平分割，用 vsplit() 进行垂直分割。对于 hsplit() 函数，只需要传入要分割的数组和对应的分割列索引。对于 vsplit() 函数，只需要传入要分割的数组和对应的分割的行索引。

【例 4-26】利用 hsplit() 和 vsplit() 进行二维数组的分割示例。

```
myarray11 = np.arange(16).reshape((4,4))
print("原数组:\n", myarray11)

a = np.hsplit(myarray11, [2])
print("按列分割后数组:\n", a)
b = np.vsplit(myarray11, [2])
print("按行分割后数组: \n", b)
```

运行结果如下：

```
原数组:
[[ 0  1  2  3]
 [ 4  5  6  7]
 [ 8  9 10 11]
 [12 13 14 15]]
按列分割后数组:
[array([[ 0,  1],
```

```
          [ 4,  5],
          [ 8,  9],
          [12, 13]]), array([[ 2,  3],
          [ 6,  7],
          [10, 11],
          [14, 15]])]
按行分割后数组:
[array([[0, 1, 2, 3],
        [4, 5, 6, 7]]), array([[ 8,  9, 10, 11],
        [12, 13, 14, 15]])]
```

由运行结果可知:利用 hsplit( )进行分割,对应着列数改变了,列索引号所代表的列属于分割后的后面部分。利用 vsplit( )按行分割,行索引号所代表的行属于分割后的后面部分。

注意:数组的分割返回的数组也是原数组的视图。

4.2.4 数组的统计分析

对数据的操作,主要包括 3 个部分:通用函数、聚合和排序。

1. 通用函数

当两个数组形状相等时,可以进行数组的加减乘除运算,此时是两个数组对应位置的数据做对应的运算。

【例 4-27】数组元素算术运算示例。

```
myarray14 = np.arange(9).reshape((3,3))
print("myarray14:\n", myarray14)
myarray15 = np.arange(9).reshape((3,3))
print("myarray15:\n", myarray15)

print("myarray14+myarray15:\n", myarray14+myarray15)
print("myarray14-myarray15:\n", myarray14-myarray15)
print("myarray14 * myarray15:\n", myarray14 * myarray15)
print("myarray14/myarray15:\n", myarray14/myarray15)
```

运行结果如下:

```
myarray14:
[[0 1 2]
 [3 4 5]
 [6 7 8]]
myarray15:
[[0 1 2]
 [3 4 5]
 [6 7 8]]
myarray14+myarray15:
```

```
[[ 0  2  4]
 [ 6  8 10]
 [12 14 16]]
myarray14-myarray15：
[[0 0 0]
 [0 0 0]
 [0 0 0]]
myarray14 * myarray15：
[[ 0  1  4]
 [ 9 16 25]
 [36 49 64]]
myarray14/myarray15：
[[ nan  1.   1. ]
 [ 1.   1.   1. ]
 [ 1.   1.   1. ]]
```

相除运算，第1行第1列的元素为nan，是除数为0造成的。

当两个不同形状的数组进行运算时，遵循广播原则。

【例4-28】 广播运算示例。

```
myarray16=np.arange(3)
print("myarray16：\n",myarray16)

print("myarray16+5：\n",myarray16+5)

myarray17=np.ones((3,3))
print("myarray17：\n",myarray17)

myarray18=np.arange(3)
print("myarray18：\n",myarray18)
print("myarray17+myarray18：\n",myarray17+myarray18)
```

运行结果如下：

```
myarray16：
[0 1 2]
myarray16+5：
[5 6 7]
myarray17：
[[1. 1. 1.]
 [1. 1. 1.]
 [1. 1. 1.]]
myarray18：
[0 1 2]
myarray17+myarray18：
```

```
[[1. 2. 3.]
 [1. 2. 3.]
 [1. 2. 3.]]
```

由运行结果可知，数组 myarray16 的每个元素都加了 5，在相加前进行了广播操作，数字 5 变成了具有三个数字 5 的一维数组。myarray17+myarray18 的运算为 myarray17 每一行中的各个元素都与 myarray18 中的对应元素相加。可见在相加前，利用广播原则，一维数组 myarrray18 变成了二维数组，形状为 3 行 3 列，每行中的元素相同，然后分别与 myarray17 中对应的元素相加。

NumPy 提供了许多通用函数，这些函数可以对数组进行逐元素操作，非常高效。常用的 NumPy 通用函数见表 4-3。

表 4-3 通用函数

函 数 名 称	函 数 作 用
np.abs()	计算数组中每个元素的绝对值
np.sqrt()	计算数组中每个元素的平方根
np.exp()	计算数组中每个元素的指数值
np.log()	计算数组中每个元素的自然对数
np.log10()	计算数组中每个元素以 10 为底的对数
np.log2()	计算数组中每个元素以 2 为底数的对数
np.round()	将数组中每个元素四舍五入到指定的小数位数
np.clip()	将数组中的元素限制在一个范围内
np.cos()	计算数组中每个元素的余弦值
np.sin()	计算数组中每个元素的正弦值
np.tan()	计算数组中每个元素的正切值

2. 聚合操作

聚合操作在数据分析与统计学中扮演着重要角色，通过得到一个整体的统计量，对数据整体进行一个概括性描述。在 NumPy 中，常见的聚合方法包括计算总和、平均值、最大值、最小值、中位数、标准差、方差、百分位数和乘积等。这些聚合操作函数可以帮助分析师快速获取关于数据分布和特征的信息，为进一步的数据分析和决策提供重要参考。通过灵活地应用这些函数，可以对数据进行全面的统计描述和分析。NumPy 中常见的聚合方法见表 4-4。

表 4-4 常见的聚合方法

方 法	含 义
np.sum()	数组中的所有元素求和
np.mean()	计算数组元素的平均值
np.max()	计算数组元素的最大值
np.min()	计算数组元素的最小值
np.median()	计算数组元素的中位数
np.std()	计算数组元素的标准差

(续)

方　法	含　义
np.var()	计算数组元素的方差
np.percentile()	计算数组元素的百分位数
np.prod()	计算数组元素的乘积
np.any()	检查数组中是否存在一个元素为True
np.all()	检查数组中所有元素是否都为True

【例 4-29】聚合方法示例。

```
# 创建3行3列数组
myarray19 = np.arange(9).reshape((3,3))
print("myarray19:\n",myarray19)

print("数组 myarray19 的最大元素：\n",myarray19.max())
print("数组 myarray19 的最小元素：\n",myarray19.min())
print("数组 myarray19 的元素均值：\n",myarray19.mean())
print("数组 myarray19 的元素标准差：\n",myarray19.std())
print("数组 myarray19 的元素方差：\n",myarray19.var())

# 创建布尔数组
myarray20 = np.array([1,1,1,1,0]).astype('bool')
print("布尔数组 myarray20:\n",myarray20)

print("判定数组中是否存在一个元素为True：",myarray20.any())
print("判定数组中是否所有元素为True：",myarray20.all())
```

运行结果如下：

```
myarray19:
[[0 1 2]
 [3 4 5]
 [6 7 8]]
数组 myarray19 的最大元素：
8
数组 myarray19 的最小元素：
0
数组 myarray19 的元素均值：
4.0
数组 myarray19 的元素标准差：
2.581988897471611
数组 myarray19 的元素方差：
6.666666666666667
布尔数组 myarray20:
```

[True True True True False]
判定数组中是否存在一个元素为 True：True
判定数组中是否所有元素为 True：False

3. 数组元素的排序

Python 提供了对数组进行排序的 sort( )和 argsort( )方法，sort( )方法返回排序结果，argsort( )方法返回排序的索引。

【例 4-30】利用 sort( )对数组元素排序示例。

```
myarray21 = np.random.random(5)
print("myarray21:\n", myarray21)
myarray21.sort()
print("myarray21 排序后:\n", myarray21)

myarray22 = np.random.random((3,3))
print("myarray22:\n", myarray22)

myarray22.sort(axis = 1)
print("myarray22 按行排序后:\n", myarray22)
myarray22.sort(axis = 0)
print("myarray22 按列排序后:\n", myarray22)
```

运行结果如下：

```
myarray21:
[0.83840455 0.67849408 0.55646038 0.71148147 0.86991511]
myarray21 排序后:
[0.55646038 0.67849408 0.71148147 0.83840455 0.86991511]
myarray22:
[[0.64186147 0.19590998 0.72418502]
 [0.15372965 0.06179952 0.21896536]
 [0.59261713 0.00682843 0.15062224]]
myarray22 按行排序后:
[[0.19590998 0.64186147 0.72418502]
 [0.06179952 0.15372965 0.21896536]
 [0.00682843 0.15062224 0.59261713]]
myarray22 按列排序后:
[[0.00682843 0.15062224 0.21896536]
 [0.06179952 0.15372965 0.59261713]
 [0.19590998 0.64186147 0.72418502]]
```

由运行结果可知，sort( )对一维数组 myarray21 进行原地排序，结果是对原数组进行修改，元素按升序排列。sort( )对二维数组 myarray22 的排序方式取决于参数 axis 的值，当 axis = 1 时，排序操作会对每一行的元素进行排序，导致行内元素的顺序发生改变；当 axis = 0 时，排序操作会对每一列的元素进行排序，从而改变列内元素的顺序。

注意：sort()方法是对数组进行原地排序，这意味着它会直接修改原始数组。如果希望在不改变原始数据的情况下返回一个排序后的新数组，可以使用 np.sort()方法。若要获得原始数组排序后的索引值，则可以使用 argsort()方法。

【例 4-31】利用 argsort()对数组元素排序示例。

```
myarray23 = np.random.random((3,3))
print("myarray23:\n", myarray23)

print("myarray23 按行排序后:\n", myarray23.argsort(axis=1))
print("myarray23 按列排序后:\n", myarray23.argsort(axis=0))
print("myarray23 排序后:\n", myarray23)
```

运行结果如下：

```
myarray23:
[[0.51807214 0.24709369 0.31286802]
 [0.61842595 0.87308323 0.56257837]
 [0.1034932  0.70504721 0.96782343]]
myarray23 按行排序后:
[[1 2 0]
 [2 0 1]
 [0 1 2]]
myarray23 按列排序后:
[[2 0 0]
 [0 2 1]
 [1 1 2]]
myarray23 排序后:
[[0.51807214 0.24709369 0.31286802]
 [0.61842595 0.87308323 0.56257837]
 [0.1034932  0.70504721 0.96782343]]
```

由运行结果可知：argsort()排序后为排好序的索引值构成的数组，原数组的值不变。

4.3 Matplotlib

Matplotlib 是一款 Python 中的数据可视化库，具有丰富的绘图功能，可以创建静态、动态和交互式图表。它支持各种常见的绘图类型，具有高度的可定制性，能够输出多种格式，与 NumPy 和 pandas 集成紧密，并支持交互式绘图。Matplotlib 广泛应用于数据分析、科学计算、工程领域和学术研究中，是一个功能强大、灵活性高的数据可视化工具。Matplotlib 的核心设计理念是简单易用和灵活性高，使用户能够通过简洁的代码实现复杂的图形。无论是初学者还是专业用户，都可以通过 Matplotlib 轻松地创建具有吸引力和信息丰富的图表，更好地理解和展示数据。

在使用 Matplotlib 前，需要安装 Matplotlib，可以使用 Python 的包管理工具 pip。在命令行中执行以下命令：

```
pip install matplotlib
```

matplotlib.pyplot 是 Matplotlib 中一个重要的子模块，提供了类似于 MATLAB 的绘图接口，通常被简称为"pyplot"。matplotlib.pyplot 的出现简化了绘图的流程，提供了便捷的交互式绘图方式，让用户能够更轻松地创建各种类型的静态图表，如线条图、柱状图、散点图等，并对图表进行定制和美化。安装 Matplotlib 成功后，可导入 matplotlib.pyplot，代码如下：

```
import matplotlib.pyplot as plt
```

通过以上代码导入 pyplot 并将其重命名为 plt，在后面的程序中，可直接使用 plt 绘图。

```
matplotlib.rcParams['font.family'] = 'SimHei'
plt.rcParams['axes.unicode_minus'] = False    # 用来正常显示负号
```

通过以上代码，将 Matplotlib 使用的字体类型设置为黑体（SimHei），从而确保在绘图时能够正确显示中文字符。

axes.unicode_minus 是一个 Matplotlib 的配置项，控制负号在图表中的显示方式。当设置为 True 时，Matplotlib 会使用 Unicode 字符（具体是 Unicode 字符 U+2212，即"−"）来表示负号，这通常在支持 Unicode 的环境中效果更好。而当设置为 False 时，Matplotlib 会使用普通的 ASCII 字符（即"-"）来表示负号。这一设置使得图表中的标题、坐标轴标签和其他文本能够以中文形式清晰呈现，避免了因默认字体不支持中文而导致的显示问题。

4.3.1 pyplot 绘图基础

1. 使用 pyplot 绘图流程简介

当使用 pyplot 绘图时，要经历设置绘图环境、绘制图形和完成绘图 3 个步骤，具体绘图流程如图 4-1 所示。

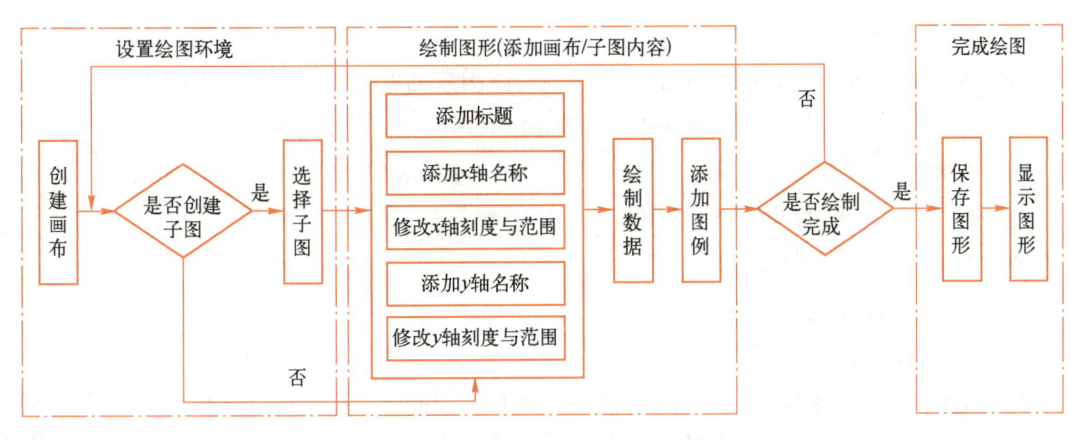

图 4-1 pyplot 的基础绘图流程

（1）设置绘图环境

设置绘图环境的主要目的是确保在绘制图形之前正确地配置绘图环境，包括创建画布和选择子图，以便后续的绘图操作能够在正确的画布和子图上进行。创建画布提供了一个空白的绘图区域，而选择子图则允许将整个画布划分为多个部分，这样可以在同一幅图上绘制多个图形或将多个子图并列展示，有助于比较和展示不同的数据或图形。具体函数及作用见表 4-5。

表 4-5　创建画布和选择子图的函数

函 数 名 称	函 数 作 用
plt.figure()	创建一个空白画布，可以指定画布大小、像素
plt.subplot()	创建并选中子图，可以指定子图的行数、列数与选中图片编号

（2）绘制图形

绘制图形的主要工作是添加画布内容，这是绘图的核心部分，包括添加标题、坐标轴名称、修改坐标轴刻度与范围等步骤，这些步骤通常是并列的，没有严格的先后顺序，可以根据需要选择先后顺序，以便更好地呈现数据和图形。

在绘制图形时，先后顺序可以根据需要进行调整，但通常建议在绘制完图形后再添加图例，以便更清晰地显示每个数据系列的含义。绘图中的标题、坐标轴名称和图例等标签信息能够提供更丰富的图形解释和展示效果，帮助用户更好地理解图形所表达的数据信息。

绘制图形的具体函数及作用见表 4-6。

表 4-6　绘制图形的函数及作用

函 数 名 称	函 数 作 用
plt.title()	在当前图形中添加标题，可以指定标题的名称、位置、颜色、字体大小等参数
plt.xlabel()	在当前图形中添加 x 轴名称，可以指定位置、颜色、字体大小等参数
plt.ylabel()	在当前图形中添加 y 轴名称，可以指定位置、颜色、字体大小等参数
plt.xlim()	指定当前图形 x 轴的范围，只能确定一个数值区间，而无法使用字符串标识
plt.ylim()	指定当前图形 y 轴的范围，只能确定一个数值区间，而无法使用字符串标识
plt.xticks()	指定 x 轴刻度的数目与取值
plt.yticks()	指定 y 轴刻度的数目与取值
plt.legend()	指定当前图形的图例，可以指定图例的大小、位置、标签

（3）完成绘图

完成绘图的主要工作是保存和显示图形，具体函数见表 4-7。

表 4-7　保存和显示图形的函数

函 数 名 称	函 数 作 用
plt.savefig()	保存绘制的图片，可以指定图片的分辨率、边缘的颜色等参数
plt.show()	在本机显示图形

2. 常用的绘图函数使用说明

（1）plt.figure()

此函数的功能是创建一个新的图形对象（画布），作为绘图的顶层容器，可以设置图形的大小、分辨率、背景颜色等参数，并能在该图形对象上添加子图（Axes）和其他绘图元素，用于呈现最终的图形结果。其常用参数见表 4-8。

表 4-8　plt.figure() 的常用参数及含义

参　数	含　义
figsize	图形的大小，以元组（宽度，高度）的形式指定，单位为 in（1 in = 0.0254 m）
dpi	图形的分辨率，每英寸点数

（续）

参　　数	含　　义
facecolor	图形的背景颜色
edgecolor	图形的边框颜色
frameon	是否绘制图形边框，默认为 True
subplotpars	调整子图之间的间距
constrained_layout	自动调整子图的布局，避免重叠

【例 4-32】创建折线图代码示例。

```
import matplotlib.pyplot as plt

# 创建一个新的图形对象
fig = plt.figure(figsize=(8, 6), dpi=100, facecolor='lightblue')

# 在图形对象上添加子图
ax = fig.add_subplot(111)

# 绘制一条简单的曲线
x = [1, 2, 3, 4, 5]
y = [2, 3, 5, 7, 11]
ax.plot(x, y, color='red', linestyle='--', marker='o', label='Prime Numbers')

# 添加标题和标签
ax.set_title('Prime Numbers Plot')
ax.set_xlabel('X-axis')
ax.set_ylabel('Y-axis')

# 添加图例
ax.legend()

# 显示图形
plt.show()
```

运行结果如图 4-2 所示。

在例 4-32 中，首先调用 plt.figure(figsize=(8, 6), dpi=100, facecolor='lightblue')创建一个新的图形对象 fig，参数 figsize=(8, 6)指定图形的宽度为 8 in 和高度为 6 in（1 in = 0.0254 m）；参数 dpi=100 设置了图形分辨率为 100；参数 facecolor='lightblue'表示背景颜色为浅蓝色。代码 ax = fig.add_subplot(111)表示在图形对象 fig 上添加一个子图 ax，参数 111 表示的含义为 1 行 1 列的第 1 个子图，即在整个图中只添加一个子图。代码 ax.plot(x, y, color='red', linestyle='--', marker='o', label='Prime Numbers')表示在子图 ax 上绘制曲线，参数 color='red'表示设置曲线颜色为红色；参数 linestyle='--'表示设置线条样式为虚线；参数 marker='o'表示在数据点处添加圆形标记；参数 label='Prime Numbers'为该曲线设置标签，

用于图例。最后设置了标题、坐标轴标签和图例等,最终调用 plt.show( )显示图形。这样就完成了一个简单的绘图过程。

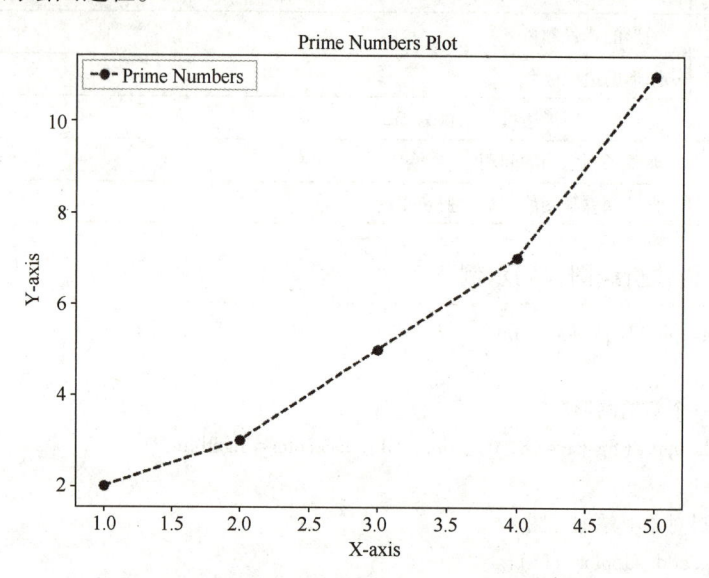

图 4-2 利用 plt.figure( )生成的折线图

(2) plt.subplot( )

此函数用于在一个图形对象(画布)上创建一个或多个子图(Axes)。通过指定子图的行数、列数及当前子图的位置,可以在同一个画布上设置多个子图,并在不同位置绘制不同的图形,实现数据的可视化。这种灵活的布局方式有助于在同一个画布上展示多个图形,实现数据的比较和展示。常用的参数及含义见表4-9。

表 4-9 plt.subplot( )的常用参数及含义

参 数	含 义
nrows	子图网格的行数
ncols	子图网格的列数
index	当前子图的位置,从左上角开始,从左到右,从上到下编号(从 1 开始)
kwargs	其他关键字参数,用于设置子图的属性,如坐标轴标签、标题等

【例 4-33】创建两个子图示例。

```
import matplotlib.pyplot as plt

# 创建图形对象
fig = plt.figure(figsize=(10, 6), dpi=100, facecolor='lightblue')

# 子图1:折线图
plt.subplot(2, 1, 1)
plt.plot([1, 2, 3, 4], [10, 5, 20, 15], color='blue', marker='o')
plt.title('Line Plot')
plt.xlabel('X-axis')
```

```
plt.ylabel('Y-axis')

# 子图 2:柱状图
plt.subplot(2, 1, 2)
plt.bar(['A', 'B', 'C', 'D'], [25, 40, 30, 35], color='green')
plt.title('Bar Plot')
plt.xlabel('Categories')
plt.ylabel('Values')

# 调整子图之间的间距
plt.tight_layout()

# 显示图形
plt.show()
```

运行结果如图 4-3 所示。

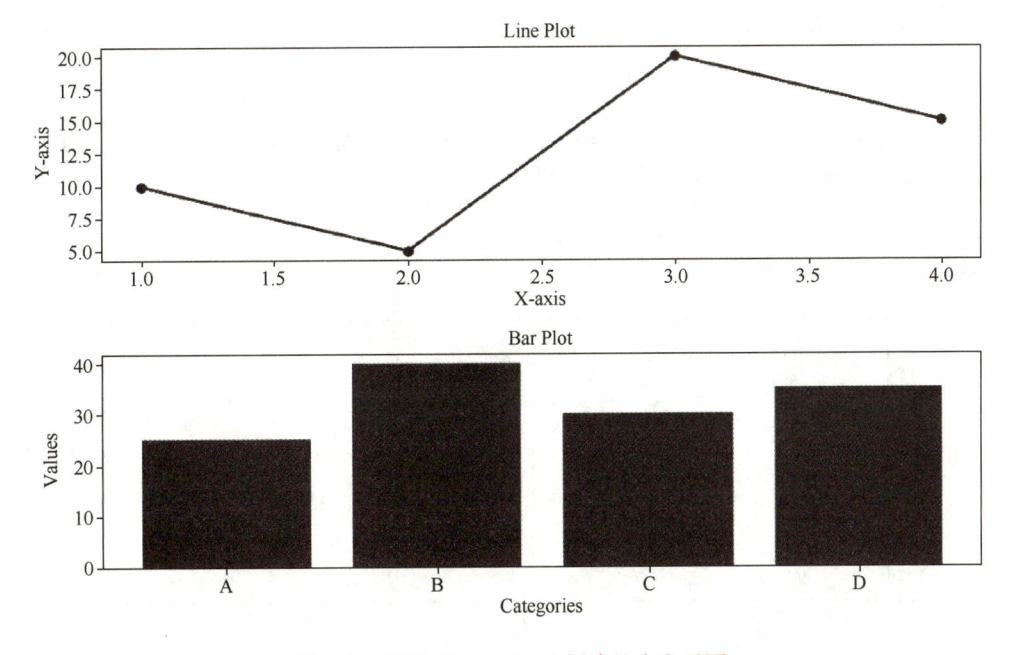

图 4-3　利用 plt.subplot() 创建的多个子图

在例 4-33 中,首先创建了一个图形对象 fig,然后使用 plt.subplot() 函数在该图形对象中创建了一个包含 2 行 1 列的子图网格。在第一个子图中绘制了一条折线图,而在第二个子图中绘制了一个柱状图。最后通过 plt.tight_layout() 调整了子图之间的间距,最终调用 plt.show() 显示整个图形。这样就实现了利用 plt.subplot() 函数绘制包含多个子图的图表。

(3) plt.subplots_adjust()

此函数用于调整子图间距的函数,通过该函数可以对子图 (Axes) 的位置和间距进行微调,以实现更好的布局效果。plt.subplots_adjust() 函数可以在创建子图后调用,用于设置子图之间的间距,边距以及子图相对位置等参数。常用参数见表 4-10。

表 4-10 plt.subplots_adjust( )函数的常用参数

参　数	含　义
left	子图左边缘与图形左边缘之间的距离
right	子图右边缘与图形右边缘之间的距离
bottom	子图底边缘与图形底边缘之间的距离
top	子图顶边缘与图形顶边缘之间的距离
wspace	子图之间的水平间距
hspace	子图之间的垂直间距

这些参数可以接受一个浮点数作为输入，表示相对于图形宽度或高度的比例。通过调整这些参数，可以灵活地控制子图之间的间距，从而实现更好的布局效果。

【例 4-34】 plt.subplots_adjust( )调整子图布局示例。

```
import matplotlib.pyplot as plt
# 创建图形对象并添加子图
fig, axs = plt.subplots(2, 2, figsize=(10,8), dpi=100, facecolor='lightblue')
# 在子图中绘制内容

# 调整子图之间的间距
plt.subplots_adjust(left=0.1, right=0.9, bottom=0.1, top=0.9, wspace=0.2, hspace=0.3)
# 显示图形
plt.show()
```

运行结果如图 4-4 所示。

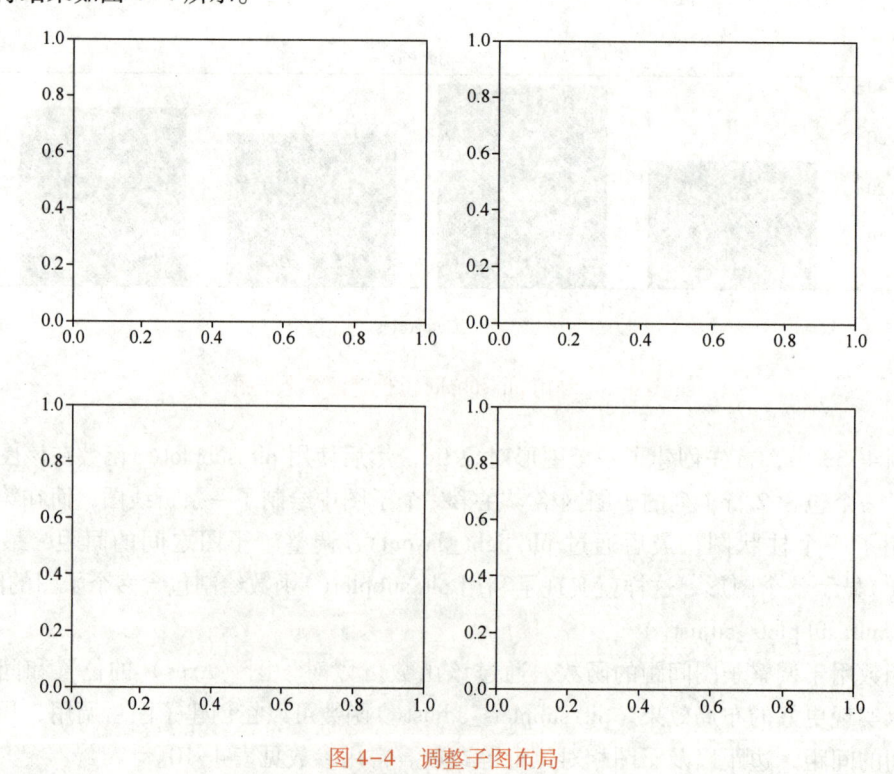

图 4-4 调整子图布局

在例 4-34 中，创建了一个宽度 10 in、高度 8 in 的画布，参数(2,2)指定了将整个画布分割成一个 2 行 2 列的子图网格，也就是创建了一个包含 4 个子图的布局。这意味着整个画布被分成了 2 行和 2 列，共计 4 个子图位置。语句 plt.subplots_adjust(left=0.1, right=0.9, bottom=0.1, top=0.9, wspace=0.2, hspace=0.3)中的参数设定子图的位置，left=0.1 表示左边缘距离画布左边缘的距离为整个画布宽度的 10%，right=0.9 表示右边缘距离画布右边缘的距离为整个画布宽度的 10%，bottom=0.1 表示底边缘距离画布底边缘的距离为整个画布高度的 10%，top=0.9 表示顶边缘距离画布顶边缘的距离为整个画布高度的 10%，wspace=0.2 表示子图之间的水平间距为子图宽度的 20%，hspace=0.3 表示子图之间的垂直间距为子图高度的 30%。

(4) 其他绘图函数的使用说明

除了上面 3 个绘图函数之外，plt 库还提供了很多读取和显示函数（见表 4-11）、绘制基础图表的函数（见表 4-12）及坐标轴设置函数（见表 4-13）。

表 4-11　plt 库的读取和显示函数

函 数 名 称	函 数 作 用	函 数 名 称	函 数 作 用
plt.show()	显示当前所有创建的图形	plt.imread()	读取图像文件
plt.matshow()	在窗口显示数组矩阵	plt.imshow()	显示图像
plt.close()	关闭当前图形	plt.savefig()	保存当前图形为图像文件
plt.close('all')	关闭所有图形窗口	plt.imsave()	保存图像数据

表 4-12　plt 库的绘制基础图表函数

函 数 名 称	函 数 作 用
plt.plot()	绘制折线图
plt.bar()	绘制柱状图
plt.barh()	绘制横向柱状图
plt.scatter()	绘制散点图
plt.hist()	绘制直方图
plt.pie()	绘制饼图
plt.contour()	绘制等高线图
plt.polar()	绘制极坐标图

表 4-13　plt 库的坐标轴设置函数

函 数 名 称	函 数 作 用	函 数 名 称	函 数 作 用
plt.axis()	获取设置轴属性的快捷方式	plt.xscale()	设置 x 轴缩放
plt.xlim()	设置 x 轴的显示范围	plt.yscale()	设置 y 轴缩放
plt.ylim()	设置 y 轴的显示范围	plt.suptitle()	设置总图标题
plt.xticks()	设置 x 轴的刻度值	plt.title()	设置图表的标题
plt.yticks()	设置 y 轴的刻度值	plt.grid()	显示或隐藏坐标网格线
plt.xlabel()	设置 x 轴的标签	plt.thetagrids()	设置极坐标网格
plt.ylabel()	设置 y 轴的标签	plt.clabel()	设置等高线数据
plt.figlegend()	为全局绘图区域放置图例	plt.annotate()	添加文本注释（复杂）
plt.legend()	添加图例	plt.text()	添加文本注释（简单）

4.3.2 绘制散点图

散点图（Scatter Diagram），又称为散点分布图，是一种数据可视化图形，通常以一个特征作为横坐标，另一个特征作为纵坐标，通过展示坐标点（散点）在图上的分布形态，来反映不同特征之间的统计关系或相关性。通过观察散点图中散点的分布情况，可以直观地了解两个变量之间的关系，包括趋势、聚集性和离散程度等信息。

绘制散点图的函数为 plt.scatter(x, y, s=None, c=None, marker=None, alpha=None, **kwargs)，其中参数及含义见表 4-14。

表 4-14 plt.scatter() 的参数及含义

参数	含义
x, y	接收 array，表示 x 轴和 y 轴对应的数据。无默认
s	指定散点的大小，可以是单个数值表示所有点的大小，也可以是与 x、y 同长度的数组，表示每个点的大小
c	指定散点的颜色，可以是单个颜色值表示所有点的颜色，也可以是与 x、y 同长度的数组，表示每个点的颜色
marker	指定散点的形状，如圆形（'o'）、方形（'s'）、三角形（'^'）等。默认为 None
alpha	指定散点的透明度，取值范围为 0（完全透明）~1（完全不透明）。默认为 None
**kwargs	其他可选参数，用于进一步定制散点图的样式和属性

【例 4-35】绘制简单散点图代码示例。

```python
import matplotlib.pyplot as plt
# 设置全局字体为支持中文的字体(如 SimHei)
matplotlib.rcParams['font.family'] = 'SimHei'      # 黑体

# 生成示例数据
x = [1, 2, 3, 4, 5]
y = [10, 15, 13, 18, 16]
sizes = [30, 60, 90, 120, 150]                     # 点的大小
colors = ['red', 'green', 'blue', 'orange', 'purple']  # 点的颜色

# 绘制散点图
plt.figure(figsize=(8, 6))
plt.scatter(x, y, s=sizes, c=colors, alpha=0.5, marker='o')
                                                   # 设置点的大小、颜色、透明度和形状
plt.xlabel('x 轴')
plt.ylabel('y 轴')
plt.title('简单散点图示例')
plt.grid(True)                                     # 显示网格线

plt.show()
```

运行结果如图 4-5 所示。

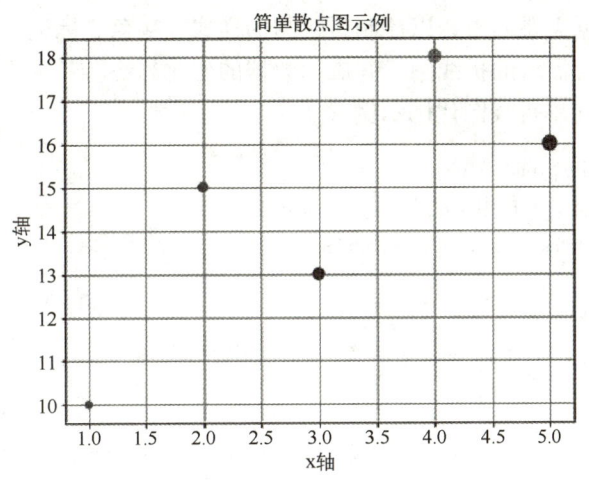

图 4-5　plt.scatter( )绘制的散点图

4.3.3　绘制折线图

折线图（Line Chart）是一种将数据点按照顺序连接起来的图形，形成连续的折线展示数据趋势的图表类型。它适用于显示因变量 y 随自变量 x 变化的趋势，特别适合展示随时间（通常是根据等间隔的时间或其他连续变量）而变化的数据。通过折线图，可以直观地观察数据的增长趋势、变化趋势以及不同数据之间的数量差异。折线图能够提供清晰的数据走势，帮助分析变化规律，更直观地理解数据之间的关系。通过合适的样式和标签设置，折线图可以有效地传达数据信息，为数据分析和决策提供有力支持。

绘制折线图的函数为 plt.plot(x，y，color = None，linestyle = ' - '，marker = None，linewidth，markersize，label = None，alpha = None))，其中参数及含义见表 4-15。

表 4-15　plt.plot( )的常见参数及含义

参　　数	含　　义
x, y	接收 array，表示 x 轴和 y 轴对应的数据。无默认
color	线条颜色，可以是颜色名称（如'red'、'blue'）或颜色缩写（如'r'、'b'）
linestyle	线条的样式，如'-'表示实线、'--'表示虚线、':'表示点线等
marker	数据点的标记样式，如'o'表示圆圈、's'表示方块、'^'表示三角形等
linewidth	线条的宽度
markersize	数据点标记的大小
label	线条的标签，用于图例显示
alpha	线条的透明度，取值范围为 0~1

color 参数有 8 种颜色，具体见表 4-16。

表 4-16　color 参数取值的缩写及含义

颜色缩写	含　　义	颜色缩写	含　　义
b	蓝色	m	品红
g	绿色	y	黄色
r	红色	k	黑色
c	青色	w	白色

这些参数可以根据需要调整，以控制折线图的样式、颜色、标记等属性。通过设置这些参数，可以绘制出符合需求的折线图，并展示数据的变化趋势。

【例4-36】绘制简单折线图代码示例。

```
import matplotlib.pyplot as plt
# 设置全局字体为支持中文的字体(如 SimHei)
matplotlib.rcParams['font.family'] = 'SimHei'

# 生成示例数据
x = [1, 2, 3, 4, 5]
y = [10, 15, 13, 18, 16]

# 绘制折线图
plt.figure(figsize=(8, 6))
plt.plot(x, y, color='blue', linestyle='-', marker='o', alpha=0.8)
                        # 设置颜色、线型、标记和透明度
plt.xlabel('x轴')
plt.ylabel('y轴')
plt.title('简单折线图示例')
plt.grid(True)          # 显示网格线

plt.show()
```

运行结果如图4-6所示。

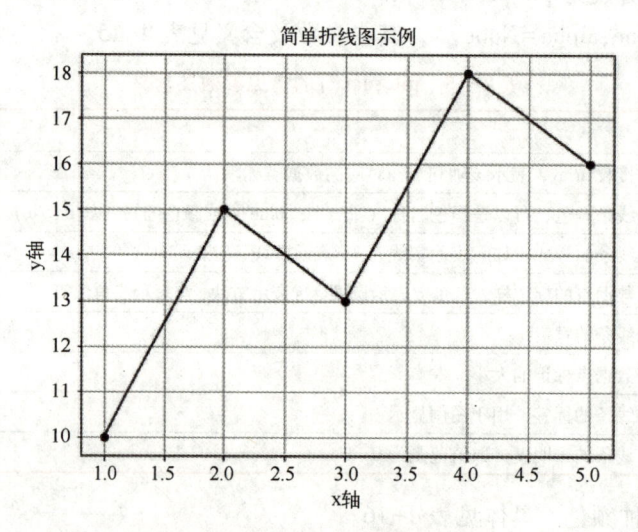

图4-6 plt.plot()绘制的折线图

4.3.4 绘制柱状图

柱状图（Bar Chart）用于比较不同类别或组之间的数据大小或数量。在柱状图中，每个类别对应一个独立的柱形，柱形的高度表示相应类别的数值大小。

绘制柱状图的函数为 plt.bar(x, y, width=0.8, bottom, color, edgecolor, linewidth, alpha, label），其中参数及其含义见表4-17。

表4-17　plt.bar()的常见参数及含义

参　　数	含　　义
x	每个柱的位置或类别的序列，通常是一个列表或数组，对应于每个柱的位置
height（或y）	每个柱的高度或数值的序列，通常是一个列表或数组，对应于每个柱的高度
width	柱的宽度，默认为0.8，可以调整柱的宽度
bottom	柱的底部位置，可以用于堆叠柱状图
color	柱的填充颜色，可以是单个颜色字符串或颜色列表，用于区分不同柱的颜色
edgecolor	柱的边缘颜色
linewidth	柱的边缘线宽度
alpha	柱的透明度，可以设置为0到1之间的值，表示不透明到完全透明的范围
label	柱的标签，用于图例显示

【例4-37】绘制柱状图示例。

```
import matplotlib.pyplot as plt
# 设置全局字体为支持中文的字体
matplotlib.rcParams['font.family'] = 'SimHei'        # 黑体

# 示例数据
x = ['A', 'B', 'C', 'D', 'E']
y = [20, 35, 30, 25, 40]

# 绘制柱状图
plt.figure(figsize=(8, 6))
# 设置宽度、颜色、边框颜色、边框宽度和透明度
plt.bar(x, y, width=0.6, color='skyblue', edgecolor='black', linewidth=1.5, alpha=0.8, label='Data')
plt.xlabel('类别')
plt.ylabel('数值')
plt.title('简单柱状图示例')
plt.legend()

plt.show()
```

运行结果如图4-7所示。

4.3.5　绘制直方图

直方图（Histogram）是一种常见的数据可视化图表类型，用于展示连续变量的分布情况。在直方图中，数据被分成若干个区间（称为"bin"），每个区间内的数据数量用柱形表示，柱形的高度表示该区间内数据点的频数。

绘制直方图的函数为plt.hist(data, bins, width, color, edgecolor, linewidth, alpha, label)，其中参数及作用见表4-18。

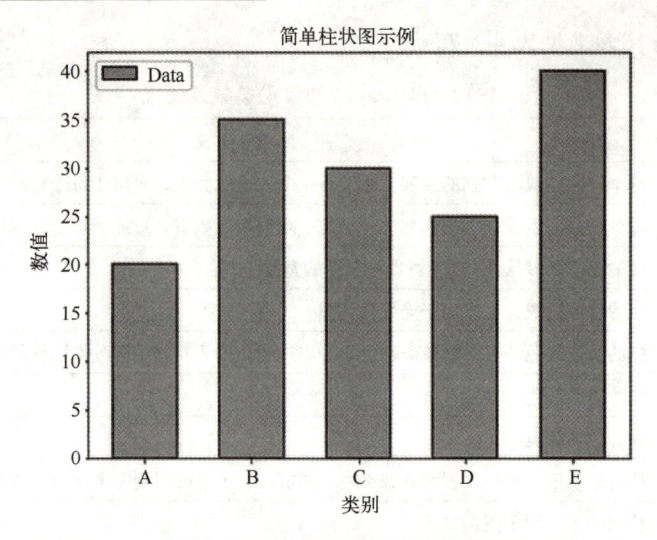

图 4-7 plt.bar()绘制的柱状图

表 4-18 plt.hist()的常见参数及作用

参　　数	作　　用
data	输入数据。通常是一维数组或列表，包含要绘制的数值数据
bins	指定直方图的柱子数量或指定柱子的边界。如果未指定，Matplotlib 会自动选择合适的柱子数量
width	指定柱子的宽度。通常情况下，可以通过调整 bins 的数量和范围来控制柱子的宽度，而不是直接使用此参数
color	指定柱子的填充颜色。可以是颜色名称、十六进制色值或 RGB/RGBA 元组
edgecolor	指定柱子的边缘颜色。可以是颜色名称、十六进制色值或 RGB/RGBA 元组
linewidth	指定柱子的边缘宽度。增加此值可以使柱子的边缘更加明显
alpha	指定柱子的透明度。取值范围为 0~1，其中 0 表示完全透明，1 表示完全不透明
label	为直方图的每一组数据提供标签，通常在图例中显示

【例 4-38】绘制简单直方图示例。

```
import matplotlib.pyplot as plt
# 设置全局字体为支持中文的字体(如 SimHei)
matplotlib.rcParams['font.family'] = 'SimHei'   # 黑体

# 输入数据
data = np.random.randn(1000)

# 绘制直方图
plt.hist(x=data, bins=30, density=True, edgecolor='black', cumulative=False, histtype='bar', align='mid', orientation='vertical', color='skyblue', linewidth=1.5, label='数据分布', alpha=0.75)

# 添加标题和标签
plt.title('直方图示例')
```

```
        plt.xlabel('数值')
        plt.ylabel('频数')
        plt.legend()

        plt.show()
```

运行结果如图4-8所示。

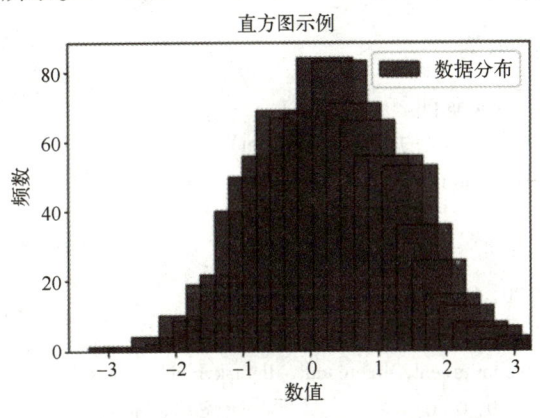

图4-8　plt.hist()绘制的直方图

4.3.6　绘制饼图

饼图（Pie Chart）用于展示各部分占整体的比例关系。在饼图中，整个圆形表示总体，每个扇形表示一个部分，扇形的角度大小表示该部分所占比例的大小。饼图可以比较清晰地反映出部分与部分、部分与整体之间的比例关系，易于显示每组数据相对总数的大小，而且显现方式直观。

绘制饼图的函数为 pie(x, explode = None, labels = None, colors = None, autopct = None, pctdistance = 0.6, shadow = False, labeldistance = 1.1, startangel = None, radius = None, counterclock, wedgeprops, textprops, center, frame…)，其中参数及含义见表4-19。

表4-19　plt.pie()的常见参数及含义

参　　数	含　　义
x	输入的数据，可以是一个数组或序列，表示每个扇形的大小
explode	指定每个扇形距离饼图中心的偏移量，用于突出显示特定扇形
labels	指定每个扇形的标签，用于显示在饼图中
colors	指定每个扇形的颜色
autopct	扇形内部显示的百分比格式，可以是一个格式字符串或函数。默认为None
pctdistance	接收浮点数，百分比标签与圆心的距离，作为半径的比例
shadow	是否显示阴影效果
labeldistance	标签与圆心的距离，作为半径的比例
startangle	起始角度，即第一个扇形的起始位置
radius	饼图的半径
counterclock	指定绘制饼图的顺时针或逆时针方向

(续)

参 数	含 义
wedgeprops	扇形的属性设置，如边缘颜色、线宽等
textprops	文本属性设置，如字体大小、颜色等
center	饼图的圆心位置
frame	是否绘制饼图的图框

【例 4-39】绘制饼图示例。

```
import matplotlib.pyplot as plt
# 设置全局字体为支持中文的字体(如 SimHei)
matplotlib.rcParams['font.family'] = 'SimHei'    # 黑体

# 示例数据
sizes = [25, 30, 20, 15, 10]
labels = ['A', 'B', 'C', 'D', 'E']
colors = ['gold', 'yellowgreen', 'lightcoral', 'lightskyblue', 'orange']
explode = (0.1, 0, 0, 0, 0)                      # 突出显示第一块

# 绘制饼图
plt.figure(figsize=(8, 8))
plt.pie(sizes, explode=explode, labels=labels, colors=colors, autopct='%1.1f%%', shadow=True, startangle=140)
plt.axis('equal')                                # 保持长宽相等，使饼图为圆形

plt.title('简单饼图示例')

plt.show()
```

运行结果如图 4-9 所示。

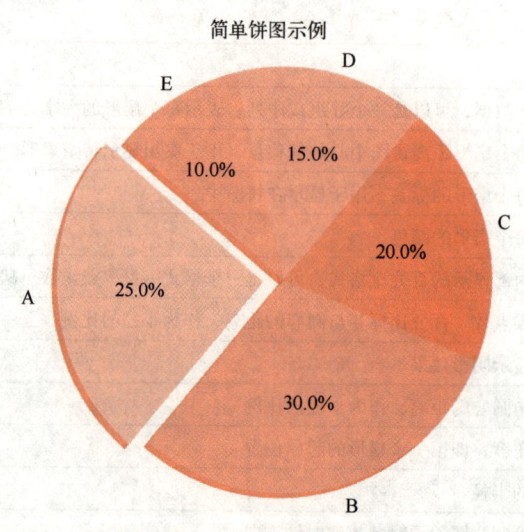

图 4-9　plt.pie() 绘制的饼图

4.3.7 绘制箱线图

箱线图（Boxplot）是一种常用的统计图表，利用数据中的5个统计量（最小值、下四分位数、中位数、上四分位数和最大值）来描述数据的位置和分散情况。箱线图能够提供关于数据分布的关键信息，尤其在比较不同特征时，可以突出显示数据的分散程度差异。通过箱线图，可以快速了解数据的中心位置、分布范围及离群值的情况。箱线图也有助于观察数据的对称性和分布的分散程度，特别适用于对多个样本或特征的比较分析。通过箱线图，可以直观地比较数据集的统计特征，帮助揭示数据之间的差异和趋势，为进一步的数据分析和决策提供重要参考。

绘制箱线图的函数为 plt.boxplot(x, notch = None, sym = None, vert = None, positions = None, width = None, labels = None, meanline = None)，其中参数及其含义见表4-20。

表4-20　plt.boxplot()的常见参数及含义

参　　数	含　　义
x	要绘制箱线图的数据，可以是一个数组或序列
notch	指定是否绘制缺口盒须图（Notched Box Plot），用于显示中位数的置信区间，默认为None
sym	指定异常值的标记符号，默认为None
vert	指定箱线图的方向，可以是垂直（True）或水平（False），默认为True
positions	指定箱线图的位置，用于多个箱线图的并列显示
width	指定箱线图的宽度
labels	指定箱线图的标签，用于显示在图例中
meanline	指定是否绘制均值线，默认为None

【例4-40】 绘制箱线图示例。

```
import matplotlib.pyplot as plt
import numpy as np
# 设置全局字体为支持中文的字体（如 SimHei）
matplotlib.rcParams['font.family'] = 'SimHei'    # 黑体

# 示例数据
data = np.random.rand(10, 5)            # 生成一个10行5列的随机数据

# 绘制箱线图
plt.figure(figsize=(8, 6))
plt.boxplot(data, patch_artist=True, notch=True, vert=True, showmeans=True)
plt.xticks([1, 2, 3, 4, 5], ['A', 'B', 'C', 'D', 'E'])
plt.xlabel('类别')
plt.ylabel('数值')
plt.title('简单箱线图示例')

plt.show()
```

运行结果如图 4-10 所示。

简单箱线图示例

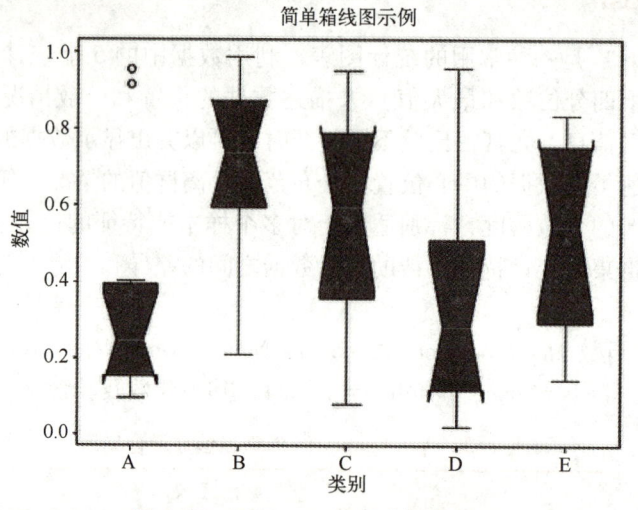

图 4-10　plt.boxplot( ) 绘制的箱线图

此箱线图展示了 5 个类别的数据分布情况。每个类别由一个箱子表示，箱子的位置代表数据的四分位范围（IQR），箱子的线条表示数据的上、下四分位数，箱子中间的线表示数据的中位数。箱子两侧的线条（也称须）表示数据的范围，超出这个范围的点被认为是离群点。图中的类别包括 A、B、C、D 和 E。其中，类别 A 的数据中位数最低，类别 B 的数据中位数最高。此外，箱线图上方的两个小圆圈可能代表异常值或离群点。

4.4　实践——中国 GDP 分析

4.4.1　数据准备

中国 GDP 历年数据可从 https://gdp.gotohui.com 上下载获取，2013—2023 年各产业 GDP 数据见表 4-21，各行业 GDP 数据见表 4-22，各个季度三种产业的 GDP 见表 4-23。

表 4-21　2013—2023 年各产业 GDP 数据

时间	GDP（亿元）	人均 GDP（元）	第一产业（亿元）	第二产业（亿元）	第三产业（亿元）
2023	1260582.10	89358.00	89755.20	482588.50	688238.40
2022	1204724.00	85698.00	88207.00	473789.90	642727.10
2021	1149237.00	80976.00	83216.50	451544.10	614476.40
2020	1013567.00	71828.15	78030.90	383562.40	551973.70
2019	986515.20	70078.00	70473.60	380670.60	535371.00
2018	919281.10	65534.00	64745.20	364835.20	489700.80
2017	832035.90	59592.00	62099.50	331580.50	438355.90
2016	746395.10	53783.00	60139.20	295427.80	390828.10
2015	688858.20	49922.00	57774.60	281338.90	349744.70
2014	643563.10	46912.00	55626.30	277282.80	310654.00
2013	592963.20	43497.00	53028.10	261951.60	277983.50

表 4-22　2013—2023 年各行业 GDP 数据　　　　　　　　（单位：亿元）

时间	金融业	房地产业	工业	批发和零售业	住宿和餐饮业	农林牧渔业
2023	100677.00	73723.00	399103.00	123072.00	21024.00	94463.00
2022	93285.00	73766.00	395044.00	116294.00	17755.00	92577.00
2021	90308.70	77215.87	374545.58	110147.05	18026.93	86994.79
2020	83617.72	73425.31	312902.93	96086.14	15285.45	81396.54
2019	76250.65	70444.83	311858.65	95650.87	17903.09	73576.92
2018	70610.26	64622.99	301089.35	88903.73	16520.61	67558.75
2017	64844.30	57085.95	275119.25	81156.61	15056.04	64660.04
2016	59963.98	49969.40	245406.44	73724.45	13607.80	62451.03
2015	56299.85	42573.82	234968.51	67719.57	12306.11	59852.63
2014	46853.39	38086.37	233197.37	63170.37	11228.74	57472.24
2013	41293.38	35340.42	222333.15	56288.85	10228.26	54692.43

表 4-23　2013—2023 年各个季度三种产业的 GDP　　　　（单位：亿元）

时间	第一产业	第二产业	第三产业
2023 年第 1—4 季度	89755.2	482588.5	688238.4
2023 年第 1—3 季度	56330.1	348885.6	507476.2
2023 年第 1—2 季度	30397.3	227672.7	334645.6
2023 年第 1 季度	11589.4	106139.3	166694.3
2022 年第 1—4 季度	88207.0	473789.9	642727.1
2022 年第 1—3 季度	54756.9	343866.4	472109.9
2022 年第 1—2 季度	29103.4	224533.6	309154.1
2022 年第 1 季度	10920.7	104295.7	155128.1
2021 年第 1—4 季度	83216.5	451544.1	614476.4
2021 年第 1—3 季度	51677.3	320611.7	451048.5
2021 年第 1—2 季度	28534.8	206978.8	296535.8
2021 年第 1 季度	11369.3	92520.7	145310.3
2020 年第 1—4 季度	78030.9	383562.4	551973.7
2020 年第 1—3 季度	48315.2	269843.2	399789.9
2020 年第 1—2 季度	26157.1	169945.7	257489.7
2020 年第 1 季度	10222.5	72415.9	122606.3
2019 年第 1—4 季度	70473.6	380670.6	535371.0
2019 年第 1—3 季度	43009.1	272940.5	393767.5
2019 年第 1—2 季度	23208.2	176520.4	258942.3
2019 年第 1 季度	8768.3	80596.7	127803.3
2018 年第 1—4 季度	64745.2	364835.2	489700.8
2018 年第 1—3 季度	39806.4	260811.3	359854.5

（续）

时间	第一产业	第二产业	第三产业
2018 年第 1—2 季度	21579.5	167698.8	236719.7
2018 年第 1 季度	8575.7	76598.2	116861.8
2017 年第 1—4 季度	62099.5	331580.5	438355.9
2017 年第 1—3 季度	39106.6	236212.5	321288.2
2017 年第 1—2 季度	20850.8	151638.4	211328.7
2017 年第 1 季度	8205.9	69315.5	104346.3
2016 年第 1—4 季度	60139.2	295427.8	390828.1
2016 年第 1—3 季度	38411.0	209923.7	286494.1
2016 年第 1—2 季度	20868.7	134523.3	188426.3
2016 年第 1 季度	8312.7	61106.8	92990.5
2015 年第 1—4 季度	57774.6	281338.9	349744.7
2015 年第 1—3 季度	36398.5	202982.7	256904.1
2015 年第 1—2 季度	19225.5	131455.9	169006.2
2015 年第 1 季度	7373.2	60505.9	83258.8
2014 年第 1—4 季度	55626.3	277282.8	310654.0
2014 年第 1—3 季度	35104.3	199556.9	228073.0
2014 年第 1—2 季度	18249.4	128585.8	150414.3
2014 年第 1 季度	7140.0	59127.4	74492.4
2013 年第 1—4 季度	53028.1	261951.6	277983.5
2013 年第 1—3 季度	33163.7	187740.2	204287.0
2013 年第 1—2 季度	17258.8	120991.5	134717.9
2013 年第 1 季度	6869.1	55861.2	66719.3

4.4.2 散点图分析

根据表 4-22 和表 4-23 绘制 2013—2023 年各产业与行业的国民生产总值（GDP）散点图，具体代码实现如下：

```
import matplotlib.pyplot as plt

# 数据
data_first = [
    6869.1, 17258.8, 33163.7, 53028.1,
    7140, 18249.4, 35104.3, 55626.3,
    7373.2, 19225.5, 36398.5, 57774.6,
    8312.7, 20868.7, 38411, 60139.2,
    8205.9, 20850.8, 39106.6, 62099.5,
    8575.7, 21579.5, 39806.4, 64745.2,
```

```
    8768.3, 23208.2, 43009.1, 70473.6,
    10222.5, 26157.1, 48315.2, 78030.9,
    10920.7, 28534.8, 51677.3, 83216.5,
    11369.3, 29103.4, 54756.9, 88207,
    11589.4, 30397.3, 56330.1, 89755.2
]

data_second = [
    55861.2, 120991.5, 187740.2, 261951.6,
    59127.4, 128585.8, 199556.9, 277282.8,
    60505.9, 131455.9, 202982.7, 281338.9,
    61106.8, 134523.3, 209923.7, 295427.8,
    69315.5, 151638.4, 236212.5, 331580.5,
    76598.2, 167698.8, 260811.3, 364835.2,
    80596.7, 176520.4, 272940.5, 380670.6,
    92520.7, 206978.8, 320611.7, 451544.1,
    104295.7, 224533.6, 343866.4, 473789.9,
    106139.3, 227672.7, 348885.6, 482588.5,
    688238.4, 507476.2, 334645.6, 166694.3
]

data_third = [
    66719.3, 134717.9, 204287, 277983.5,
    74492.4, 150414.3, 228073, 310654,
    83258.8, 169006.2, 256904.1, 349744.7,
    92990.5, 188426.3, 286494.1, 390828.1,
    104346.3, 211328.7, 321288.2, 438355.9,
    116861.8, 236719.7, 359854.5, 489700.8,
    127803.3, 258942.3, 393767.5, 535371,
    145310.3, 296535.8, 451048.5, 614476.4,
    155128.1, 309154.1, 472109.9, 642727.1,
    688238.4, 507476.2, 334645.6, 166694.3,
    277983.5, 204287, 134717.9, 66719.3
]

quarters = [
    '2013Q1', '2013Q2', '2013Q3', '2013Q4',
    '2014Q1', '2014Q2', '2014Q3', '2014Q4',
    '2015Q1', '2015Q2', '2015Q3', '2015Q4',
    '2016Q1', '2016Q2', '2016Q3', '2016Q4',
    '2017Q1', '2017Q2', '2017Q3', '2017Q4',
    '2018Q1', '2018Q2', '2018Q3', '2018Q4',
    '2019Q1', '2019Q2', '2019Q3', '2019Q4',
```

```
    '2020Q1', '2020Q2', '2020Q3', '2020Q4',
    '2021Q1', '2021Q2', '2021Q3', '2021Q4',
    '2022Q1', '2022Q2', '2022Q3', '2022Q4',
    '2023Q1', '2023Q2', '2023Q3', '2023Q4',
]

plt.figure(figsize=(12, 6))
plt.scatter(quarters, data_first, color='blue', label='第一产业')
plt.scatter(quarters, data_second, color='red', label='第二产业')
plt.scatter(quarters, data_third, color='green', label='第三产业')

plt.title('第一产业、第二产业和第三产业的GDP散点图')
plt.xlabel('年份和季度')
plt.ylabel('数据值')
plt.xticks(rotation=45)
plt.legend()
plt.grid(True)
plt.show()
```

运行结果如图 4-11 所示。

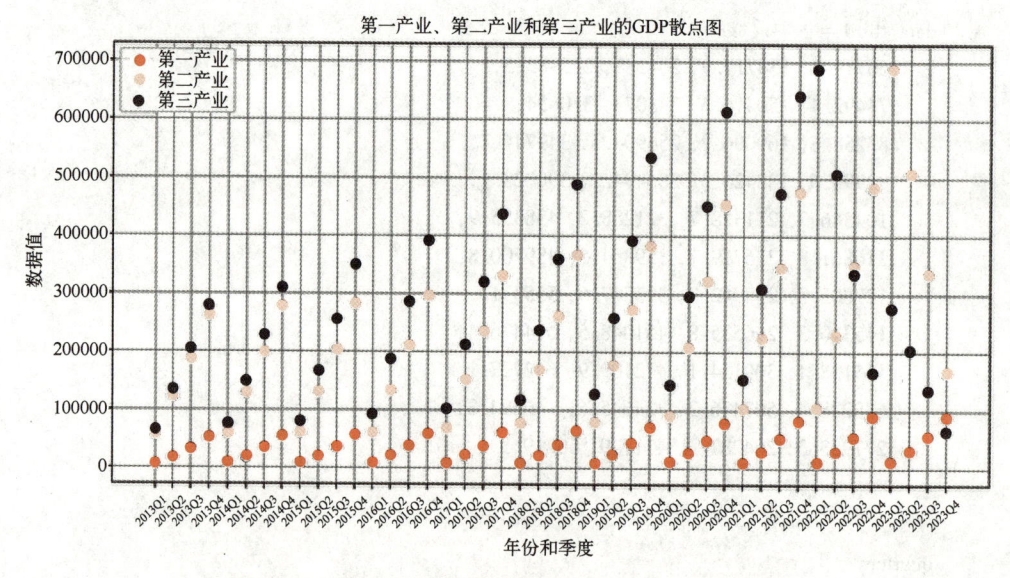

图 4-11　2013—2023 年每个季度各个产业 GDP 散点图

根据表 4-22 绘制各个行业的散点图代码如下：

```
import matplotlib.pyplot as plt

# 设置全局字体大小
plt.rcParams.update({'font.size': 14})
```

```python
# 行业数据
industries = ['金融业', '房地产业', '工业', '批发和零售业', '住宿和餐饮业', '农林牧渔业']

gdp_data = {
'金融业': [100677, 93285, 90308.7, 83617.72, 76250.65, 70610.26, 64844.3, 59963.98,
56299.85, 46853.39, 41293.38],
'房地产业': [73723, 73766, 77215.87, 73425.31, 70444.83, 64622.99, 57085.95, 49969.4,
42573.82, 38086.37, 35340.42],
'工业': [399103, 395044, 374545.58, 312902.93, 311858.65, 301089.35, 275119.25,
245406.44, 234968.91, 233197.37, 222333.15],
'批发和零售业': [123072, 116294, 110147.05, 96086.14, 95650.87, 88903.73, 81156.61,
73724.45, 67719.57, 63170.37, 56288.85],
'住宿和餐饮业': [21024, 17755, 18026.93, 15285.45, 17903.09, 16520.61, 15056.04, 13607.8,
12306.11, 11228.74, 10228.26],
'农林牧渔业': [94463, 92577, 86994.79, 81396.54, 73576.92, 67558.75, 64660.04, 62451.03,
59852.63, 57472.24, 54692.43]
}

# 逆序数据
for industry, data in gdp_data.items():
    gdp_data[industry] = data[::-1]

# 年份
years = range(2013, 2023)

# 创建散点图
plt.figure(figsize=(12, 8))
for industry in industries:
    plt.scatter(years, gdp_data[industry], label=industry)

plt.title('2013—2023年各行业GDP散点图', fontsize=16)
plt.xlabel('年份', fontsize=14)
plt.ylabel('GDP(亿元)', fontsize=14)
plt.legend()
plt.grid(True)
plt.xticks(years, [str(year) for year in years])

# 显示散点图
plt.show()
```

运行结果如图4-12所示。

通过散点图4-11可以分析三大产业的国民生产总值随着时间的变化趋势，通过图4-12各行业GDP的散点图可以比较各行业间年度的增加值以便发现国民经济的主要贡献行业。

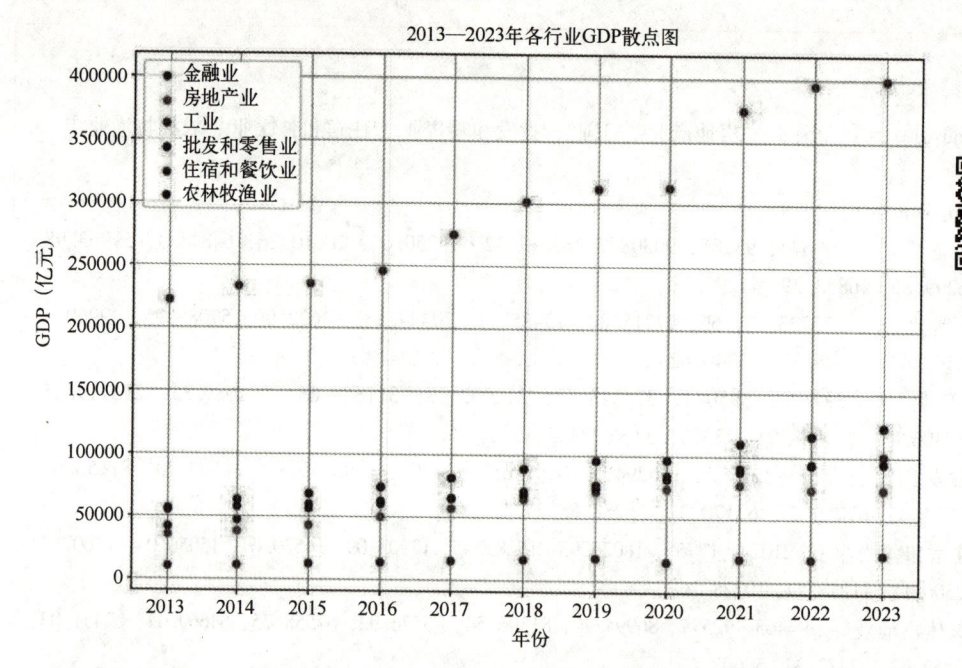

图 4-12 2013—2023 年各行业 GDP 散点图

4.4.3 折线图分析

绘制 2013—2023 年各产业与行业的国民生产总值折线图代码如下：

```
import matplotlib.pyplot as plt

# 数据
# 需要的数据与 4.4.2 节中的数据 data_first、data_second、data_third、quarters 相同，此处略

plt.figure(figsize=(12,6))
plt.plot(quarters, data_first, color='blue', label='第一产业', marker='o')
plt.plot(quarters, data_second, color='red', label='第二产业', marker='o')
plt.plot(quarters, data_third, color='green', label='第三产业', marker='o')

plt.title('第一产业、第二产业和第三产业的 GDP 折线图')
plt.xlabel('年份和季度')
plt.ylabel('数据值')
plt.xticks(rotation=45)
plt.legend()
plt.grid(True)
plt.show()
```

运行结果如图 4-13 所示。

2013—2023 年各个行业的折线图实现代码如下：

第一产业、第二产业和第三产业的GDP折线图

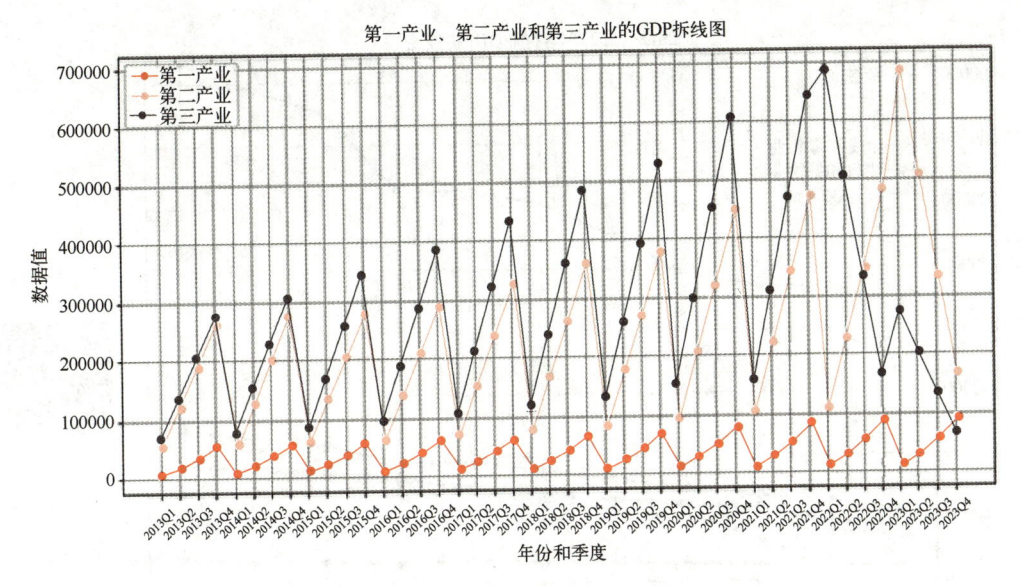

图 4-13　2013—2023 年三种产业 GDP 折线图

```
import matplotlib.pyplot as plt

# 行业数据
# 此数据与 4.4.2 节中的数据 industries_gdp_data 相同，此处略

# 逆序数据
for industry, data in gdp_data.items():
    gdp_data[industry] = data[::-1]

# 年份
years = range(2013, 2023)

# 创建折线图
plt.figure(figsize=(12, 8))
for industry in industries:
    plt.plot(years, gdp_data[industry], label=industry, marker='o')

plt.title('2013—2023 年各行业 GDP 折线图')
plt.xlabel('年份')
plt.ylabel('GDP（亿元）')
plt.legend()
plt.grid(True)
plt.xticks(years, [str(year) for year in years])
# 显示折线图
plt.show()
```

运行结果如图 4-14 所示。

通过绘制 2013—2023 年各产业与行业的国民生产总值折线图，能够发现我国经济各产业的与各行业的增长趋势。

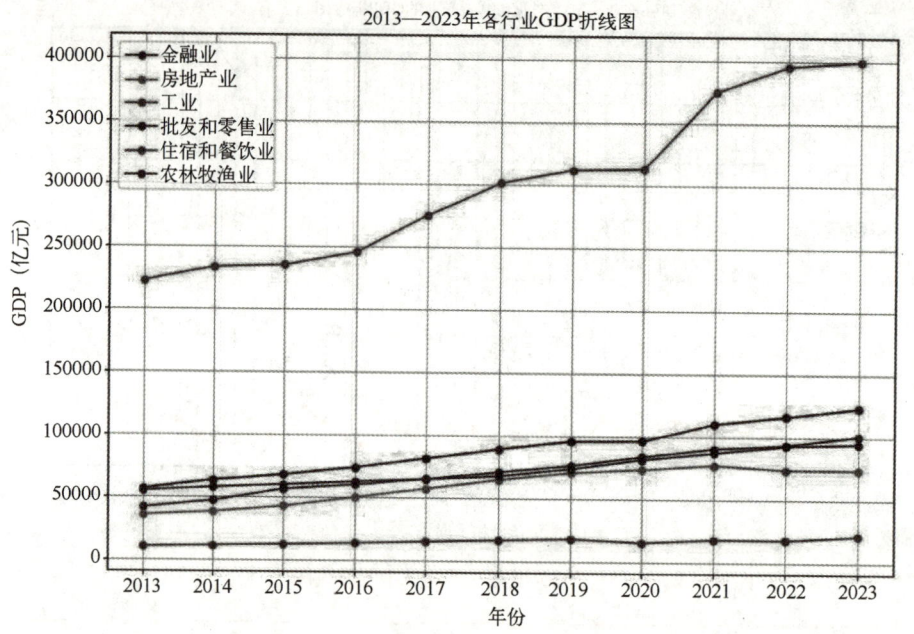

图 4-14　2013—2023 年各行业的 GDP 折线图

4.4.4　柱状图分析

根据表 4-21 的数据绘制柱状图，代码如下：

```
import matplotlib.pyplot as plt

# 数据准备
data = {
'年份': [2023, 2022, 2021, 2020, 2019, 2018, 2017, 2016, 2015, 2014, 2013],
'GDP': [1260582, 1204724, 1149237, 1013567, 986515.2, 919281.1, 832035.9, 746395.1, 688858.2, 643563.1, 592963.2],
'第一产业': [89755, 88207, 83216, 78030.9, 70473.6, 64745.2, 62099.5, 60139.2, 57774.6, 55626.3, 53028.1],
'第二产业': [482589, 473790, 451544, 383562.4, 380670.6, 364835.2, 331580.5, 295427.8, 281338.9, 277282.8, 261951.6],
'第三产业': [688238, 642727, 614476, 551973.7, 535371, 489700.8, 438355.9, 390828.1, 349744.7, 310654, 277983.5]
}

# 创建柱状图
plt.figure(figsize=(16, 10))

# 循环绘制每个柱状图
for i, key in enumerate(['GDP', '第一产业', '第二产业', '第三产业']):
    ax = plt.subplot(2, 2, i+1)
```

```
    ax.set_xticks(data['年份'])
    plt.bar(data['年份'], data[key], color='skyblue')
    plt.xlabel('年份')
    plt.ylabel(key)
    plt.title(f'{key}随年份变化柱状图')

plt.tight_layout()
plt.show()
```

运行结果见图 4-15。

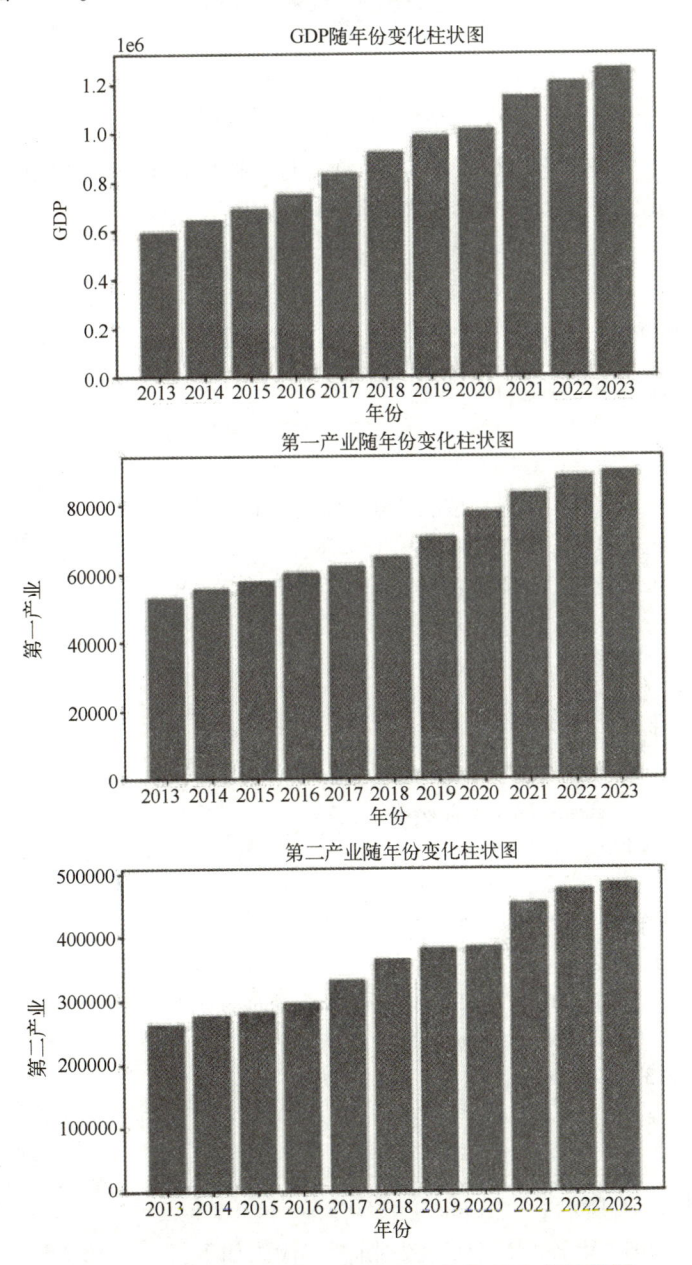

图 4-15 随时间变化的 GDP 和三大产业 GDP 的柱状图

第三产业随年份变化柱状图

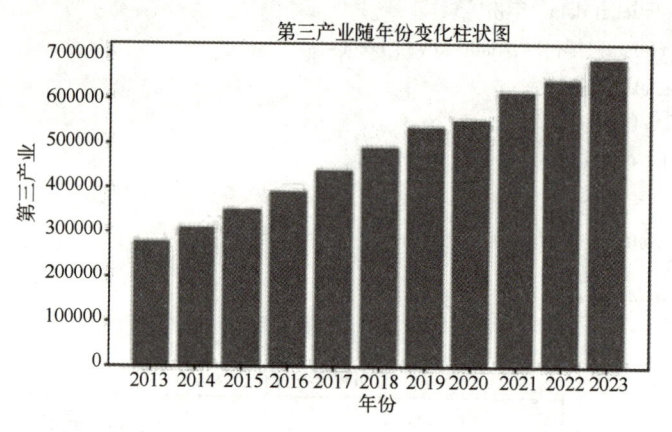

图 4-15　随时间变化的 GDP 和三大产业 GDP 的柱状图（续）

通过柱状图分析 2013 年至 2023 年 GDP 和三大产业 GDP 的变化情况，可以发现各产业绝对数值之间的关系，并通过对比发现产业结构的变化。

4.4.5　饼图分析

绘制 2023 年和 2013 年各个产业的占比饼图，代码如下：

```
import matplotlib.pyplot as plt

# 数据准备
industry_labels = ['第一产业', '第二产业', '第三产业']
industry_data_2023 = [89755, 482589, 688238]
industry_data_2013 = [53028.1, 261951.6, 277983.5]

# 绘制 2023 年饼图
plt.figure(figsize=(12, 6))
plt.subplot(1, 2, 1)
plt.pie(industry_data_2023, labels=industry_labels, autopct='%1.1f%%', startangle=140, colors=['lightcoral', 'lightskyblue', 'lightgreen'])
plt.title('2023 年各产业占比')

# 绘制 2013 年饼图
plt.subplot(1, 2, 2)
plt.pie(industry_data_2013, labels=industry_labels, autopct='%1.1f%%', startangle=140, colors=['lightcoral', 'lightskyblue', 'lightgreen'])
plt.title('2013 年各产业占比')

plt.show()
```

运行结果如图 4-16 所示。

绘制 2023 年和 2013 年各个行业的占比饼图，代码如下：

第4章 大数据可视化分析

2023年各产业占比
第一产业 7.1%
第二产业 38.3%
第三产业 54.6%

2013年各产业占比
第一产业 8.9%
第二产业 44.2%
第三产业 46.9%

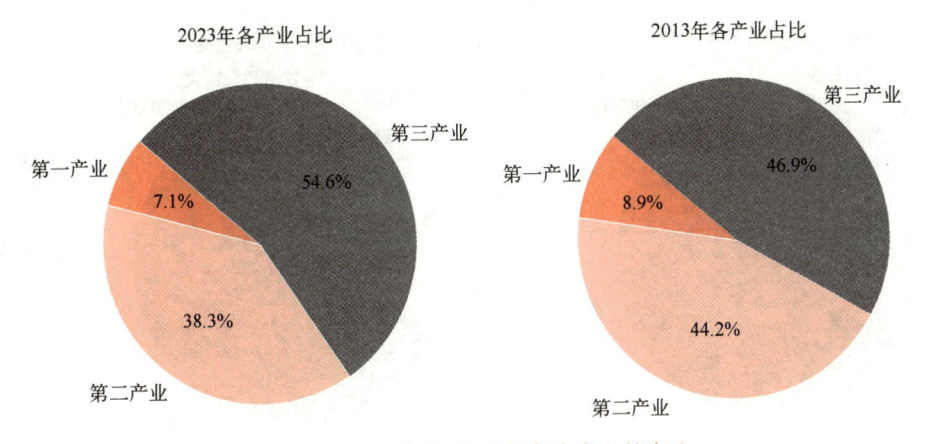

图 4-16　2023 年和 2013 年各个产业的占比

```
import matplotlib.pyplot as plt

# 数据准备
industries = ['金融业', '房地产业', '工业', '批发和零售业', '住宿和餐饮业', '农林牧渔业']
gdp_2023 = [100677, 73723, 399103, 123072, 21024, 94463]
gdp_2013 = [41293.38, 35340.42, 222333.15, 56288.85, 10228.26, 54692.43]

# 绘制 2023 年饼图
plt.figure(figsize=(12, 6))
plt.subplot(1, 2, 1)
plt.pie(gdp_2023, labels=industries, autopct='%1.1f%%', startangle=140, colors=['lightcoral',
'lightskyblue', 'lightgreen', 'orange', 'lightseagreen', 'violet'])
plt.title('2023 年各行业 GDP 占比')

# 绘制 2013 年饼图
plt.subplot(1, 2, 2)
plt.pie(gdp_2013, labels=industries, autopct='%1.1f%%', startangle=140, colors=['lightcoral',
'lightskyblue', 'lightgreen', 'orange', 'lightseagreen', 'violet'])
plt.title('2013 年各行业 GDP 占比')

plt.show()
```

运行结果如图 4-17 所示。

通过饼图分析 2013 年与 2023 年不同的产业和行业在国民生产总值中的占比,可以发现我国产业结构变化和行业的变迁。

4.4.6　箱线图分析

根据表 4-21 数据绘制从 2013 年至 2023 年不同产业箱线图,代码如下:

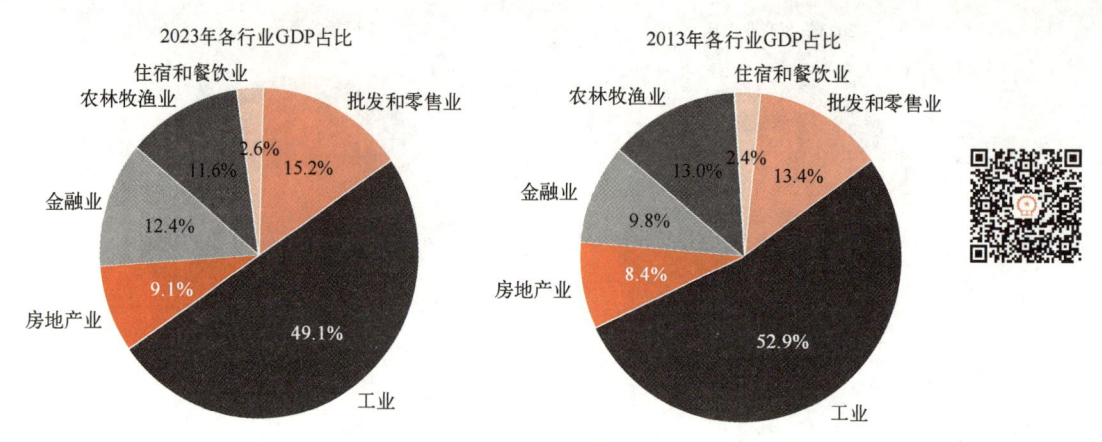

图 4-17　2023 年和 2013 年各行业 GDP 占比

```
import matplotlib.pyplot as plt

# 数据存储
industry_data = {
    '第一产业': [32464.1, 33583.8, 38430.8, 44781.5, 49084.6, 53028.1, 55626.3, 57774.6, 60139.2, 62099.5, 64745.2],
    '第二产业': [149952.9, 160168.8, 191626.5, 227035.1, 244639.1, 261951.6, 277282.8, 281338.9, 295427.8, 331580.5, 364835.2],
    '第三产业': [136827.5, 154765.1, 182061.9, 216123.6, 244856.2, 277983.5, 310654, 349744.7, 390828.1, 438355.9, 489700.8]
}

# 绘制箱线图
plt.figure(figsize=(12, 6))
plt.boxplot(industry_data.values(), labels=industry_data.keys(), patch_artist=True, boxprops=dict(facecolor='lightblue'))
plt.xlabel('产业')
plt.ylabel('产值（亿元）')
plt.title('三种产业箱线图')

plt.show()
```

运行结果如图 4-18 所示。

根据表 4-22 的数据绘制不同行业的箱线图代码如下：

```
import matplotlib.pyplot as plt

# 数据存储
gdp_data = {
```

```
       '金融业': [100677, 93285, 90308.7, 83617.72, 76250.65, 70610.26, 64844.3, 59963.98,
56299.85, 46853.39, 41293.38],
       '房地产业': [73723, 73766, 77215.87, 73425.31, 70444.83, 64622.99, 57085.95, 49969.4,
42573.82, 38086.37, 35340.42],
       '工业': [399103, 395044, 374545.58, 312902.93, 311858.65, 301089.35, 275119.25, 245406.44,
234968.91, 233197.37, 222333.15],
       '批发和零售业': [123072, 116294, 110147.05, 96086.14, 95650.87, 88903.73, 81156.61,
73724.45, 67719.57, 63170.37, 56288.85],
       '住宿餐饮业': [21024, 17755, 18026.93, 15285.45, 17903.09, 16520.61, 15056.04, 13607.8,
12306.11, 11228.74, 10228.26],
       '农林牧渔业': [94463, 92577, 86994.79, 81396.54, 73576.92, 67558.75, 64660.04, 62451.03,
59852.63, 57472.24, 54692.43]
}

# 绘制箱线图
plt.figure(figsize=(12, 8))
plt.boxplot(gdp_data.values(), labels=gdp_data.keys(), patch_artist=True, boxprops=dict
(facecolor='lightblue'))
plt.xticks(rotation=0)
plt.xlabel('行业')
plt.ylabel('GDP(亿元)')
plt.title('不同行业的 GDP 箱线图')

plt.show()
```

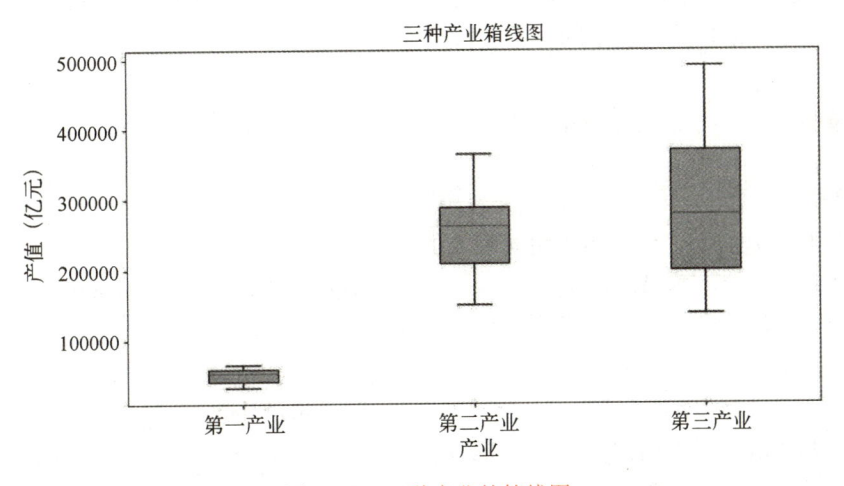

图 4-18　三种产业的箱线图

运行结果如图 4-19 所示。

通过箱线图分析 2013 年至 2023 年不同的产业和行业在国民生产总值中的分布情况，通过观察整体分布情况，可以判断整体增速是否加快。

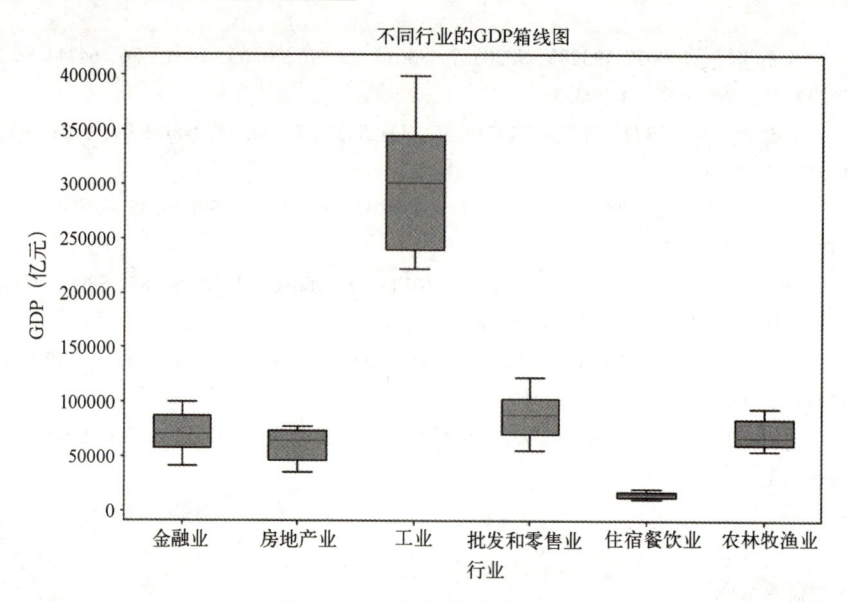

图 4-19　不同行业的箱线图

4.5　本章小结

本章首先介绍了大数据可视化的基础知识，强调了可视化在数据分析和展示中的重要性，以及设计可视化图表时需要遵循的原则。介绍了 NumPy 库，掌握了如何创建数组、对数组进行操作和统计分析。深入探讨了 Matplotlib 库，通过 pyplot 绘图基础以及各种常用图表的绘制方法，包括散点图、折线图、柱状图、直方图、饼图和箱线图。最后通过实践案例对中国 GDP 数据进行了分析，展示了如何利用可视化工具进行数据探索和展示，全面理解了数据可视化在实际数据分析中的应用和重要性。

4.6　习题

一、单选题

1. 在以下关键字中，可以用于引入模块的是（　　）。

   A. include　　　　B. from　　　　C. import　　　　D. continue

2. 关于导入模块的方式，以下哪一种是错误的？（　　）

   A. import math　　　　　　　　B. from math import sqrt

   C. from * import sqrt　　　　　D. from math import *

3. 下列哪个语句可以用来安装 NumPy 包？（　　）

   A. import numpy　　B. install numpy　　C. pip numpy　　D. pip install numpy

4. 下列不属于数组属性的是（　　）。

   A. ndim　　　　B. shape　　　　C. size　　　　D. add

5. 生成一个范围在 0~1 之间，服从均匀分布的 10 行 5 列的数组，以下哪个代码是正确的？（　　）

   A. np.random.randn(10,5)　　　　B. np.random.random(10,5)

C. np.random.rand(10,5)　　　　　　D. np.random.randint(10,5)

6. 在 NumPy 中创建全为 0 的矩阵使用的是（　　）。
　A. arange　　　　B. zeros　　　　C. zero　　　　D. ones

7. 已知 c=np.arange(24).reshape(3,4,2)，那么 c[1] 的值为（　　）。
　A. array([[12, 13, 14, 15], [16, 17, 18, 19], [20, 21, 22, 23]])
　B. array([[16, 17], [18, 19], [20, 21], [22, 23]])
　C. array([[8, 9], [10, 11], [12, 13], [14, 15]])
　D. array([[12, 13, 14], [15, 16, 17], [18, 19, 20], [21, 22, 23]])

8. 以下程序代码，输出的结果是（　　）。

```
import numpy as np
a = np.array([[1,2,3],[4,5,6],[7,8,9]])
b = np.array([[0],[1],[2]])
print(a + b)
```

　A. 无法正常运行，报错
　B. array([[1, 3, 5], [4, 6, 8], [7, 9, 11]])
　C. array([[1, 2, 3], [5, 6, 7], [9, 10, 11]])
　D. array([[0, 2, 6], [0, 5, 12], [0, 8, 18]])

9. 以下程序代码输出的结果是（　　）。

```
import numpy as np
arr = np.array([[1,2,3,4],[5,6,7,8],[9,10,11,12]])
np.sum(arr, axis=0)
```

　A. 78　　　　　　　　　　　　　　B. array([10, 26, 42])
　C. [15, 18, 21, 24]　　　　　　　　D. array([15, 18, 21, 24])

10. 关于 NumPy 中常用统计函数的功能描述，以下选项中不正确的是（　　）。
　A. mean()函数计算数组均值　　　　B. std()函数计算数组标准差
　C. argmax()函数返回数组最大元素　　D. var()函数计算数组方差

11. 下列代码中用于绘制散点图的是（　　）。
　A. plt.scatter(x,y)　　　　　　　　B. plt.legend('upper left')
　C. plt.plot(x,y)　　　　　　　　　D. plt.xlabel('散点图')

12. 由一组数据的最大值、最小值、中位数和两个四分位数这 5 个特征值绘制而成的图形，称为（　　）。
　A. 条形图　　　B. 茎叶图　　　C. 直方图　　　D. 箱线图

13. 为了描述身高与体重之间的关系，适合采用的图形是（　　）。
　A. 条形图　　　B. 直方图　　　C. 散点图　　　D. 箱线图

14. 对于大批量的数据，最适合用来描述其分布的图形是（　　）。
　A. 线图　　　　B. 条形图　　　C. 直方图　　　D. 饼图

15. 对于时间序列数据，通常用来描述其变化趋势的图形是（　　）。
　A. 条形图　　　B. 直方图　　　C. 箱线图　　　D. 折线图

二、数据分析题

1. 假设某个班级的数学成绩如下：85，92，78，88，76，95，67，80，90，55，100，62，74，89，93。为了更好地了解学生的表现，确定成绩分布，识别需要帮助的学生，并为未来的教学做出调整，教师需要对这些成绩进行以下分析。

1）计算班级的平均成绩和中位数：了解班级整体的学术表现。

2）识别优秀和不及格的学生：找出哪些学生的成绩高于班级平均分（表现优秀），以及哪些学生的成绩低于及格线（需要帮助）。

3）对学生的成绩进行排序：将成绩按升序和降序排列，以便进行排名。

4）统计每个成绩区间内的学生人数：例如，统计得分在 90~100、80~89、70~79 等区间的学生人数，以便更好地了解成绩分布情况。

请根据上述要求利用 NumPy 库实现这组数据的简单统计分析。

2. Matplotlib 支持哪些图表类型？

3. 在 Matplotlib 中，如何设置图表的标题、坐标轴标签和网格线？

4. 在 Matplotlib 中，如何自定义图表的颜色、线型和标记样式？

5. 绘制一个折线图，展示一组随时间变化的温度数据。假设时间点 $x=[1,2,3,4,5]$，温度值 $y=[20,22,18,25,23]$。

6. 通过网址 https://population.gotohui.com/ 下载中国人口历年数据，此数据包括人口（万人）、出生率（‰）、增长率（‰）、老年（%）、儿童（%）、男性（%）、女性（%）、全国出生人口（万人）、全国死亡人口（万人）共 9 个属性，利用 Matplotlib 绘图来进行相应分析。

1）出生率和增长率趋势分析：通过绘制出生率和增长率随时间的变化趋势图，可以分析人口的生育和增长情况。

2）人口结构分析：绘制饼图来展示老年人口、儿童人口在总人口中的比例，从而分析人口结构。

3）性别比例分析：通过绘制性别比例的饼图或柱状图，分析男性人口和女性人口在总人口中的比例情况。

4）全国出生人口和死亡人口对比分析：绘制柱状图或折线图来对比全国不同年份的出生人口和死亡人口数量，从中可以分析人口的增长趋势和死亡率情况。

第 5 章
pandas 数据处理与分析

pandas 作为 Python 中常用的数据处理库之一，提供了丰富的数据结构和功能，能够高效地处理和分析大规模数据集。本章旨在深入探讨 pandas 在数据处理和预处理中的关键作用，首先介绍 pandas 的基础知识、语法和数据读写操作，逐步引导掌握利用 pandas 进行数据清洗、数据合并、缺失值处理、排序和汇总等预处理技术。此外，还将介绍如何利用 pandas 进行统计分析，通过分组聚合运算、透视图和交叉表的创建，提供多维度的数据分析视角。通过学习本章内容，读者将掌握利用 pandas 进行数据处理和预处理的技能，为后续的数据分析和建模工作打下坚实基础。

5.1 认识 pandas

5.1.1 pandas 简介

pandas 是一种基于 NumPy 的强大工具，旨在解决数据分析任务。它集成了丰富的库和标准数据模型，为高效地操作大型数据集提供了必要的工具。pandas 提供了丰富的函数和方法，能够快速便捷地处理数据。简而言之，可以将 pandas 视为 Python 版的 Excel。它为数据分析师和科学家们提供了一个灵活且高效的平台，用于数据的清洗、转换、处理和分析。无论是数据的加载、索引、排序，还是聚合、透视和绘图，pandas 都提供了简单而强大的工具。因此，pandas 已成为数据科学领域中不可或缺的一部分，为数据分析工作提供了极大的便利并提升了效率。

5.1.2 pandas 的安装与使用

因为 pandas 是 Python 的第三方库，所以使用前需要先安装。可以打开命令行或终端窗口，直接使用 pip install pandas 命令安装，该命令会自动安装 pandas 及相关组件。在 Python 脚本或交互式环境中，可以使用 import pandas as pd 导入 pandas 库，当后续代码再使用该库时，直接用其简写 pd 即可。

5.2 pandas 语法

在 pandas 库中有两种最基本的数据类型：Series 和 DataFrame。其中，Series 数据类型表示一维数组，与 NumPy 中的一维 array 类似，与 Python 中的基本数据结构 List 也很相似；DataFrame 数据类型代表二维表格型数据结构，可以将其理解为 Series 的容器。

5.2.1 Series 类型

Series 是 pandas 库中的一种数据结构,类似于一维数组或列表,但它附带了索引,可以存储任意数据类型。

1. 创建 Series

创建一个 Series 的基本语法如下:

```
import pandas as pd
s = pd.Series(data, index)
```

其中,参数 data 可以接受列表、数组、字典或标量值作为输入;参数 index 用于指定数据的索引值,类似于字典的 key 或 Excel 中的行标签,该参数是可选的,如果不输入 index,pandas 会自动使用默认索引,通常是整数序列 $[0,1,2,\cdots,\text{len}(\text{data})-1]$。

(1) 用列表创建 Series

【例 5-1】用列表创建 Series 的代码示例。

```
import pandas as pd

countries = ['USA','Nigeria','France','Greece']
my_data = [100,200,300,400]
print(pd.Series(my_data, countries))
```

运行结果如下:

```
USA         100
Nigeria     200
France      300
Greece      400
dtype: int64
```

由运行结果可知,列表 countries 作为索引值,列表 my_data 作为数据值,生成 4 行 2 列数据,数据值的类型为 int64。

(2) 用数组创建 Series

【例 5-2】用数组创建 Series 的代码示例。

```
import pandas as pd
import numpy as np

my_data = [100,200,300,400]
np_arr = np.array(my_data)
print(pd.Series(np_arr))
```

运行结果如下:

```
0    100
1    200
2    300
```

```
    3     400
dtype: int32
```

由运行结果可知,由于没有输入参数 index 的值,所以索引值采用默认值 0~3,my_data 作为数据值,生成 4 行 2 列的数据,数据值的数据类型为 int32。

(3)用字典创建 Series

【例 5-3】用字典创建 Series 的代码示例。

```
import pandas as pd
import numpy as np
my_dict = {'a':58,'b':68,'c':78,'d':88}
print(pd.Series(my_dict))
```

运行结果如下:

```
a    58
b    68
c    78
d    88
dtype: int64
```

由运行结果可知,字典的键'a''b''c''d'作为索引值,字典的值 58、68、78、88 作为数据值,生成 4 行 2 列的数据,数据的数据类型为 int64。

2. Series 数据的索引运算

在 pandas 中,使用 Series 的索引类似于使用字典的键,能够快速定位和提取 Series 中的特定数据,这是一种常见且重要的操作,极大地方便了处理和操作数据中的特定元素。

(1)单个索引运算

用户可以通过索引的方式选择 Series 中的某个值。

【例 5-4】获取 Series 中某个值的代码示例。

```
import pandas as pd
series1 = pd.Series([1,2,3,4],['London','HongKong','Lagos','Mumbai'])
print(series1)
print(series1['London'])
```

运行结果如下:

```
London       1
HongKong     2
Lagos        3
Mumbai       4
dtype: int64
1
```

由运行结果可知,通过索引'London'访问数据,输出其对应的值为 1。

(2)多个索引运算

用户可以通过索引的方式选择 Series 中的多个值。

【例5-5】基于例5-4，获取 Series 中多个值的代码示例。

```
print(series1[['London','Lagos']])
```

运行结果如下：

```
London    1
Lagos     3
dtype: int64
```

由运行结果可知，通过['London','Lagos']选择了 Series 中的两个值。

3. 条件选择运算

在 pandas 中，可以根据条件表达式来筛选出满足条件的数据，并返回一个新的 Series，其中只包含符合条件的元素。这种运算在 pandas 中非常常见，用于根据特定条件选择需要的数据，是数据分析和处理中的重要技术之一。

【例5-6】基于例5-4，在 Series 中进行条件选择运算的代码示例。

```
print(series1[series1>2])
```

运行结果如下：

```
Lagos     3
Mumbai    4
dtype: int64
```

由运行结果可知，语句 series1[series1>2]选择了在 series1 中值大于2的数据。

4. 算术运算

在 pandas 库中除了可以创建和选择 Series 外，还可以对 Series 进行各种数据操作，Series 数据可以进行元素级的算术运算，也可以进行数据级的算术运算。

（1）元素级的算术运算

元素级的算术运算是把 Series 数据中的每一个数值元素与某一个数值进行相应的算术运算。

【例5-7】基于例5-4，在 Series 中进行元素级算术运算的代码示例。

```
print(series1+5)
```

运行结果如下：

```
London      6
HongKong    7
Lagos       8
Mumbai      9
dtype: int64
```

由运行结果可知：series1 数据的每一个元素都与5相加。元素级的减法运算、乘法运算、除法运算及取余运算的计算过程都与此示例相同。

（2）数据级的算术运算

数据级的算术运算过程是根据索引对相应的数据进行计算，结果将会以浮点数的形式存储，以免失去精度。如果在两个 Series 里找不到相同的 index，对应的位置就会返回一个空值 NaN。数据级的算术运算符及含义见表 5-1。

表 5-1　数据级的算术运算符及含义

运算符号	含义
+	将两个 Series 对象对应位置的元素相加
-	将两个 Series 对象对应位置的元素相减
*	将两个 Series 对象对应位置的元素相乘
/	将两个 Series 对象对应位置的元素相除
%	将两个 Series 对象对应位置的元素相取余

【例 5-8】在 Series 中进行加法运算代码示例。

```
import pandas as pd
series1=pd.Series([1,2,3,4],['London','HongKong','Lagos','Mumbai'])
series2=pd.Series([1,3,6,4],['London','Accra','Lagos','Delhi'])
print("series1+series2：\n",series1+series2)
```

运行结果如下：

```
series1+series2：
Accra       NaN
Delhi       NaN
HongKong    NaN
Lagos       9.0
London      2.0
Mumbai      NaN
dtype：float64
```

由运行结果可知，例 5-8 先创建了两个 Series 数据 series1 和 series2，相同索引的数据自动对应，从而进行算术运算。如果在两个 Series 里找不到相同的 index，对应的位置就会返回一个空值 NaN。其他算术运算的过程与此示例相同，不再做讲述。

5.2.2　DataFrame 类型

DataFrame 是一种 pandas 库中的数据结构，用于处理和分析数据。它类似于电子表格或数据库表，可以存储多种类型的数据，并提供了各种功能来操作和分析数据。DataFrame 通常由行和列组成，每一行可以包含不同类型的数据（整数、浮点数、字符串等），并且可以对数据进行索引、筛选、分组和合并等操作。DataFrame 的灵活性使得它成为数据科学和数据分析中常用的工具之一。

1. DataFrame 的创建

（1）用字典创建 DataFrame

可以使用一个字典创建 DataFrame，其中，键表示列名，值表示该列的数据。

【例 5-9】利用字典创建 DataFrame 的代码示例。

```
import pandas as pd
data = {
```

```
            'Name': ['Alice', 'Bob', 'Charlie'],
            'Age': [25, 30, 35],
            'City': ['New York', 'Los Angeles', 'Chicago']
        }
        df = pd.DataFrame(data)
        print(df)
```

运行结果如下:

```
      Name   Age   City
0     Alice   25   New York
1     Bob     30   Los Angeles
2     Charlie 35   Chicago
```

由运行结果可知,此 DataFrame 共有 3 条数据,字典的列名'Name'、'Age'、'City'为 DataFrame 的列名,字典的值表示该列的数据。

(2) 用列表创建 DataFrame

可以使用一个包含列表的列表创建 DataFrame,其中内部列表代表每一行的数据。

【例 5-10】利用列表创建 DataFrame 的代码示例。

```
        import pandas as pd
        data = [
            ['Alice', 25, 'New York'],
            ['Bob', 30, 'Los Angeles'],
            ['Charlie', 35, 'Chicago']
        ]
        df = pd.DataFrame(data, columns=['Name', 'Age', 'City'])
        print(df)
```

运行结果如下:

```
      Name    Age   City
0     Alice    25   New York
1     Bob      30   Los Angeles
2     Charlie  35   Chicago
```

由运行结果可知,三个列表分别构成了 DataFrame 的三个行的值,列名由参数 columns 给出。

(3) 用 NumPy 数组创建 DataFrame

可以使用 NumPy 数组创建 DataFrame。

【例 5-11】利用 NumPy 数组创建 DataFrame 的代码示例。

```
        import numpy as np
        import pandas as pd
        data = np.array([
            ['Alice', 25, 'New York'],
            ['Bob', 30, 'Los Angeles'],
```

```
            ['Charlie', 35, 'Chicago']
])
df = pd.DataFrame(data, columns = ['Name', 'Age', 'City'])
print(df)
```

运行结果如下：

	Name	Age	City
0	Alice	25	New York
1	Bob	30	Los Angeles
2	Charlie	35	Chicago

由运行结果可知，3 行 3 列的数组构成了 DataFrame 的数据值，列名由参数 columns 给出。

（4）用 Series 创建 DataFrame

可以使用 pandas 的 Series 对象创建 DataFrame。

【例 5-12】利用 Series 对象创建 DataFrame 的代码示例。

```
import pandas as pd
s1 = pd.Series(['Alice', 'Bob', 'Charlie'])
s2 = pd.Series([25, 30, 35])
s3 = pd.Series(['New York', 'Los Angeles', 'Chicago'])
df = pd.DataFrame({'Name': s1, 'Age': s2, 'City': s3})
print(df)
```

运行结果如下：

	Name	Age	City
0	Alice	25	New York
1	Bob	30	Los Angeles
2	Charlie	35	Chicago

由运行结果可知，3 个一维数组构成了 DataFrame 的数据值，列名直接给出。

2. DataFrame 的索引与查询

在 DataFrame 中进行索引和查询操作是非常常见的，可以通过列索引、行索引或条件过滤来获取所需的数据。

（1）列索引

对列可以通过单列索引、多列索引、列切片等方式获取列数据。

【例 5-13】基于例 5-12 的单列索引代码示例。

```
names = df['Name']
print(names)
```

运行结果如下：

```
0    Alice
1    Bob
2    Charlie
Name: Name, dtype: object
```

由此运行结果可知，此示例获取了'Name'列数据。

【例 5-14】 基于例 5-12 的多列索引代码示例。

```
name_and_age = df[['Name', 'Age']]
print(name_and_age)
```

运行结果如下：

	Name	Age
0	Alice	25
1	Bob	30
2	Charlie	35

由此运行结果可知，此示例获取了多列数据。

【例 5-15】 基于例 5-12 的列切片代码示例。

```
name_to_city = df.loc[:, 'Name':'City']
print(name_to_city)
```

代码中冒号":"获取所有行，'Name':'City'是一个切片，用于选择从'Name'列到'City'列之间的所有列（包括'Name'和'City'）。运行结果如下：

	Name	Age	City
0	Alice	25	New York
1	Bob	30	Los Angeles
2	Charlie	35	Chicago

由此运行结果可知，此示例获取了连续列数据。

（2）行索引

当需要获取 DataFrame 中的一行数据时，可以使用 loc[ ]按行标签名获取数据，使用 iloc[ ]按照行位置（行索引）获取数据。

【例 5-16】 利用 loc[ ]和 iloc[ ]进行引用代码示例。

```
import pandas as pd

# 创建一个 DataFrame 实例
data = {'A': [1, 2, 3, 4, 5],
        'B': ['apple', 'banana', 'cherry', 'date', 'elderberry']}
df = pd.DataFrame(data, index=['row1', 'row2', 'row3', 'row4', 'row5'])

# 使用 loc[ ]按标签名引用获取一行数据
row_data_label = df.loc['row3']
print("按标签名引用获取的数据:")
print(row_data_label)

# 使用 iloc[ ]按位置引用获取一行数据
row_data_position = df.iloc[2]
```

```
print("\n 按位置引用获取的数据:")
print(row_data_position)
```

运行结果如下:

```
按标签名引用获取的数据:
A        3
B     cherry
Name: row3, dtype: object

按位置引用获取的数据:
A        3
B     cherry
Name: row3, dtype: object
```

在例 5-16 中,展示了如何分别使用 loc[ ] 和 iloc[ ] 根据标签名和位置来获取 DataFrame 中的一行数据。

(3) 条件过滤

在 pandas 的 DataFrame 中,条件过滤是一种强大的数据查询方式,它可以根据特定条件从数据集中选择行和列。

【例 5-17】 利用条件过滤筛选行或列。

```
# 条件过滤:选择年龄大于 28 岁的人
filtered_df = df[df['Age']>28]

# 显示过滤后的 DataFrame
print("\n 年龄大于 28 岁的人:")
print(filtered_df)

# 条件过滤:选择年龄大于 28 岁的人,并只选择'Name'和'City'列
filtered_df = df[df['Age']>28][['Name','City']]

# 显示过滤后的 DataFrame
print("\n 年龄大于 28 岁的人(只选择姓名和城市列):")
print(filtered_df)
```

运行结果如下:

```
年龄大于 28 岁的人:
      Name   Age       City
1      Bob    30  Los Angeles
2  Charlie    35      Chicago

年龄大于 28 岁的人(只选择姓名和城市列):
      Name         City
1      Bob  Los Angeles
2  Charlie      Chicago
```

由运行结果可知,过滤掉了年龄小于或等于28的数据。

3. 元数据访问

在访问DataFrame类型时,可以使用index、columns、values等属性来获取DataFrame的行索引、列标签和数据值等元数据,这些属性提供了访问DataFrame元数据的便捷方式。

index:获取DataFrame的行索引,即行标签的集合。

columns:获取DataFrame的列标签,即列的名称。

values:获取DataFrame中的数据值,以NumPy数组的形式返回。

【例5-18】元数据访问的代码示例。

```
import pandas as pd

# 创建一个DataFrame实例
data = {'A': [1, 2, 3, 4, 5],
        'B': ['apple', 'banana', 'cherry', 'date', 'elderberry']}
df = pd.DataFrame(data, index=['row1', 'row2', 'row3', 'row4', 'row5'])

# 获取DataFrame的行索引
print("行索引:")
print(df.index)

# 获取DataFrame的列标签
print("\n列标签:")
print(df.columns)

# 获取DataFrame中的数据值
print("\n数据值:")
print(df.values)
```

运行结果如下:

```
行索引:
Index(['row1', 'row2', 'row3', 'row4', 'row5'], dtype='object')

列标签:
Index(['A', 'B'], dtype='object')

数据值:
[[1 'apple']
 [2 'banana']
 [3 'cherry']
 [4 'date']
 [5 'elderberry']]
```

4. 条件查询

可使用布尔条件来过滤DataFrame中的数据。

第 5 章　pandas 数据处理与分析

【例 5-19】条件查询的代码示例。

```
import pandas as pd

# 创建一个 DataFrame 实例
data = {'A': [1, 6, 3, 8, 5],
        'B': ['apple', 'banana', 'cherry', 'date', 'elderberry']}
df = pd.DataFrame(data)

# 使用条件查询过滤 DataFrame 中'A'列大于 5 的数据
filtered_df = df[df['A'] > 5]

print("原始 DataFrame:")
print(df)

print("\n根据条件查询后的 DataFrame:")
print(filtered_df)
```

运行结果如下：

```
原始 DataFrame:
   A   B
0  1   apple
1  6   banana
2  3   cherry
3  8   date
4  5   elderberry

根据条件查询后的 DataFrame:
   A   B
1  6   banana
3  8   date
```

5.2.3　DataFrame 数据计算

DataFrame 数据计算是指在 DataFrame 中进行算术计算、统计计算或其他类型的数据操作。在 DataFrame 数据计算过程中，可以使用各种方法和函数对数据进行处理、转换和分析。常见的 DataFrame 数据计算方法见表 5-2。

表 5-2　DataFrame 中的常见方法及含义

类别	方法	含　　义
算术计算	add()	两个 DataFrame 对象进行相加，相当于"+"运算符
	sub()	两个 DataFrame 对象进行相减，相当于"-"运算符
	mul()	两个 DataFrame 对象进行相乘，相当于"*"运算符
	div()	两个 DataFrame 对象进行相除，相当于"/"运算符

(续)

类　　别	方　　法	含　　义
统计计算	mean( )	求 DataFrame 对象每个列的均值
	median( )	求 DataFrame 对象每个列的中位数
	std( )	求 DataFrame 对象每个列的标准差
	max( )	求 DataFrame 对象每个列的最大值
	min( )	求 DataFrame 对象每个列的最小值

【例 5-20】数据运算的代码示例。

```python
import pandas as pd
from sklearn.preprocessing import StandardScaler

# 创建一个 DataFrame 实例
data = {'A': [1, 2, 3, 4, 5],
        'B': [10, 20, 30, 40, 50],
        'C': [100, 200, 300, 400, 500]}
df = pd.DataFrame(data)

# 两个 DataFrame 对象相加
df_sum = df.add(df)

# 两个 DataFrame 对象相减
df_sub = df.sub(df)

# 两个 DataFrame 对象相乘
df_mul = df.mul(df)

# 两个 DataFrame 对象相除
df_div = df.div(df)

# 求 DataFrame 对象每个列的均值
df_mean = df.mean()

# 求 DataFrame 对象每个列的中位数
df_median = df.median()

# 求 DataFrame 对象每个列的标准差
df_std = df.std()

# 求 DataFrame 对象每个列的最大值
df_max = df.max()

# 求 DataFrame 对象每个列的最小值
```

```python
df_min = df.min()

# 将数据按标准化缩放
scaler = StandardScaler()
df_scaled = pd.DataFrame(scaler.fit_transform(df), columns=df.columns)

print("相加结果：")
print(df_sum)
print("\n 相减结果：")
print(df_sub)
print("\n 相乘结果：")
print(df_mul)
print("\n 相除结果：")
print(df_div)
print("\n 均值：")
print(df_mean)
print("\n 中位数：")
print(df_median)
print("\n 标准差：")
print(df_std)
print("\n 最大值：")
print(df_max)
print("\n 最小值：")
print(df_min)
print("\n 标准化后的数据：")
print(df_scaled)
```

运行结果如下：

```
相加结果：
    A    B     C
0   2   20   200
1   4   40   400
2   6   60   600
3   8   80   800
4  10  100  1000

相减结果：
   A  B  C
0  0  0  0
1  0  0  0
2  0  0  0
3  0  0  0
4  0  0  0
```

```
相乘结果:
    A    B      C
0   1    100    10000
1   4    400    40000
2   9    900    90000
3   16   1600   160000
4   25   2500   250000

相除结果:
    A     B     C
0   1.0   1.0   1.0
1   1.0   1.0   1.0
2   1.0   1.0   1.0
3   1.0   1.0   1.0
4   1.0   1.0   1.0

均值:
A    3.0
B    30.0
C    300.0
dtype: float64

中位数:
A    3.0
B    30.0
C    300.0
dtype: float64

标准差:
A    1.581139
B    15.811388
C    158.113883
dtype: float64

最大值:
A    5
B    50
C    500
dtype: int64

最小值:
A    1
B    10
C    100
dtype: int64
```

```
标准化后的数据:
          A          B          C
0  -1.414214  -1.414214  -1.414214
1  -0.707107  -0.707107  -0.707107
2   0.000000   0.000000   0.000000
3   0.707107   0.707107   0.707107
4   1.414214   1.414214   1.414214
```

在例 5-20 中,对自定义的 DataFrame 进行了加减乘除运算、统计计算和标准化等。这些方法的应用可以帮助处理数据并得出有用的信息。

5.3 pandas 读写数据

在进行大数据分析前,数据的读取和写入至关重要。pandas 作为功能强大的数据处理工具,支持多种数据格式,如 csv、xlsx 和 json 等。通过 pandas,可以轻松加载不同格式的数据到数据框中,为接下来的数据清洗、转换、分析和可视化奠定基础。在完成这些操作后,将结果数据写入外部文件或数据库同样很重要。通过 pandas 写入数据,可以保存分析结果、生成报告、创建可视化图表,或实现与其他系统、团队的数据共享。这不仅有助于保留重要信息,还促进了数据流通和进一步应用。pandas 读取和写入数据的有效运用,为数据分析提供了坚实的支撑,推动数据驱动决策的制定和数据价值的发掘。

5.3.1 pandas 读数据

通过使用 pandas 中的各种方法可以将不同格式的数据加载到数据框中,具体方法及含义见表 5-3。

表 5-3 读文件的方法和含义

方　　法	含　　义
read_csv( )	读取 CSV 文件
read_excel( )	读取 Excel 文件
read_json( )	读取 JSON 文件
read_sql( )	从 SQL 数据库中读取数据
read_html( )	从 HTML 文件中读取数据

假设从 2013 年至 2023 年三种产业的 GDP 数据集文件名为 "3GDP.csv",保存在 D 盘根目录下。下面通过设置函数 read_csv( ) 的不同参数读取 CSV 文件内容。

1. 直接读取文件

【例 5-21】直接读取文件代码示例。

```
import pandas as pd

# 读取 CSV 文件并存储为 DataFrame
df = pd.read_csv('d:\\3GDP.csv', encoding='GBK', header=0)
```

```
# 显示 DataFrame 的前几行数据
print(df)
print(df.dtypes)
```

该代码使用 pandas 中的 pd.read_csv() 方法读取了一个名称为"3GDP.csv"的文件,读取的数据类型为 DataFrame。参数 encoding 指定文件的字符编码,'GBK'是中国大陆常用的编码格式,特别是在处理中文内容时。如果文件中的字符使用的是 GBK 编码,则需要指定这个参数,否则可能会导致读取时出现乱码。参数 header 指定文件中哪一行包含列名,header=0 表示第 1 行(索引为 0 的行)包含列名。语句 print(df)表示输出读取的数据,print(df.dtypes)表示查看每列的数据类型。

运行结果如下:

	时间	第一产业(亿元)	第二产业(亿元)	第三产业(亿元)
0	2023	89755.2	482588.5	688238.4
1	2022	88207.0	473789.9	642727.1
2	2021	83216.5	451544.1	614476.4
3	2020	78030.9	383562.4	551973.7
4	2019	70473.6	380670.6	535371.0
5	2018	64745.2	364835.2	489700.8
6	2017	62099.5	331580.5	438355.9
7	2016	60139.2	295427.8	390828.1
8	2015	57774.6	281338.9	349744.7
9	2014	55626.3	277282.8	310654.0
10	2013	53028.1	261951.6	277983.5

```
时间              int64
第一产业(亿元)       float64
第二产业(亿元)       float64
第三产业(亿元)       float64
dtype: object
```

2. 读取时加上列索引

在 pandas 中,header=None 参数用于指定数据文件中不包含列名,因此会将数据的第一行作为数据而不是列名。当使用 header=None 时,pandas 会自动为 DataFrame 分配默认的整数列名,如 0,1,2,…。

【例 5-22】读取时加上列索引代码示例。

```
import pandas as pd

# 读取 CSV 文件并存储为 DataFrame
df = pd.read_csv('d:\\3GDP.csv', encoding='GBK', header=None)

# 显示 DataFrame 的前几行数据
print(df.head())
```

运行结果如下：

	0	1	2	3
0	时间	第一产业（亿元）	第二产业（亿元）	第三产业（亿元）
1	2023	89755.20	482588.50	688238.40
2	2022	88207.00	473789.9	642727.10
3	2021	83216.50	451544.10	614476.40
4	2020	78030.90	383562.40	551973.70

此示例中，head()表示只显示前五行数据。

3. 读取时加上行索引

在 pandas 中，index_col 参数指定了 DataFrame 中的哪一列作为行索引（index），若 index_col=0 表示将第一列作为行索引。默认情况下，pandas 会自动生成一个整数型的行索引，如例 5-22 的运行结果。但如果指定某一列作为行索引，可以使用 index_col 参数来实现。

【例 5-23】读取时加上行索引代码示例。

```
import pandas as pd

# 读取 CSV 文件并存储为 DataFrame
df = pd.read_csv('d:\\3GDP.csv', encoding='GBK', index_col=0)

# 显示 DataFrame 的前几行数据
print(df.head())
```

运行结果如下：

时间	第一产业（亿元）	第二产业（亿元）	第三产业（亿元）
2023	89755.2	482588.5	688238.4
2022	88207.0	473789.9	642727.1
2021	83216.5	451544.1	614476.4
2020	78030.9	383562.4	551973.7
2019	70473.6	380670.6	535371.0

由运行结果可知，时间为行索引。

4. 读取时提取前几行

如果只需读取原始数据的前几行，可以设置参数 nrows 来实现。

【例 5-24】读取时提取前几行的代码示例。

```
import pandas as pd

# 读取 CSV 文件并存储为 DataFrame
df = pd.read_csv('d:\\3GDP.csv', encoding='GBK', nrows=3)

# 显示 DataFrame 的前 3 行数据
print(df)
```

运行结果如下：

	时间	第一产业（亿元）	第二产业（亿元）	第三产业（亿元）
0	2023	89755.2	482588.5	688238.4
1	2022	88207.0	473789.9	642727.1
2	2021	83216.5	451544.1	614476.4

5. 读取时跳过某几行

如果想跳过原始数据的某几行，可以设置参数 skiprows 实现。

【例 5-25】 读取时跳过某几行的代码示例。

```
import pandas as pd

# 读取 CSV 文件并存储为 DataFrame
df = pd.read_csv('d:\\3GDP.csv', encoding='GBK', skiprows=[1,3,5])

# 显示 DataFrame 的所有数据
print(df)
```

运行结果如下：

	时间	第一产业（亿元）	第二产业（亿元）	第三产业（亿元）
0	2022	88207.0	473789.9	642727.1
1	2020	78030.9	383562.4	551973.7
2	2018	64745.2	364835.2	489700.8
3	2017	62099.5	331580.5	438355.9
4	2016	60139.2	295427.8	390828.1
5	2015	57774.6	281338.9	349744.7
6	2014	55626.3	277282.8	310654.0
7	2013	53028.1	261951.6	277983.5

由运行结果可知，显示的结果跳过了第 1、3 和 5 行的数据，由原来的 11 行数据变成了 8 行数据。

6. 读取含有缺失值的文件

使用 pandas 读取文件时，会默认将 NA、NULL 等当作缺失值，并默认使用 NaN 进行代替。

假设带有缺失值 NULL 的 GDP 存放在 D 盘根目录下的 3_NULL_GDP.csv 文件中，读取代码如下：

```
import pandas as pd

# 读取 CSV 文件并存储为 DataFrame
df = pd.read_csv('d:\\3_NULL_GDP.csv', encoding='GBK')

# 显示 DataFrame 的所有数据
print(df)
```

运行结果如下：

```
     时间    第一产业(亿元)   第二产业(亿元)   第三产业(亿元)
0    2023    89755.2        482588.5        688238.4
1    2022    88207.0        473789.9        642727.1
2    2021    83216.5        451544.1        614476.4
3    2020    78030.9        383562.4        551973.7
4    2019    70473.6        380670.6        535371.0
5    2018    64745.2        364835.2        489700.8
6    2017    NaN            331580.5        438355.9
7    2016    60139.2        295427.8        NaN
8    2015    57774.6        281338.9        349744.7
9    2014    55626.3        277282.8        310654.0
10   2013    53028.1        NaN             277983.5
```

由运行结果可知，3个缺失值NULL全部默认为NaN。

其他类型文件的读取方式与CSV文件的读取方式基本相同，这里不再赘述。

5.3.2 pandas写数据

与读取数据的方法类似，pandas也提供了一系列对应的写入数据的方法，以便将DataFrame数据写入不同的数据格式中。一些常用的写入数据的方法及含义见表5-4。

表5-4 常用的写数据的方法及含义

方法	含义
to_csv( )	用于将DataFrame写入CSV文件
to_excel( )	用于将DataFrame写入Excel文件
to_json( )	用于将DataFrame写入JSON文件
to_sql( )	用于将DataFrame写入SQL数据库

to_csv( )方法的常用参数及含义见表5-5。

表5-5 to_csv( )方法的常用参数及含义

参数	含义
path_or_buf	指定要写入的文件路径或文件对象
sep	指定字段之间的分隔符，默认为逗号','
index	是否将行索引写入文件，默认为True
header	是否将列名写入文件，默认为True
columns	指定要写入的列，可以是列名列表
index_label	行索引的列名
mode	写入模式，如'w'表示写入（覆盖），'a'表示追加
encoding	指定文件编码格式，如'utf-8'

【例5-26】基于例5-21的写入代码示例。

```
df.to_csv('d:\\output.csv', index=False)
```

此示例不会将行索引写入文件。

5.4 使用 pandas 进行数据预处理

5.4.1 合并数据

DataFrame 提供了许多合并数据的方法及含义,具体见表 5-6。

表 5-6 合并数据的方法及含义

方法	含义
merge()	根据一个或多个键将不同 DataFrame 中的行连接起来,类似于 SQL 中的 JOIN 操作
sort_index()	按照索引对 DataFrame 进行排序
concat()	沿着指定轴将多个 DataFrame 或 Series 连接在一起,可以按行或列进行连接
append()	将另一个 DataFrame 的行附加到当前 DataFrame 的末尾
join()	通过索引将两个 DataFrame 水平连接在一起,类似于 merge(),但是使用索引作为连接键
combine_first()	将两个 DataFrame 中的数据合并在一起,相同位置上的缺失值用另一个 DataFrame 中的数据填充

1. 横向表堆叠

横向表堆叠即将两个表沿 x 轴连接在一起,可以使用 concat() 函数完成,concat() 函数的基本语法如下:

> pandas.concat(objs, axis = 0, join = 'outer', ignore_index = False, keys = None, levels = None, names = None, verify_integrity = False, copy = True)。

concat() 的参数及含义见表 5-7。

表 5-7 concat() 的参数及含义

参数	含义
objs	表示参与连接的 pandas 对象(如 DataFrame 或 Series)的列表或字典,无默认值
axis	指定沿着哪个轴进行连接。默认是 0,即沿着行的方向进行连接;为 1 时表示沿列的方向连接
join	指定连接的方式。默认是'outer',表示取并集;选择'inner',表示取交集
ignore_index	类型为布尔值。如果设为 True,则拼接后的 DataFrame 将忽略原有的索引,重新生成整数索引(从 0 开始)。默认值为 False,保持原有索引
keys	类型为 list。用于构建层次化索引的键。如果提供,将在拼接后的 DataFrame 中为每个拼接的对象添加对应的键。默认为 None
levels	类型为 list。用作层次化索引各层级的标记。默认为 None
names	类型为 list。用作层次化索引各层级的名称。默认为 None
verify_integrity	类型为布尔值。如果设置为 True,则在拼接时检查是否有重复的索引。若发现重复,函数会抛出错误。默认值为 False
copy	类型为布尔值。如果设置为 True(默认值),则拼接会创建一个新对象的副本;如果设置为 False,则可能会返回原始对象的引用

当参数 axis = 1 时,concat() 函数会按行对齐,将具有不同列名称的两张或多张表横向合并。当两个表的索引不完全一致时,可以使用 join 参数来选择连接方式:内连接(inner)或外连接(outer)。在内连接的情况下,结果将只保留索引重叠部分的数据;而在外连接的

情况下，则会显示所有索引的并集，缺失的部分会用空值（NaN）填充。

无论 join 参数取值是 inner 还是 outer，结果都是将两个表完全按照横轴（x 轴）拼接起来。这样可以将不同表的数据整合在一起，方便进行分析和处理。

【例 5-27】 concat( ) 函数实现横向堆叠的代码示例。

```python
import pandas as pd

# 创建两个 DataFrame 实例
df1 = pd.DataFrame({'A': [1, 2, 3], 'B': [4, 5, 6]}, index=['X', 'Y', 'Z'])
df2 = pd.DataFrame({'A': [7, 8, 9], 'C': [10, 11, 12]}, index=['Y', 'Z', 'W'])

print("df1:")
print(df1)
print("df2:")
print(df2)
# 使用 concat( ) 函数进行横向合并，axis=1 表示按列合并
result_inner = pd.concat([df1, df2], axis=1, join='inner')   # 内连接
result_outer = pd.concat([df1, df2], axis=1, join='outer')   # 外连接

print("内连接结果:")
print(result_inner)

print("\n外连接结果:")
print(result_outer)
```

运行结果如下：

```
df1:
   A  B
X  1  4
Y  2  5
Z  3  6
df2:
   A   C
Y  7  10
Z  8  11
W  9  12
内连接结果:
   A  B  A   C
Y  2  5  7  10
Z  3  6  8  11

外连接结果:
     A    B    A    C
X  1.0  4.0  NaN  NaN
```

```
            Y    2.0   5.0   7.0   10.0
            Z    3.0   6.0   8.0   11.0
            W    NaN   NaN   9.0   12.0
```

2. 纵向表堆叠

(1) concat()方法

使用concat()方法时,在默认情况下(axis=0),concat()会进行列对齐,即将不同行索引的两张或多张表纵向合并。当这两张表的列名不完全相同时,可以通过join参数来控制合并的方式。

- 当join参数设置为inner时,返回的结果仅包含列名交集所代表的列,即只有在两张表中都存在的列会被保留。
- 当join参数设置为outer时,返回的是两张表的列名并集所代表的列,缺失的部分会用空值(NaN)填充。

无论join参数取值为inner还是outer,最终的结果都是将这两张表完全按照y轴(纵向)拼接在一起。

【例5-28】concat()函数实现纵向堆叠的代码示例。

```python
import pandas as pd

# 创建两个 DataFrame 实例
df1 = pd.DataFrame({'A': [1, 2, 3], 'B': [4, 5, 6]}, index=['X', 'Y', 'Z'])
df2 = pd.DataFrame({'A': [7, 8, 9], 'C': [10, 11, 12]}, index=['Y', 'Z', 'W'])
print("df1:")
print(df1)
print("df2:")
print(df2)

# 使用concat()函数进行纵向合并,axis=0 表示按行合并
result_inner = pd.concat([df1, df2], axis=0, join='inner')   # 内连接
result_outer = pd.concat([df1, df2], axis=0, join='outer')   # 外连接

print("内连接结果:")
print(result_inner)
print("\n外连接结果:")
print(result_outer)
```

运行结果如下:

```
df1:
    A   B
X   1   4
Y   2   5
Z   3   6
```

```
df2:
       A   C
   Y   7   10
   Z   8   11
   W   9   12
内连接结果:
       A
   X   1
   Y   2
   Z   3
   Y   7
   Z   8
   W   9

外连接结果:
       A   B     C
   X   1   4.0   NaN
   Y   2   5.0   NaN
   Z   3   6.0   NaN
   Y   7   NaN   10.0
   Z   8   NaN   11.0
   W   9   NaN   12.0
```

(2) append( )方法

append( )方法也可以用于纵向合并两张表。但是 append( )方法实现纵向表堆叠有一个前提条件，那就是两张表的列名需要完全一致。append( )方法的基本语法如下：

pandas.DataFrame.append(self, other, ignore_index = False, verify_integrity = False)

append( )方法的常用参数及含义见表 5-8。

表 5-8 append( )方法的常用参数及含义

参数名称	含 义
self	调用 append( )方法的 DataFrame 对象，即要在其后追加另一个 DataFrame 的对象
other	要追加到当前 DataFrame 的另一个 DataFrame 对象
ignore_index	如果为 True，则在附加操作中忽略原始索引，生成新的整数索引。默认为 False，保留原有索引
verify_integrity	如果设置为 True，则在追加数据时会检查是否存在重复的索引。如果出现重复索引，方法将抛出一个错误。默认值为 False，即不进行完整性检查

【例 5-29】append( )方法实现纵向堆叠的代码示例。

```
import pandas as pd

# 创建两个 DataFrame 实例
df1 = pd.DataFrame({'A': [1, 2, 3], 'B': [4, 5, 6]}, index = ['X', 'Y', 'Z'])
df2 = pd.DataFrame({'A': [7, 8, 9], 'B': [10, 11, 12]}, index = ['W', 'X', 'Y'])
```

```
print("df1:")
print(df1)
print("df2:")
print(df2)

# 使用append()方法进行纵向合并,要求列名完全一致
result = df1.append(df2)    # 若不适合高版本,把此行代码改为result=df1._append(df2)
print("\n连接结果:")
print(result)
```

运行结果如下:

```
df1:
   A  B
X  1  4
Y  2  5
Z  3  6
df2:
   A  B
W  7  10
X  8  11
Y  9  12

连接结果:
   A  B
X  1  4
Y  2  5
Z  3  6
W  7  10
X  8  11
Y  9  12
```

3. 主键合并数据

主键合并是通过一个或多个键将两个数据集的行连接起来,类似于 SQL 语句中的 JOIN。针对同一个主键存在两张包含不同字段的表,将其根据某几个字段一一对应拼接起来,结果集列数为两个元数据的列数和减去连接键的数量。

(1) merge()方法

与数据库的 JOIN 一样,merge()方法也有左连接(left)、右连接(right)、内连接(inner)和外连接(outer),但比起数据库 SQL 语句中的 JOIN,merge()方法,还有其自身独到之处,例如,可以在合并过程中对数据集中的数据进行排序等。merge()语法如下:

pandas.merge(left, right, how='inner', on=None, left_on=None, right_on=None, left_index=False, right_index=False, sort=False, suffixes=('_x','_y'))

merge()方法的参数及含义见表 5-9。

表 5-9　merge( )方法的参数及含义

参　　数	含　　义
left	接收 DataFrame 或 Series。表示在左侧添加的新数据。无默认
right	接收 DataFrame 或 Series。表示在右侧添加的新数据。无默认
how	定义合并方式,包括'left'、'right'、'outer'、'inner'。默认为'inner'
on	接收 string 或 sequence。表示两个数据合并的主键（必须一致）。默认为 None
left_on	接收 string 或 sequence。表示 left 参数接收数据用于合并的主键。默认为 None
right_on	接收 string 或 sequence。表示 right 参数接收数据用于合并的主键。默认为 None
left_index	接收 boolean。表示是否将 left 参数接收数据的 index 用于连接的主键。默认为 False
right_index	接收 boolean。表示是否将 right 参数接收数据的 index 用于连接的主键。默认为 False
sort	接收 boolean。表示是否根据连接键对合并的数据进行排序。默认为 False
suffixes	接收 tuple。表示为 left 和 right 参数接收数据重叠列名指定尾缀。默认为('_x', '_y')

【例 5-30】merge( )方法实现主键合并的代码示例。

```
import pandas as pd

# 创建两个 DataFrame 实例
left_df = pd.DataFrame({'key': ['A', 'B', 'C', 'D'], 'value_left': [1, 2, 3, 4]})
right_df = pd.DataFrame({'key': ['B', 'C', 'D', 'E'], 'value_right': [5, 6, 7, 8]})
print("left_df:")
print(left_df)
print("\nright_df: ")
print(right_df)

# 使用 merge( )方法进行内连接(默认)
result_inner = pd.merge(left_df, right_df, on='key', how='inner')

# 使用 merge( )方法进行外连接
result_outer = pd.merge(left_df, right_df, on='key', how='outer')

print("\n 内连接结果:")
print(result_inner)

print("\n 外连接结果:")
print(result_outer)
```

运行结果如下:

```
left_df：
    key  value_left
0    A           1
1    B           2
```

```
            2      C        3
            3      D        4

        right_df：
                key       value_right
            0    B         5
            1    C         6
            2    D         7
            3    E         8

        内连接结果：
                key      value_left    value_right
            0    B         2             5
            1    C         3             6
            2    D         4             7

        外连接结果：
                key      value_left    value_right
            0    A         1.0           NaN
            1    B         2.0           5.0
            2    C         3.0           6.0
            3    D         4.0           7.0
            4    E         NaN           8.0
```

（2）join()方法

join()方法也可以实现部分主键合并功能，但是 join()方法使用时，两个主键的名字必须相同。join()方法语法如下：

> pandas.DataFrame.join(self, other, on = None, how = 'left', lsuffix = '', rsuffix = '', sort = False)

join()方法的参数及含义见表 5-10。

表 5-10 join()方法的参数及含义

参数名称	含 义
self	调用 join()方法的 DataFrame 对象
other	要连接的另一个 DataFrame 对象
on	用于连接的列名。如果未提供，会使用两个 DataFrame 中的索引
how	定义连接的方式，指定合并的方式。可选择参数如下： 'left'（默认）：以左侧 DataFrame 的索引为基准，返回左侧所有行。 'right'：以右侧 DataFrame 的索引为基准，返回右侧所有行。 'outer'：返回两个 DataFrame 的并集，缺失部分用 NaN 填充。 'inner'：返回两个 DataFrame 的交集，仅保留共同的索引
lsuffix	如果需要区分重叠列，可以为左侧 DataFrame 列名添加后缀。默认为''
rsuffix	如果需要区分重叠列，可以为右侧 DataFrame 列名添加后缀。默认为''
sort	是否按照连接键对结果进行排序。默认为 False

【例 5-31】 join( )方法实现主键合并的代码示例。

```python
import pandas as pd

# 创建两个 DataFrame 实例
left_df = pd.DataFrame({'key': ['A', 'B', 'C', 'D'], 'value_left': [1, 2, 3, 4]})
right_df = pd.DataFrame({'key': ['B', 'C', 'D', 'E'], 'value_right': [5, 6, 7, 8]})
print("left_df:")
print(left_df)
print("\nright_df:")
print(right_df)

# 使用 join( )方法进行左连接(默认)
result_left = left_df.join(right_df.set_index('key'), on='key', how='left', lsuffix='_left', rsuffix='_right')

# 使用 join( )方法进行右连接
result_right = left_df.join(right_df.set_index('key'), on='key', how='right', lsuffix='_left', rsuffix='_right')

print("\n 左连接结果:")
print(result_left)

print("\n 右连接结果:")
print(result_right)
```

代码 result_left=left_df.set_index('key').join(right_df.set_index('key'), how='left', lsuffix='_left', suffix='_right')通过将两个 DataFrame ('left_df'和'right_df') 的'key'列设置为索引,然后使用 join( )方法进行左连接,生成一个新的 DataFrame(result_left)。左连接的方式确保了 left_df 中的所有行都被保留,在 right_df 中找不到的匹配项时,用 NaN 填充。如果在连接的 DataFrame 中存在同名列,lsuffix='_left'和 rsuffix='_right'参数将分别为来自左侧和右侧 DataFrame 的列名添加后缀,以避免冲突。最终,result_left 包含了左侧 DataFrame 的所有数据及与右侧 DataFrame 中匹配的相关数据。

代码 result_right=left_df.set_index('key').join(right_df.set_index('key'), how='right', lsuffix='_left', suffix='_right')的作用是将两个 DataFrame (left_df 和 right_df) 进行右连接,并将结果存储在 result_right 变量中。通过 left_df.set_index('key')和 right_df.set_index('key'),将两个 DataFrame 的'key'列设置为索引。这意味着在后续的连接操作中,连接将基于这些索引进行匹配。接着,使用 join( )方法进行右连接 (how='right'),这表示返回 right_df 中的所有行,并根据索引('key'列) 与 left_df 进行匹配。如果在 left_df 中找不到对应的 key,则相关列将用 NaN 填充。此外,lsuffix='_left'和 rsuffix='_right'参数用于处理可能的列名冲突。如果 left_df 和 right_df 中存在同名列(除了连接用的索引列),则 left_df 的列名后将添加_left 后缀,而 right_df 的列名后将添加_right 后缀,以避免重复。最终,result_right 将包含右侧 DataFrame 的所有数据和与左侧 DataFrame 中匹配的相关数据,未找到匹配的行将在 left_df 的对应列中显示为 NaN。

运行结果如下：

```
left_df:
    key   value_left
0   A     1
1   B     2
2   C     3
3   D     4


right_df:
    key   value_right
0   B     5
1   C     6
2   D     7
3   E     8


左连接结果：
    key   value_left   value_right
0   A     1            NaN
1   B     2            5.0
2   C     3            6.0
3   D     4            7.0


右连接结果：
     key   value_left   value_right
1.0  B     2.0          5
2.0  C     3.0          6
3.0  D     4.0          7
NaN  E     N            8
```

4. 重叠数据合并

在数据分析和处理过程中若出现两份数据的内容几乎一致，但是某些特征在其中一张表上是完整的，而在另外一张表上的数据缺失的情况，可以用 combine_first() 方法进行重叠数据合并。其语法如下：

```
pandas.DataFrame.combine_first(other)
```

其中，参数 other 接收 DataFrame。表示参与重叠合并的另一个 DataFrame。无默认。

【例 5-32】combine_first() 方法实现重叠合并的代码示例。

```
import pandas as pd

# 创建 DataFrame 实例
df1 = pd.DataFrame({'A': [1, 2, None], 'B': [4, None, 6], 'C': [7, 8, 9]})
df2 = pd.DataFrame({'A': [10, None, 12], 'B': [None, 14, 15], 'C': [16, 17, None]})
```

```
print("df1:")
print(df1)
print("\ndf2:")
print(df2)

# 使用 combine_first() 方法填充缺失值
result = df1.combine_first(df2)

print("\n合并后的结果:")
print(result)
```

运行结果如下:

```
df1:
     A    B  C
0  1.0  4.0  7
1  2.0  NaN  8
2  NaN  6.0  9

df2:
      A     B     C
0  10.0   NaN  16.0
1   NaN  14.0  17.0
2  12.0  15.0   NaN

合并后的结果:
      A     B    C
0   1.0   4.0  7.0
1   2.0  14.0  8.0
2  12.0   6.0  9.0
```

例 5-32 中将 df2 中的值填充到 df1 中的缺失值位置,生成一个新的 DataFrame。

5.4.2 缺失值处理

DataFrame 提供了许多数据转换和缺失值的处理方法及含义,具体见表 5-11。

表 5-11 数据转换和缺失值处理的方法及含义

类别	方法	含义
数据转换	astype()	用于将数据转换为指定的数据类型
	StandardScaler()	将数据按均值为 0、标准差为 1 的方式进行缩放
	apply()	对行或列应用自定义函数,以实现数据的逐元素操作或整列操作
缺失值	fillna()	用指定值或方法填充缺失值,保证数据完整性
	dropna()	删除包含缺失值的行或列,可根据实际情况选择删除
	replace()	替换 DataFrame 中的特定值,可用于替换缺失值、异常值或其他值

(续)

类别	方法	含义
缺失值	map( )	对 DataFrame 中的元素进行映射转换,将指定值映射为其他值,可以根据自定义映射函数进行转换
	cut( )	将连续型数据分段为离散型数据,可用于数据分桶等操作
	get_dummies( )	对分类变量进行独热编码,转换为 0 和 1 的二元特征
	drop( )	删除指定行或列,用于数据清洗和特征选择

【例 5-33】数据转换和缺失值处理的代码示例。

```python
import pandas as pd
import numpy as np
from sklearn.preprocessing import StandardScaler

# 创建 DataFrame 实例
data = {'A': [1, 2, np.nan, 4, 5],
        'B': ['apple', 'banana', 'cherry', 'date', 'elderberry'],
        'C': [10, 20, 30, np.nan, 50]}
df = pd.DataFrame(data)

# 将数据类型转换为指定的数据类型
df['A'] = df['A'].astype(float)

# 使用均值填充缺失值
df['C'] = df['C'].fillna(df['C'].mean())

# 删除包含缺失值的行
df_dropped = df.dropna()

# 替换特定值
df['B'] = df['B'].replace('cherry', 'grape')

# 对元素进行映射转换
df['B_mapped'] = df['B'].map({'apple': 0, 'banana': 1, 'grape': 2, 'date': 3, 'elderberry': 4})

# 对连续型数据进行分段
df['A_cut'] = pd.cut(df['A'], bins=[0, 2, 4, 6], labels=['Low', 'Medium', 'High'])

# 对分类变量进行独热编码
df_dummies = pd.get_dummies(df['B'])

# 将数据按均值为 0、标准差为 1 的方式进行缩放
scaler = StandardScaler()
```

```
df_scaled = pd.DataFrame(scaler.fit_transform(df[['A', 'C']]), columns=['A_scaled', 'C_scaled'])

print("转换后的 DataFrame:")
print(df)
print("\n 删除缺失值后的 DataFrame:")
print(df_dropped)
print("\n 独热编码后的 DataFrame:")
print(df_dummies)
print("\n 标准化后的 DataFrame:")
print(df_scaled)
```

C 列在定义时为整型,在用均值填充空值时,pandas 会自动转换为浮点数进行均值计算,所以 C 列的数据也会自动转换为浮点数。运行结果如下:

```
转换后的 DataFrame:
     A       B          C     B_mapped  A_cut
0   1.0   apple       10.0    0         Low
1   2.0   banana      20.0    1         Low
2   NaN   grape       30.0    2         NaN
3   4.0   date        27.5    3         Medium
4   5.0   elderberry  50.0    4         High

删除缺失值后的 DataFrame:
     A       B          C
0   1.0   apple       10.0
1   2.0   banana      20.0
3   4.0   date        27.5
4   5.0   elderberry  50.0

独热编码后的 DataFrame:
     apple  banana  date  elderberry  grape
0    1      0       0     0           0
1    0      1       0     0           0
2    0      0       0     0           1
3    0      0       1     0           0
4    0      0       0     1           0

标准化后的 DataFrame:
     A_scaled     C_scaled
0   -1.264911    -1.322876
1   -0.632456    -0.566947
2    NaN          0.188982
3    0.632456     0.000000
4    1.264911     1.700840
```

5.4.3 排序和汇总

DataFrame 提供了很多排序和汇总方法，部分排序和汇总方法及含义见表 5-12。

表 5-12 部分排序和汇总方法及含义

类别	方法	含义
排序	sort_values()	按照指定的一个或多个列对 DataFrame 进行排序
	sort_index()	按照索引对 DataFrame 进行排序
汇总	count()	计算 DataFrame 中每列数据的非缺失值个数
	describe()	生成 DataFrame 中每列数据的统计描述信息，包括计数、均值、标准差、最小值、四分位数和最大值

【例 5-34】排序和汇总的代码示例。

```
import pandas as pd

# 创建 DataFrame 实例
data = {'A': [4, 2, 1, 3, 5],
        'B': [10, 30, 20, 50, 40],
        'C': [100, 200, 300, 400, 500]}
df = pd.DataFrame(data)

# 按照列 'A' 进行升序排序
df_sorted = df.sort_values(by='A')

# 按照列 'B' 进行降序排序
df_sorted_descending = df.sort_values(by='B', ascending=False)

# 按照索引进行排序
df_sorted_index = df.sort_index()

# 计算每列数据的和
df_sum = df.sum()

# 计算每列数据的平均值
df_mean = df.mean()

# 计算每列数据的中位数
df_median = df.median()

# 计算每列数据的最小值
df_min = df.min()

# 计算每列数据的最大值
```

```python
df_max = df.max()

# 计算每列数据的非缺失值个数
df_count = df.count()

# 生成每列数据的统计描述信息
df_describe = df.describe()

print("排序后的 DataFrame：")
print(df_sorted)
print("\n按照指定列降序排序的 DataFrame：")
print(df_sorted_descending)
print("\n按照索引排序的 DataFrame：")
print(df_sorted_index)
print("\n每列数据的和：")
print(df_sum)
print("\n每列数据的平均值：")
print(df_mean)
print("\n每列数据的中位数：")
print(df_median)
print("\n每列数据的最小值：")
print(df_min)
print("\n每列数据的最大值：")
print(df_max)
print("\n每列数据的非缺失值个数：")
print(df_count)
print("\n每列数据的统计描述信息：")
print(df_describe)
```

运行结果如下：

```
排序后的 DataFrame：
   A   B    C
2  1  20  300
1  2  30  200
3  3  50  400
0  4  10  100
4  5  40  500

按照指定列降序排序的 DataFrame：
   A   B    C
3  3  50  400
4  5  40  500
1  2  30  200
```

```
2    1    20   300
0    4    10   100
```

按照索引排序的 DataFrame：
```
     A    B    C
0    4    10   100
1    2    30   200
2    1    20   300
3    3    50   400
4    5    40   500
```

每列数据的和：
```
A      15
B     150
C    1500
dtype: int64
```

每列数据的平均值：
```
A      3.0
B     30.0
C    300.0
dtype: float64
```

每列数据的中位数：
```
A      3.0
B     30.0
C    300.0
dtype: float64
```

每列数据的最小值：
```
A      1
B     10
C    100
dtype: int64
```

每列数据的最大值：
```
A      5
B     50
C    500
dtype: int64
```

每列数据的非缺失值个数：
```
A    5
```

```
        B     5
        C     5
        dtype：int64

        每列数据的统计描述信息：
                    A           B            C
        count    5.000000    5.000000     5.000000
        mean     3.000000    30.000000    300.000000
        std      1.581139    15.811388    158.113883
        min      1.000000    10.000000    100.000000
        25%      2.000000    20.000000    200.000000
        50%      3.000000    30.000000    300.000000
        75%      4.000000    40.000000    400.000000
        max      5.000000    50.000000    500.000000
```

例 5-34 演示了如何使用 sort_values( ) 和 sort_index( ) 方法对 DataFrame 进行排序，以及如何使用 sum( )、mean( )、median( )、min( )、max( )、count( ) 和 describe( ) 方法对 DataFrame 进行汇总。这些方法可以对数据进行排序、汇总，从而获取有关数据的统计信息。

5.5　统计分析

本节主要介绍使用 pandas 进行分组聚合和数据分析的基本方法。通过 groupby( )、agg( ) 和 transform( ) 共 3 种方法，可以灵活地对数据进行分组、聚合和转换，以满足不同的分析需求。介绍透视表和交叉表的创建方法，透视表用于多维度的数据聚合与分析，而交叉表则展示分类变量之间的频率或总和，便于进行比较与模式识别。这些工具为数据处理与分析提供了强大和灵活的支持。

5.5.1　分组聚合运算

pandas 提供了三种方法用于分组聚合运算：groupby( )、agg( ) 和 transform( )。groupby( ) 用于将数据分组，可以根据一个或多个列的值将 DataFrame 划分为不同的组。agg( ) 用于对分组后的数据进行聚合，它返回的是汇总结果，通常用于计算每个组的统计量，如总和、均值等。transform( ) 用于对分组后的数据进行转换，返回的结果与原始数据的形状相同。这通常用于计算统计值并将其应用于原始数据，使得每行都能保持与分组相关的计算结果。这三种方法可以结合使用，灵活地进行数据的分组、聚合和转换，从而满足多种分析需求。

1. 使用 groupby( ) 方法分组

该方法提供的是分组聚合步骤中的拆分功能，能根据索引或字段对数据进行分组。其常用参数与使用格式如下：

> DataFrame.groupby(by = None, axis = 0, level = None, as_index = True, sort = True, group_keys = True, squeeze = False，**kwargs)

groupby( ) 方法的参数及含义见表 5-13。

表 5-13 groupby( )方法的参数及含义

参数名称	含义
by	接收 list、string、mapping 或 generator。用于确定进行分组的依据。可以是列名、函数、字典或数组等。无默认
axis	接收 int。表示操作的轴向，0 表示按行分组，1 表示按列分组。默认为 0
level	接收 int 或索引名。代表标签所在级别。默认为 None，适用于多层索引的情况
as_index	接收 boolean。表示聚合后的聚合标签是否以 DataFrame 索引形式输出。默认为 True，即返回的 DataFrame 以分组字段作为索引
sort	接收 boolean。表示是否对分组标签进行排序。默认为 True
group_keys	接收 boolean。表示是否显示分组标签的名称。默认为 True
squeeze	接收 boolearn。表示是否在允许的情况下对返回数据进行降维。默认为 False
**kwargs	额外的参数，传递给分组操作中的聚合函数

使用 groupby( )方法对数据进行分组后，结果并不会直接显示具体的内容，而是存储在内存中，返回的是指向该对象的内存地址。实际上，分组后的数据对象 groupby 类似于 Series 和 DataFrame，是 pandas 提供的一种特殊对象。groupby 对象提供了多种方法，用于快速获取分组数据的统计特征。一些常用的描述统计方法及含义，如表 5-14 所示。

表 5-14 groupby( )方法及含义

方法名称	含义	方法名称	含义
count( )	计算分组的数目，包括缺失值	cumcount( )	对每个分组中的组员进行标记，$0 \sim n-1$
head( )	返回每组的前 n 个值	size( )	返回每组的大小
max( )	返回每组最大值	min( )	返回每组最小值
mean( )	返回每组的均值	std( )	返回每组的标准差
median( )	返回每组的中位数	sum( )	返回每组的和

【例 5-35】groupby( )方法的用法示例。

首先，创建一个包含客户订单信息的 DataFrame，如下所示：

```
import pandas as pd

# 创建示例数据
data = {
    'customer_id':[1, 2, 1, 3, 2, 4, 3, 5, 5],
    'order_amount':[150.0, 100.0, 200.0, 300.0, 50.0, 400.0, 150.0, 200.0, 100.0],
    'order_date':['2025-01-20', '2025-02-20', '2025-02-15', '2025-03-10', '2025-03-01',
                  '2025-03-25', '2025-04-10', '2025-04-15', '2025-04-20'],
    'status':['完成', '完成', '完成', '完成', '待发货', '完成', '完成', '取消', '完成']
}

df = pd.DataFrame(data)
print("原始数据：")
print(df)
```

运行结果如下：

```
原始数据：
   customer_id  order_amount  order_date  status
0            1         150.0  2025-01-20    完成
1            2         100.0  2025-02-20    完成
2            1         200.0  2025-02-15    完成
3            3         300.0  2025-03-10    完成
4            2          50.0  2025-03-01   待发货
5            4         400.0  2025-03-25    完成
6            3         150.0  2025-04-10    完成
7            5         200.0  2025-04-15    取消
8            5         100.0  2025-04-20    完成
```

（1）基本分组操作

按 customer_id 分组并计算每位客户的总订单金额，代码如下：

```
total_amount_per_customer = df.groupby('customer_id')['order_amount'].sum().reset_index()
total_amount_per_customer.columns = ['customer_id', 'total_order_amount']
print("\n每位客户的总订单金额：")
print(total_amount_per_customer)
```

代码 total_amount_per_customer = df.groupby('customer_id')['order_amount'].sum().reset_index() 的作用如下。

- df.groupby('customer_id')：将 DataFrame df 根据'customer_id'列的值进行分组。也就是说，具有相同 customer_id 的行将被聚集到一起。
- ['order_amount']：在分组的基础上，选择'order_amount'列。这意味着接下来要计算每个客户的订单金额。
- sum()：对于每个分组（每个 customer_id），计算'order_amount'列的总和。结果是一个新的 Series，其中索引是 customer_id，值是对应的总订单金额。
- reset_index()：将计算的结果转换为一个新的 DataFrame，并重置索引。这样，customer_id 将成为 DataFrame 的一列，而不是索引。

代码 total_amount_per_customer.columns = ['customer_id', 'total_order_amount'] 的作用如下。

- total_amount_per_customer.columns = [……]：用于重命名 DataFrame 的 total_amount_per_customer 列。
- ['customer_id', 'total_order_amount']：将第 1 列重命名为 customer_id，第 2 列重命名为 total_order_amount。这样做的目的是使列名更加明确和易于理解。

综上所述，这两行代码的整体作用是从 DataFrame df 中计算每个客户的总订单金额，并将结果存储在一个新的 DataFrame total_amount_per_customer 中，其中包含两个列：customer_id 和 total_order_amount。运行结果如下：

```
每位客户的总订单金额：
   customer_id  total_order_amount
```

0	1	350.0
1	2	150.0
2	3	450.0
3	4	400.0
4	5	300.0

(2) 多重分组

按 customer_id 和 status 分组，计算每种状态下的总订单金额，代码如下：

```
total_amount_per_status = df.groupby(['customer_id','status'])['order_amount'].sum().reset_index()
print("\n每位客户每种状态的总订单金额：")
print(total_amount_per_status)
```

运行结果如下：

每位客户每种状态的总订单金额：

	customer_id	status	order_amount
0	1	完成	350.0
1	2	完成	100.0
2	2	待发货	50.0
3	3	完成	450.0
4	4	完成	400.0
5	5	取消	200.0
6	5	完成	100.0

(3) 使用 size() 和 count() 方法

下面利用 size() 方法获取每个分组的大小，利用 count() 方法获取每个分组的有效订单数量（不包括缺失值），具体代码实现如下：

```
# 使用 size() 方法获取每个分组的大小
size_per_customer = df.groupby('customer_id').size().reset_index(name='order_count')
print("\n每位客户的订单数量（使用 size() 方法）：")
print(size_per_customer)

# 使用 count() 方法获取每个分组的有效订单数量（不包括缺失值）
count_per_customer = df.groupby('customer_id')['order_amount'].count().reset_index(name='valid_order_count')
print("\n每位客户的有效订单数量（使用 count() 方法）：")
print(count_per_customer)
```

运行结果如下：

每位客户的订单数量（使用 size() 方法）：

	customer_id	order_count
0	1	2
1	2	2
2	3	2
3	4	1
4	5	2

每位客户的有效订单数量（使用count()方法）：

	customer_id	valid_order_count
0	1	2
1	2	2
2	3	2
3	4	1
4	5	2

（4）按日期分组

计算每个月的订单总金额，代码实现如下：

```python
# 将 order_date 转换为 datetime 类型并提取月份
df['order_date'] = pd.to_datetime(df['order_date'])
df['order_month'] = df['order_date'].dt.to_period('M')

# 按月份分组，计算每个月的总订单金额
monthly_sales = df.groupby('order_month')['order_amount'].sum().reset_index()
print("\n每个月的总订单金额：")
print(monthly_sales)
```

运行结果如下：

每个月的总订单金额：

	order_month	order_amount
0	2025-01	150.0
1	2025-02	300.0
2	2025-03	750.0
3	2025-04	450.0

（5）排序

按照总订单金额降序排序，代码如下：

```python
sorted_total_amount = total_amount_per_customer.sort_values(by='total_order_amount', ascending=False)
print("\n按总订单金额降序排序的客户：")
print(sorted_total_amount)
```

运行结果如下：

按总订单金额降序排序的客户：

	customer_id	total_order_amount
2	3	450.0
3	4	400.0
0	1	350.0
4	5	300.0
1	2	150.0

2. 使用 agg( ) 和 aggregate( ) 聚合

agg( )与 aggregate( )方法都支持对每个分组应用某函数,包括 Python 内置函数或自定义函数。同时,这两个方法也能够直接对 DataFrame 进行函数应用操作。

在正常使用过程中,agg( )函数和 aggregate( )函数对 DataFrame 对象进行操作时的功能几乎相同,因此只需要掌握其中一个函数即可。它们的语法如下。

> DataFrame.agg(func, axis=0, *args, **kwargs)
> DataFrame.aggregate(func, axis=0, *args, **kwargs)

参数含义如下。

- func:是一个字符串、函数、列表或字典,指定要应用的聚合函数。如果是字符串,表示要使用的内置聚合函数(如'sum', 'mean', 'max'等);如果是函数,可以是用户自定义的聚合函数;如果是列表,则可以应用多个聚合函数;如果是字典,可以为不同的列指定不同的聚合函数。
- axis:指定要沿着哪个轴进行聚合。默认是 0,表示对行进行聚合,设置为 1 则表示对列进行聚合。
- *args 和 **kwargs:额外的参数和关键字参数,传递给 func。

【例 5-36】agg( )方法的用法示例。

1) 使用字符串作为参数,代码如下:

```
import pandas as pd

# 创建示例 DataFrame
df = pd.DataFrame({
    'A': [1, 2, 3, 4],
    'B': [5, 6, 7, 8]
})

# 使用 agg()方法,应用单一的聚合函数
result_sum = df.agg('sum')   # 对所有列应用 sum

print("Aggregated Result Using String (sum):")
print(result_sum)
```

运行结果如下:

```
Aggregated Result Using String (sum):
A    10
B    26
dtype: int64
```

2) 使用字典作为参数,代码如下:

```
# 使用 agg()方法,应用不同的聚合函数
result_dict = df.agg({
    'A': 'mean',              # 对'A'列应用 mean
    'B': ['sum', 'std']       # 对'B'列应用 sum 和 std
```

})

```
print("Aggregated Result Using Dictionary for Different Functions:")
print(result_dict)
```

运行结果如下：

```
Aggregated Result Using Dictionary for Different Functions:
         A         B
mean   2.5       NaN
std    NaN    1.290994
sum    NaN   26.000000
```

3）使用自定义函数作为参数，代码如下：

```
# 定义自定义聚合函数
def range_func(x):
    return x.max() - x.min()

# 使用 agg() 方法，应用自定义聚合函数
result_custom = df.agg({
    'A': ['sum', range_func],   # 对'A'列应用 sum 和自定义函数
    'B': ['mean']
})

print("Aggregated Result Using Custom Function:")
print(result_custom)
```

运行结果如下：

```
Aggregated Result Using Custom Function:
              A      B
sum         10.0    NaN
range_func   3.0    NaN
mean         NaN    6.5
```

4）与 groupby() 结合使用，对例 5-35 中的数据进行聚合，代码如下：

```
# 使用多种聚合函数
aggregated_data = df.groupby('customer_id').agg(
    total_amount=('order_amount', 'sum'),
    order_count=('order_amount', 'count'),
    max_order=('order_amount', 'max'),
    min_order=('order_amount', 'min'),
    average_order=('order_amount', 'mean')
).reset_index()
```

```
print("每位客户的聚合数据：")
print(aggregated_data)
```

运行结果如下：

```
每位客户的聚合数据：
   customer_id  total_amount  order_count  max_order  min_order  average_order
0            1         350.0            2      200.0      150.0          175.0
1            2         150.0            2      100.0       50.0           75.0
2            3         450.0            2      300.0      150.0          225.0
3            4         400.0            1      400.0      400.0          400.0
4            5         300.0            2      200.0      100.0          150.0
```

3. transform( )

在 pandas 中，transform( ) 是一个非常有用的方法，通常用于对数据框的某一列或多个列进行元素级的操作，返回与原始数据相同形状的结果。它常用于与 groupby( ) 结合使用，可以将统计量或其他操作应用于每个组，并返回一个与原始数据相同大小的结果。

transform( ) 的基本语法如下：

```
DataFrame.transform(func, axis = 0, * args, ** kwargs)
```

- func：可以是一个函数、字符串（如 'mean'、'sum' 等），也可以是由多个函数组成的列表。
- axis：指定沿着哪个轴进行操作，默认为 0（行）。
- *args 和 **kwargs：传递给 func 的其他参数。

【例 5-37】transform( ) 方法的用法示例。

1）对单列进行变换，代码如下：

```
import pandas as pd
# 创建一个 DataFrame

data = {
    'A': [1, 2, 3, 4],
    'B': [10, 20, 30, 40]
}
df = pd.DataFrame(data)

# 对'A'列进行平方变换
df['A_transformed'] = df['A'].transform(lambda x: x ** 2)
print(df)
```

运行结果如下：

```
   A   B  A_transformed
0  1  10              1
1  2  20              4
2  3  30              9
3  4  40             16
```

2) 与 groupby( )一起使用,代码如下:

```python
import pandas as pd

# 创建一个 DataFrame
data = {
    'Group': ['A', 'A', 'B', 'B'],
    'Value': [10, 20, 30, 40]
}
df = pd.DataFrame(data)

# 对每个组的'Value'列进行标准化
df['Value_normalized']=df.groupby('Group')['Value'].transform(lambda x:(x- x.mean())/x.std())
print(df)
```

运行结果如下:

```
   Group  Value  Value_normalized
0    A     10       -0.707107
1    A     20        0.707107
2    B     30       -0.707107
3    B     40        0.707107
```

3) 使用内置聚合函数,如 mean、sum、max、min 等,代码如下:

```python
import pandas as pd

# 创建一个 DataFrame
data = {
    'Group': ['A', 'A', 'B', 'B'],
    'Value': [10, 20, 30, 40]
}
df = pd.DataFrame(data)

# 计算每个组的平均值,并返回与原始 DataFrame 相同的形状
df['Group_mean'] = df.groupby('Group')['Value'].transform('mean')
print(df)
```

运行结果如下:

```
   Group  Value  Group_mean
0    A     10       15.0
1    A     20       15.0
2    B     30       35.0
3    B     40       35.0
```

transform( )方法在 pandas 中的使用非常灵活,适用于各种数据处理需求。它可以在保留数据框原有结构的同时,对数据进行个性化的变换。

5.5.2 创建透视表与交叉表

在 pandas 中，创建透视表（Pivot Table）和交叉表（Crosstab）是分析数据时常用的方法，它们可以以不同的方式查看和总结数据。

1. 透视表（Pivot Table）

透视表通常用于对数据进行聚合，并允许指定多个维度和聚合函数。可以使用 pandas.pivot_table()方法来创建透视表。

基本语法如下：

> pandas.pivot_table(data,values=None,index=None,columns=None,aggfunc='mean',fill_value=None)

- data：要创建透视表的数据框。
- values：要聚合的列。
- index：用于行索引的列。
- columns：用于列索引的列。
- aggfunc：用于聚合的函数，默认为'mean'。
- fill_value：用于填充缺失值的值。

【例5-38】pivot_table()方法的用法示例。

```
import pandas as pd

# 创建一个示例数据框
data = {
    'Date': ['2025-01-01', '2025-01-01', '2025-01-02', '2025-01-02'],
    'Category': ['A', 'B', 'A', 'B'],
    'Sales': [100, 200, 150, 250]
}
df = pd.DataFrame(data)
# 创建透视表
pivot_table = pd.pivot_table(df, values='Sales', index='Date', columns='Category', aggfunc='sum', fill_value=0)
print(pivot_table)
```

运行结果如下：

```
Category      A     B
Date
2025-01-01   100   200
2025-01-02   150   250
```

2. 交叉表（Crosstab）

交叉表用于显示两个（或多个）分类变量之间的频率或计数。可以使用 crosstab()方法来创建交叉表。

基本语法如下：

> pandas.crosstab(index, columns, values=None, aggfunc=None, margins=False)

- index：要用作行索引的列。
- columns：要用作列索引的列。
- values：要聚合的列（可选）。
- aggfunc：用于聚合的函数（可选）。
- margins：布尔值，确定是否添加行和列的总计。

【例5-39】crosstab()方法的用法示例。

```
import pandas as pd
# 创建一个示例数据框
data = {
    'Category': ['A', 'B', 'A', 'B', 'A', 'B'],
    'Region': ['North', 'North', 'South', 'South', 'North', 'South'],
    'Sales': [100, 200, 150, 250, 300, 400]
}
df = pd.DataFrame(data)
# 创建交叉表
crosstab = pd.crosstab(df['Category'], df['Region'], values=df['Sales'], aggfunc='sum', margins=True)
print(crosstab)
```

运行结果如下：

Region	North	South	All
Category			
A	400	150	550
B	200	650	850
All	600	800	1400

透视表适合用于对数据进行聚合和总结，能够从多个维度深入分析数据。它允许以灵活的方式查看不同维度的组合及其聚合结果。而交叉表主要用于展示分类数据之间的频率或总和，适合进行分类变量之间的比较与分析。通过交叉表，可以快速识别不同类别之间的关系和模式。

5.6 本章小结

本章内容涵盖了pandas数据处理和分析的关键内容，从认识pandas开始，深入了解了这个强大的数据处理工具。通过介绍pandas及其安装与使用方法，建立了对pandas库的基本认识。深入研究了pandas的语法，重点介绍了Series类型和DataFrame类型的特性，以及DataFrame数据计算的实际操作，对pandas的数据结构和操作有了更深入的理解。在数据读写方面，学习了如何利用pandas读取和写入数据，探讨了读取和写入数据的方法和技巧，为数据处理和分析提供了基础工具。而在数据预处理部分，重点关注了数据合并、缺失值处理、排序和汇总等关键步骤，这些预处理工作对于保证数据的质量至关重要。最后，介绍如何利用pandas进行统计分析，通过分组聚合运算、透视表和交叉表的创建，提供数据分析的多维视角。通过本章的学习，能够灵活运用pandas进行各种数据处理和分析任务，为数据驱动的决策提供支持。

5.7 习题

一、单选题

1. 下列关于 pandas 数据读写的说法中不正确的是（　　）。
   A. read_csv( ) 函数可以读取所有类型的文本文件
   B. read_sql( ) 函数可以从数据库中读取数据
   C. to_csv( ) 方法可以将结构化数据保存为 CSV 文件
   D. to_excel( ) 方法可以将结构化数据导出为 Excel 文件

2. 下列 loc、iloc 属性的用法正确的是（　　）。
   A. df.loc['列名','索引名']；df.iloc['索引位置','列位置']
   B. df.loc['索引名','列名']；df.iloc['索引位置','列名']
   C. df.loc['索引名','列名']；df.iloc['行位置','列位置']
   D. df.loc['索引名','列名']；df.iloc['行位置','列名']

3. 考虑以下 DataFrame 对象 df，其中 id 为索引列，部分数据如下所示：

id	name
1	李丽
2	王乐
3	宋佳

以下哪个选项可以实现提取 name 列的第 2 个数据？（　　）
   A. df.iloc[1,'name']　　　　　B. df.iloc[1,1]
   C. df.loc[0,'name']　　　　　D. df.loc[1,'name']

4. 假设已经通过以下代码导入了一个数据集：

```
import pandas as pd
detail = pd.read_excel('./data/meal_order_detail.xlsx')
```

以下关于 DataFrame 的常用属性的说法中，错误的是（　　）。
   A. detail.index 可以查看 DataFrame 的索引
   B. detail.shape 可以查看 DataFrame 的形状
   C. detail.dtype 可以查看 DataFrame 的类型
   D. detail.values 可以查看 DataFrame 的列名

5. 以下哪个语句可以同时查看数值型特征的多个统计量（如最大值、最小值、均值、分位数等）？（　　）
   A. detail.mean( )　　B. detail.max( )　　C. detail.min( )　　D. detail.describe( )

6. 以下关于数据预处理过程，描述正确的是（　　）。
   A. 数据清洗包含了数据标准化、数据合并和缺失值处理
   B. 数据合并按照合并轴方向可以分为左连接、右连接、内连接、外连接
   C. 数据分析的预处理过程主要包括数据合并、数据清洗、数据标准化和数据转换，它们之间存在交叉，没有严格的先后关系
   D. 数据标准化的主要对象是类别行的特征

7. 下列关于concat()函数、append()方法、merge()函数、join()方法的说法正确的是（　　）。

A. concat()函数是最常用的主键合并函数，能够实现内连接和外连接

B. append()方法只能用来做纵向表堆叠

C. merge()函数是最常用的主键合并的函数，但不能够实现左连接和右连接

D. join()方法是常用的主键合并方法之一，但不能够实现左连接和右连接

8. 关于缺失值检测和处理的说法中，哪一项是正确的（　　）。

A. null()和notnull()函数可以用于处理缺失值

B. dropna()方法可以删除观测记录和特征

C. 在fillna()方法中，用于替换缺失值的值只能是一个DataFrame

D. 当缺失值为类别型时，通常使用均值、中位数和众数等统计量来替代缺失值

9. 下列关于groupby()方法的说法中正确的是（　　）。

A. groupby()能够实现分组聚合

B. groupby()方法的结果能够直接查看

C. groupby()是pandas提供的一个用来分组的方法

D. groupby()方法是pandas提供的一个用来聚合的方法

10. 使用其本身可以达到数据透视功能的函数是（　　）。

A. groupby　　　　B. transform　　　　C. crosstab　　　　D. pivot_table

二、程序填空题

1. 阅读以下代码，该代码用于读取鸢尾花数据集中的花萼长度数据并对其进行统计分析，请填写缺失的部分。

```
import ___①___ as np
iris_sepal_length = np.___②___("iris_sepal_length.csv", delimiter=",")  # 读取数据集
iris_sepal_length.___③___                      # 对花萼长度进行排序
np.___④___(iris_sepal_length)                  # 对花萼长度进行去重处理
np.___⑤___(iris_sepal_length)                  # 求花萼长度表的总和
np.___⑥___(iris_sepal_length)                  # 求花萼长度表的均值
np.___⑦___(iris_sepal_length)                  # 求花萼长度的方差
np.___⑧___(iris_sepal_length)                  # 求花萼长度表的最大值
np.___⑨___(iris_sepal_length)                  # 求花萼长度表的最小值
np.___⑩___(iris_sepal_length)                  # 求花萼长度的标准差
```

2. 阅读以下代码，该代码用于读取汽车数据集（mtcars）并对其进行统计分析，请填写缺失的部分。

```
import pandas as pd
mtcars = pd.___①___('mtcars.csv')              # 读取数据
print('mtcars的维度为：', mtcars.___②___)
print('mtcars的大小为：', mtcars.___③___)
print('mtcars的数据类型：', mtcars.___④___)
print('mtcars总马力数大于160的数据：', mtcars.___⑤___[mtcars['hp'] > 160, :])
print('mtcars的描述性统计为：', mtcars.___⑥___)
```

```
print('mtcars 自动、手动汽车数量情况：', mtcars['am']. ⑦    )
data = mtcars. ⑧    [:, ['cyl', 'carb', 'mpg', 'hp']]   # 取出气缸数、化油器、油耗和马力列
```

三、综合分析题

假设你是一名数据分析师，负责分析某电商平台的销售数据，以帮助管理层做出更好的业务决策。客户文件 customers.csv 和订单文件 orders.csv 的内容如表 5-15 和表 5-16 所示。

表 5-15　customers.csv 文件的内容

customer_id	name	age	email	signup_date
1	Alice	30	alice@example.com	2025-01-15
2	Bob	24	bob@example.com	2025-02-10
3	Charlie	28	charlie@example.com	2025-03-05
4	David	35	david@example.com	2025-03-20
5	Eve	22	eve@example.com	2025-04-25
6	Frank	40	frank@example.com	2025-05-30
7	Grace	32	grace@example.com	2025-06-15
8	Heidi	29	heidi@example.com	2025-07-10
9	Ivan	38	ivan@example.com	2025-08-05
10	Judy	26	judy@example.com	2025-09-20

其中：customer_id 表示客户唯一标识符；name 表示客户姓名；age 表示客户年龄；email 表示客户电子邮箱；signup_date 表示注册日期。

表 5-16　orders.csv 文件的内容

order_id	customer_id	order_date	amount	status
101	1	2025-01-20	150.00	完成
102	1	2025-02-15	200.00	完成
103	2	2025-02-20	100.00	完成
104	2	2025-03-01	50.00	待发货
105	3	2025-03-10	300.00	完成
106	4	2025-03-25	400.00	完成
107	5	2025-04-30	150.00	取消
108	6	2025-05-15	500.00	完成
109	7	2025-06-20	250.00	完成
110	8	2025-07-15	350.00	待发货
111	9	2025-08-10	450.00	完成
112	10	2025-09-25	600.00	完成
113	10	2025-09-26	700.00	完成

其中：order_id 表示订单唯一标识符；customer_id 表示客户唯一标识符（与 customers.csv 中的 customer_id 对应）；order_date 表示订单日期；amount 表示订单金额；status 表示订单状态（如"完成""待发货""取消"等）。

1）数据读取：使用 pandas 库读取 customers.csv 和 orders.csv 文件，并将其分别存储为 DataFrame 对象，以便进一步分析。

2）数据合并：通过 customer_id 字段将两个 DataFrame 合并，以便整合数据并查看每位客户的订单详细信息。

3）缺失值处理：在合并后的 DataFrame 中检查缺失值，并采用适当的方法进行填充，以确保数据的完整性和有效性。

4）数据分析：计算每位客户的平均订单金额；根据年龄段（如 18~25 岁、26~35 岁、36~45 岁、46 岁及以上）统计客户数量；计算每种订单状态的总金额。

第 6 章 关联分析

在大数据分析中，关联分析具有重要的意义。随着数据规模的快速增长，通过大数据环境下的关联分析可以发现数据中隐藏的模式和规律，从而洞察数据背后的价值信息。通过对海量数据进行关联分析，能够发现不同数据之间的关联性，从而预测用户行为，优化产品推荐，改善服务体验等。例如，在电商平台中，通过关联分析可以发现用户购买商品之间的关联关系，从而实现个性化推荐和精准营销；在社交网络中，可以通过分析用户之间的交互行为，发现用户群体的兴趣偏好，为内容推荐和社交网络建设提供指导。因此，关联分析在大数据环境下有助于挖掘数据的深层次价值，为企业决策和业务优化提供重要支持。

6.1 关联分析基础

6.1.1 啤酒与尿布的故事

在大数据领域中，最为人熟知的例子莫过于"啤酒与尿布"。相信很多读者都听说过这个故事。打开浏览器搜索一下，会发现很多人都在乐此不疲地讲述着"啤酒与尿布"的故事，但正因为每个人的心中都有属于自己的哈姆雷特，所以关于"啤酒与尿布"的故事也有着各种各样的版本。认真地查阅资料，会发现沃尔玛的"啤酒与尿布"案例是正式刊登在 1998 年的《哈佛商业评论》上面的，这应该算是目前发现的比较权威的报道。"啤酒与尿布"的故事发生于 20 世纪 90 年代的美国沃尔玛超市，沃尔玛的超市管理人员在分析销售数据时发现了一个令人费解的现象：在某些特定的情况下，啤酒与尿布两件看上去毫无关系的商品会经常出现在同一个购物篮中。这种独特的销售现象引起了管理人员的注意。经过后续调查发现，这种现象主要出现在年轻的父亲身上。

那为什么会有这样的现象呢？在国外有婴儿的家庭中，一般是母亲在家中照看婴儿，年轻的父亲前去超市购买尿布。父亲在购买尿布的同时，往往会顺便为自己购买啤酒，这样就会出现啤酒与尿布这两件看上去不相干的商品经常会出现在同一个购物篮的现象。如果这位年轻的父亲在卖场只能买到其中一件商品，他很有可能会放弃购物，转而到另一家商店，直到可以一次同时买到啤酒与尿布为止。沃尔玛发现了这一独特的现象，开始在卖场尝试将啤酒与尿布摆放在相邻的区域，让年轻的父亲可以同时找到这两种商品，并很快地完成购物；而沃尔玛超市也可以让这些客户一次购买不止一种商品，从而获得了很好的商品销售收入。这就是"啤酒与尿布"故事的由来。

这个故事的启示在于：数据中可能存在着意想不到的关联关系，而关联分析可以帮助分析者揭示这些关系。它也揭示了数据背后的故事，并展示了如何从大量数据中挖掘出有价值的信息。

当然，像"啤酒与尿布"这样典型的商业促销案例的成功，肯定也离不开技术方面的支持。1993 年，美国学者 Agrawal 提出通过分析购物篮中的商品集合来找出商品之间关联关系的关联算法，从而根据商品之间的关系，分析客户的购买行为。

6.1.2 关联分析的定义

关联规则分析又称关联挖掘，或简称为关联分析，是基于大量的交易数据、关系数据或其他信息载体，查找存在于项目集合或对象集合之间的频繁项集、关联、相关性或因果结构的一种技术。关联分析是一种简单、实用的分析技术，旨在发现存在于大量数据集中的关联性或相关性，从而描述了一个事物中某些属性同时出现的规律和模式。关联规则是描述数据库中数据项之间存在的潜在关系的规则，形式为" $A_1, A_2, \cdots, A_m \Rightarrow B_1, B_2, \cdots, B_n$ "，其中 $A_i (i=1,2,\cdots,m)$，$B_j (j=1,2,\cdots,n)$ 是数据库中的数据项，数据项之间的关联规则即根据一个事务中某些项（$A_1, A_2, \cdots, A_m$）的出现，可推导出另一些项（$B_1, B_2, \cdots, B_n$）在同一事务中也出现。关联规则反映了事物之间的相互依赖性和关联性。

例如：通过分析用户在网站上的浏览行为，如某些用户在浏览了特定页面 A 之后会接着浏览页面 B，而另一些用户则会转而浏览页面 C，这样可以发现不同页面之间的关联关系，从而了解用户的行为模式和偏好。这些关联规则可以帮助网站优化页面布局和内容推荐，提升用户的浏览体验和网站的用户留存率。通过挖掘用户浏览行为中的关联规律，网站可以更加精准地为用户提供感兴趣的内容，增强用户黏性，从而提高网站的用户参与度和长期用户留存率。

6.1.3 常用关联分析算法

常用的关联分析算法见表 6-1。

表 6-1 常用关联分析算法

算法名称	算法描述
Apriori	Apriori 是最常用且最经典的挖掘频繁项集的算法之一，其核心思想是通过连接产生候选项和支持度，然后通过剪枝生成频繁项集
FP-growth	针对 Apriori 算法需要多次扫描事务数据集的缺陷，提出不产生候选频繁项集的方法，寻找频繁项集
ECLAT 算法	ECLAT 是一种深度优先算法，采用垂直数据表示形式，在概念格理论的基础上利用基于前缀的等价关系将搜索空间划分为较小的子空间
灰色关联法	分析和确定各因素之间的影响程度或是若干个子因素（子序列）对主因素（母序列）的贡献度而进行的一种分析方法

6.2 Apriori 算法

Apriori 算法是关联规则挖掘频繁项集的经典算法，由 R. Agrawal 等人在 1993 年提出来的，是一种挖掘单维布尔型的关联规则算法，FP-growth、ECLAT 算法也是以其为核心进行改进的。Apriori 算法通常可以用于解决两大任务，一是挖掘频繁项集，二是挖掘关联规则。在正式介绍 Apriori 算法之前先了解其相关知识。

6.2.1 相关概念

先了解一下关联分析涉及的几个基本概念：

1. 项与项集

数据库中不可分割的最小单位信息，称为项，用符号 I_k 来表示，项的集合称为项集。设集合 $I=\{I_1,I_2,\cdots,I_k\}$ 是项集，I 中的项数为 k，则集合 I 为 k-项集。例如集合{牛奶,面包}是一个 2-项集。

2. 事务

设任务相关的数据 D 是数据库事务的集合，其中，每个事务 T 是一个非空项集，使得 $T\subseteq I$。每一个事务都有一个标识符，称为 TID。设 A 是一个项集，事务 T 包含 A，当且仅当 $A\subseteq T$。

3. 项集的频数（支持度计数）

包括项集的事务数称为项集的频数（支持度计数）。

4. 关联规则

关联规则是形如 $A\Rightarrow B$ 的蕴含式，其中，$A\subset I$，$B\subset I$，$A\neq\varnothing$，$B\neq\varnothing$，并且 $A\cap B=\varnothing$。A 称为规则的前提，B 称为规则的结果。关联规则反映 A 中的项目出现时，B 中的项目也跟着出现的规律。

5. 关联规则的支持度（support）

关联规则的支持度是事务数据库中同时包含 A 和 B 的事务数与所有事务数之比，记为 support($A\Rightarrow B$)，对应的公式见式（6-1）。

$$\text{support}(A\Rightarrow B)=P(A\cup B) \qquad (6-1)$$

支持度反映了 A 和 B 中所含的项在事务数据库中同时出现的频率。

6. 关联规则的置信度（confidence）

规则 $A\Rightarrow B$ 在事务集 D 中的置信度是事务数据库中包含 A 和 B 的事务数与所有包含 A 的事务数之比，记为 confidence($A\Rightarrow B$)，对应的公式见式（6-2）。

$$\text{confidence}(A\Rightarrow B)=P(B|A)=\frac{\text{support}(A\cup B)}{\text{support}(A)}=\frac{\text{support\_count}(A\cup B)}{\text{support\_count}(A)} \qquad (6-2)$$

support_count 代表支持度计数，置信度反映了包含 A 的事务中，出现 B 的条件概率。

7. 最小支持度和最小置信度

通常，用户为了达到一定的要求，需要指定规则必须满足的支持度和置信度的阈值，当 support($A\Rightarrow B$)、confidence($A\Rightarrow B$) 分别大于或等于各自的阈值时，认为 $A\Rightarrow B$ 是有趣的，这两个值分别称为最小支持度阈值（min_sup）和最小置信度阈值（min_conf）。其中 min_sup 描述了关联规则的最低重要程度，min_conf 规定了关联规则必须满足的最低可靠性。

8. 频繁项集

如果项集 I 的支持度满足预定义的最小支持度阈值（min_sup），则 I 是频繁项集。频繁 k-项集的集合通常记为 L_k。

9. 强关联规则

support($A\Rightarrow B$)$\geqslant$min_sup 且 confidence($A\Rightarrow B$)$\geqslant$min_conf，则称 $A\Rightarrow B$ 为强关联规则，否则称 $A\Rightarrow B$ 为弱关联规则。

6.2.2 挖掘频繁项集

Apriori 算法采用的是逐层搜索的迭代方法,其中 k-项集用于探索$(k+1)$-项集。首先,通过扫描数据库,累计每个项的计数,并收集满足最小支持度的项,找出频繁 1-项集的集合。该项集记为 L_1。然后,使用 L_1 找出频繁 2-项集的集合 L_2,使用 L_2 找出 L_3,如此下去,直到不能再找到频繁 k-项集。找出每个 L_k 需要进行一次数据库的完整扫描。

挖掘频繁 k-项集时,为了减少读取无用的数据量,降低算法的时间复杂度,主要运用剪枝的思想:如果一个项集是频繁项集,那么它的所有子集也一定是频繁项集。

先验原理:频繁项集的所有非空子集也一定是频繁的,证明过程略。

【例 6-1】如图 6-1 所示,$\{1,2,3\}$ 为频繁项集,那么它的子集$\{1\}$、$\{2\}$、$\{3\}$、$\{1,2\}$、$\{1,3\}$、$\{2,3\}$ 也一定是频繁项集。

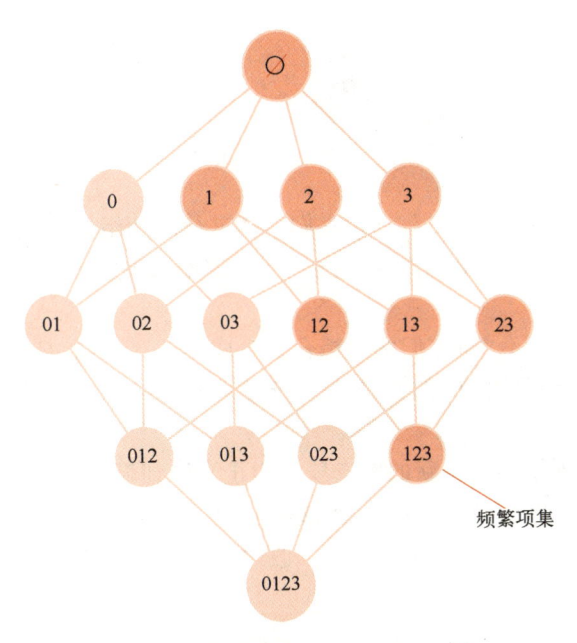

图 6-1 频繁项集$\{1,2,3\}$ 的 k-项集

先验原理的逆否命题:如果一个项集是非频繁项集,那么经由它构成的所有超集也一定是非频繁项集。

【例 6-2】如图 6-2 所示,项集$\{2,3\}$ 是非频繁项集,那么超集$\{0,2,3\}$、$\{1,2,3\}$、$\{0,1,2,3\}$ 也是非频繁项集。

挖掘频繁项集的步骤如下:

1)首先要设置最小支持度阈值 min_sup,生成频繁 k-项集时过滤低支持度的项(项集)。

2)从数据库中读取所有事务,获取数据中单独的每个项,不能重复,即生成候选 1-项集 C_1。

3)计算出每一项的支持度,与预先设置的 min_sup 阈值进行比较,若某项的支持度大于等于 min_sup,将其保留,生成频繁 1-项集 L_1;小于 min_sup 的项则被过滤掉。因为先验原理保证所有非频繁的 1-项集的超集都是非频繁的。

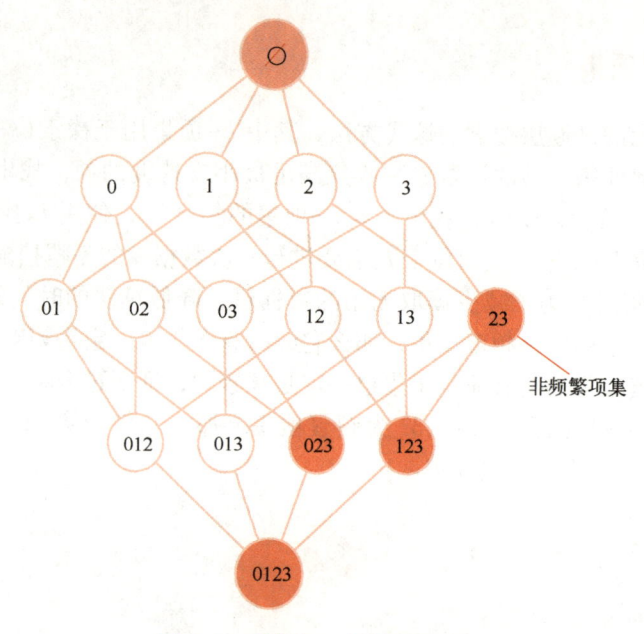

图 6-2 项集 {2,3} 的超 k-项集

4）使用获取到的频繁 1-项集 L_1，将它们之间进行两两组合，生成候选 2-项集 C_2。

5）再计算每个候选 2-项集 C_2 的支持度，与设定的 min_sup 进行比较，生成频繁 2-项集 L_2。

6）通过频繁 2-项集 L_2，将它们两两组合，生成候选 3-项集 C_3。

7）计算每个候选 3-项集 C_3 的支持度，与设定的 min_sup 进行比较，生成频繁 3-项集 L_3。

8）依此类推，直到不再产生新的候选项集为止，得到最终的频繁 k-项集 L_k。

在此算法中要不断地重复两个步骤：连接和剪枝。

【例 6-3】如表 6-2 所示的事务集信息，假设 min_sup = 50%，挖掘频繁项集的过程如图 6-3 所示。

表 6-2 事务集信息 1

TID 集	项　集
T100	{I1, I3}
T200	{I1, I2, I5}
T300	{I2, I3, I4}
T400	{I1, I2, I4}
T500	{I1, I2, I4, I5}
T600	{I1, I3, I4, I5}

首先扫描整个数据集，生成候选 1-项集 C_1 并计数，然后根据设置的最小支持度阈值过滤掉支持度较低的无意义的项，生成频繁 1-项集 L_1，再由 L_1 之间进行两两组合，生成候选 2-项集 C_2，再根据最小支持度过滤，生成频繁 2-项集 L_2，再由 L_2 之间进行组合，生成候选 3-项集 C_3，对 C_3 进行最小支持度过滤时，由于其支持度小于 50%，将其过滤，所以最后的频繁 3-项集为空。由数据集产生的频繁项集最大为频繁 2-项集。

图 6-3 挖掘频繁项集的过程

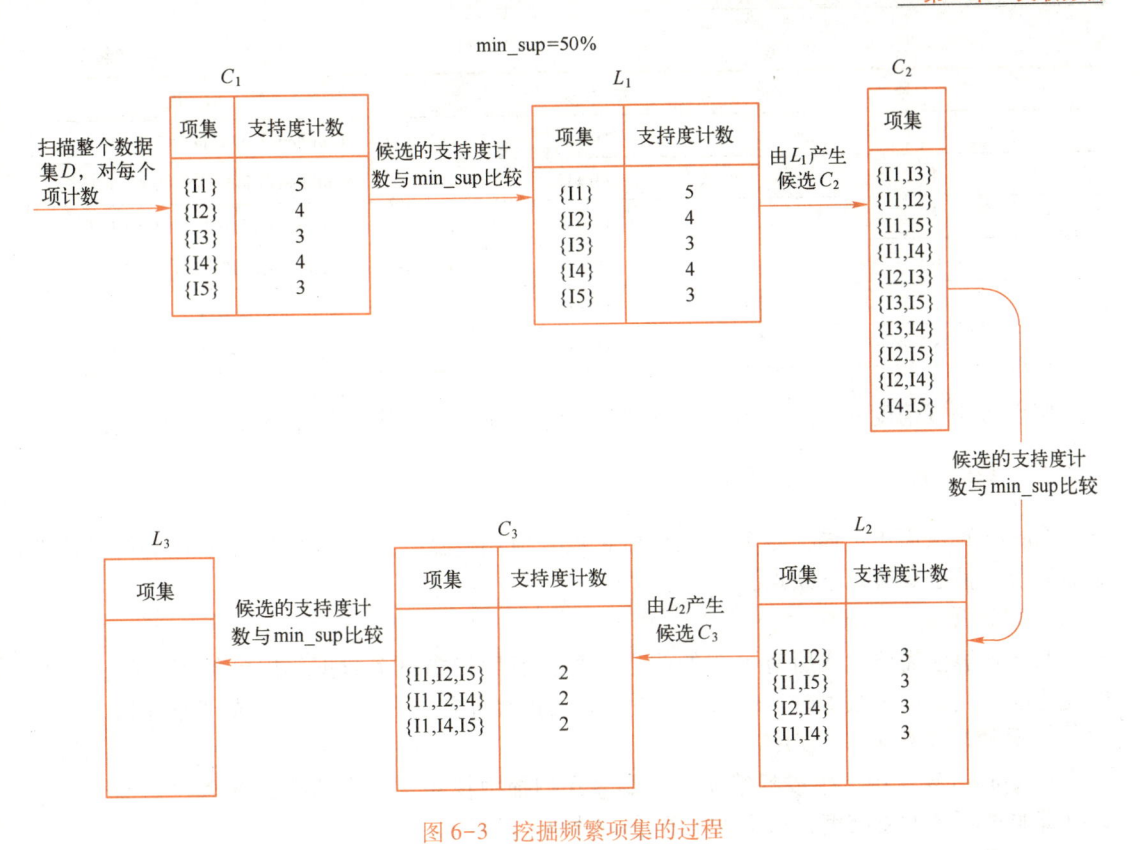

6.2.3 挖掘关联规则

一旦由数据库 D 中的事务找出频繁项集,就可以直接由它们产生强关联规则(强关联规则满足最小支持度和最小置信度)。挖掘关联规则步骤如下:

1) 首先设置最小支持度阈值 min_sup 和最小置信度阈值 min_conf,生成关联规则时用于过滤掉无效的关联规则。

2) 对于每个频繁项集 L,产生 L 的所有非空子集。

3) 对于 L 的每个非空子集 S,$T=L-S$,如果 support_count$(T \cup S)$/support_count$(S) >$ min_conf,则输出规则 "$S \Rightarrow T$"。

4) 重复步骤 3),直到不再产生有效的关联规则为止。

由于规则有频繁项集产生,因此每个规则都自动地满足最小支持度。频繁项集和它们的支持度可以预先放在散列表中,使得它们可以被快速访问。

【例 6-4】根据例 6-3 得到的频繁 2-项集 $L_2=\{\{I1,I2\},\{I1,I4\},\{I1,I5\},\{I2,I4\}\}$,$\{I1,I2\}$ 的子集为 $\{I1\}$ 和 $\{I2\}$,$\{I1,I4\}$ 的子集为 $\{I1\}$ 和 $\{I4\}$,$\{I1,I5\}$ 的子集为 $\{I1\}$ 和 $\{I5\}$,$\{I2,I4\}$ 的子集为 $\{I2\}$ 和 $\{I4\}$,结果关联规则及置信度见表 6-3。

表 6-3 L_2 生成的关联规则及置信度

序 号	关 联 规 则	置 信 度
1	I1⇒I2	confidence(I1⇒I2) = 3/5 = 0.6
2	I2⇒I1	confidence(I2⇒I1) = 3/4 = 0.75

(续)

序 号	关联规则	置 信 度
3	I1⇒I4	confidence(I1⇒I4)= 3/5 = 0.6
4	I4⇒I1	confidence(I4⇒I1)= 3/4 = 0.75
5	I1⇒I5	confidence(I1⇒I5)= 3/5 = 0.6
6	I5⇒I1	confidence(I5⇒I1)= 3/3 = 1
7	I2⇒I4	confidence(I2⇒I4)= 3/4 = 0.75
8	I4⇒I2	confidence(I4⇒I2)= 3/4 = 0.75

假设最小置信度 min_conf = 0.7，除了 2、3、5 项之外，其余所有的项都是强关联规则。

6.2.4 Apriori 算法的缺点

Apriori 算法简单易懂，容易实现且可扩展、应用广泛、结果可解释性强且支持灵活的参数调节。但也具有以下缺点：

1. 候选项集生成开销大

Apriori 算法需要生成所有可能的候选项集，然后扫描整个数据集以计算每个候选项集的支持度。当数据集很大时，候选项集的数量可能会非常庞大，导致算法的性能下降。

2. 频繁项集生成多次扫描

在 Apriori 算法中，生成频繁项集需要多次扫描数据集。每次迭代，都需要扫描数据集以计算候选项集的支持度，这会增加算法的时间复杂度。

3. 内存消耗较大

由于需要存储候选项集和频繁项集的信息，以及数据集本身，Apriori 算法可能会消耗大量的内存空间，特别是在处理大规模数据集时。

4. 不适用于稀疏数据集

当数据集非常稀疏时，即大部分项之间的关联性较低时，Apriori 算法的效率可能会受到影响，因为大部分生成的候选项集都不会成为频繁项集。

5. 只能处理离散数据

Apriori 算法只能处理离散数据，对于连续型数据或其他类型的数据需要进行离散化处理，这可能会引入一些信息损失。

尽管 Apriori 算法存在这些缺点，但它仍然是一种经典的关联规则挖掘算法，并且在许多场景中仍然得到广泛应用。针对这些缺点，也有一些改进的算法被提出，如 FP-growth 算法等，用于提高关联规则挖掘的效率和性能。

6.3 FP-growth 算法

FP-growth（Frequent Pattern-growth）算法是一种用于挖掘频繁项集的经典算法，相较于 Apriori 算法，它具有更高的效率。FP-growth 算法利用 FP 树作为数据结构，通过对数据集的压缩表示，实现对频繁项集的高效挖掘。

6.3.1 创建 FP 树

创建 FP 树的算法步骤：

1）扫描事务数据库，计算单一项集的频率（支持度计数）。
2）按频率递减序排列，写出频繁1-项集 L_1。
3）构建 FP 树。
4）利用 FP 树挖掘频繁项集。

【例6-5】根据表6-2的事务数据信息，利用 FP-growth 挖掘频繁项集，此时假定最小支持度为2。

1. 首先扫描事务数据库，计算单一项的频率，见表6-4

表6-4 单一项频率信息

项 ID	支持度计数
I1	5
I2	4
I3	3
I4	4
I5	3

将频率降序排列，写出频繁项集 L，见表6-5。对于相同频率的项，按项字典序进行排列。

表6-5 单一项频率排序后信息 L

项 ID	支持度计数
I1	5
I2	4
I4	4
I3	3
I5	3

重写事务数据库中的项集，见表6-6。

表6-6 排序后的项集

TID 集	项　集	排序后的项集
T100	{I1,I3}	{I1,I3}
T200	{I1,I2,I5}	{I1,I2,I5}
T300	{I2,I3,I4}	{I2,I4,I3}
T400	{I1,I2,I4}	{I1,I2,I4}
T500	{I1,I2,I4,I5}	{I1,I2,I4,I5}
T600	{I1,I3,I4,I5}	{I1,I4,I3,I5}

2. 创建 FP 树

创建树的根节点 Null（每次都需要从根节点开始遍历），扫描事务数据库 D，将项集按 L 中的次序处理，针对每个事务创建一个分支（即按递减支持度计数排序）。例如，第一个事务"T100:I1,I3"包含两个项（L 中的次序与此相同），构造包含两个节点的第一个分支 <I1:1>、<I3:1>，其中 I1 作为根的孩子链接到根节点，I3 链接到 I1。第二个事务"T200:I1,I2,I5"包含三个项（L 中的次序与此相同），可构建第二个分支<I1:1>、<I2:1>、<I5:1>，其中 I1 链接到根，I2 链接到 I1，I5 链接到 I2。然而，该分支应当与 T100 已存在的路径共享 I1。因此，将节点 I1 的支持度计数增加1，并创建新节点<I2:1>链接到 I1，创建新节点<I5:1>链接到 I2。按照上面的原则，表6-6中的6个事务构建 FP 树的过程如图6-4所示。

图 6-4 FP 树的构建过程

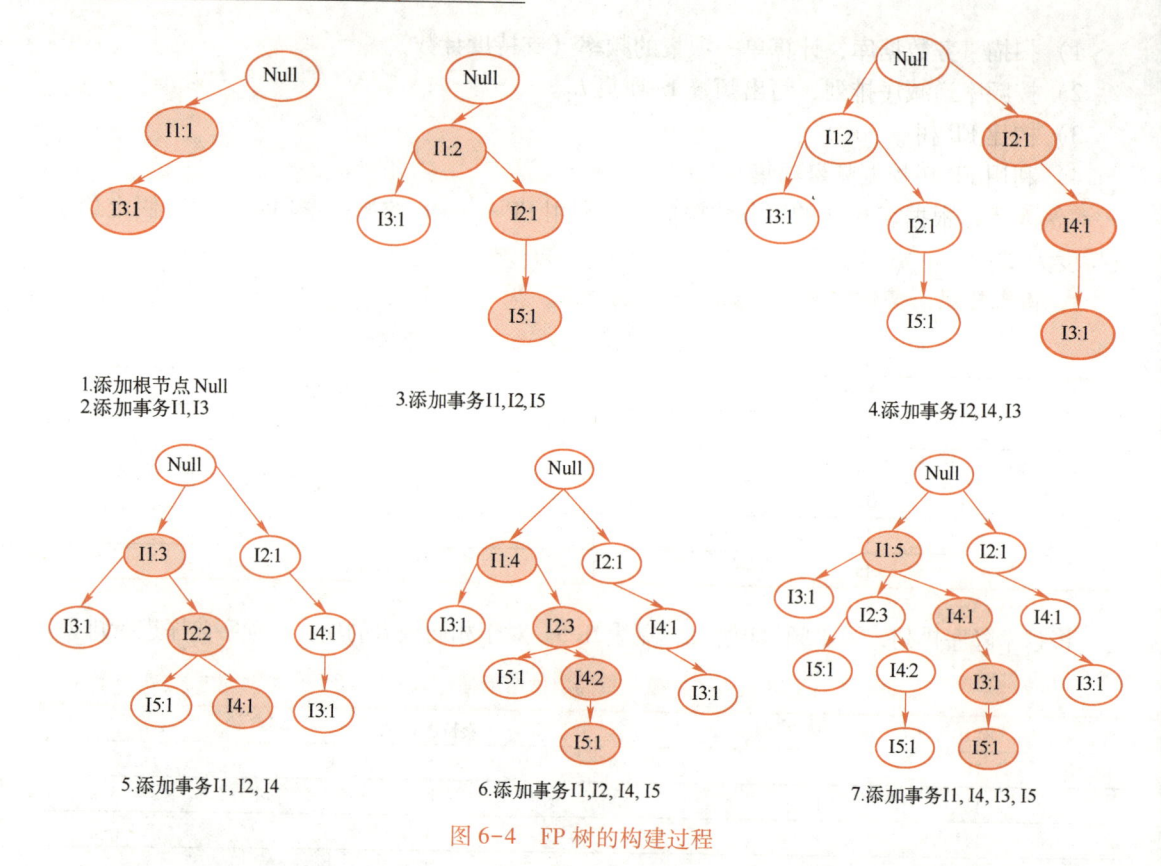

为了方便树的遍历,创建一个项头表,使每项都可以通过一个节点指向它在树中的位置。扫描所有的事务后得到的树如图 6-5 所示,该树带有相关节点的链,这样,数据库频繁项集的挖掘问题就转化成挖掘 FP 树的问题。

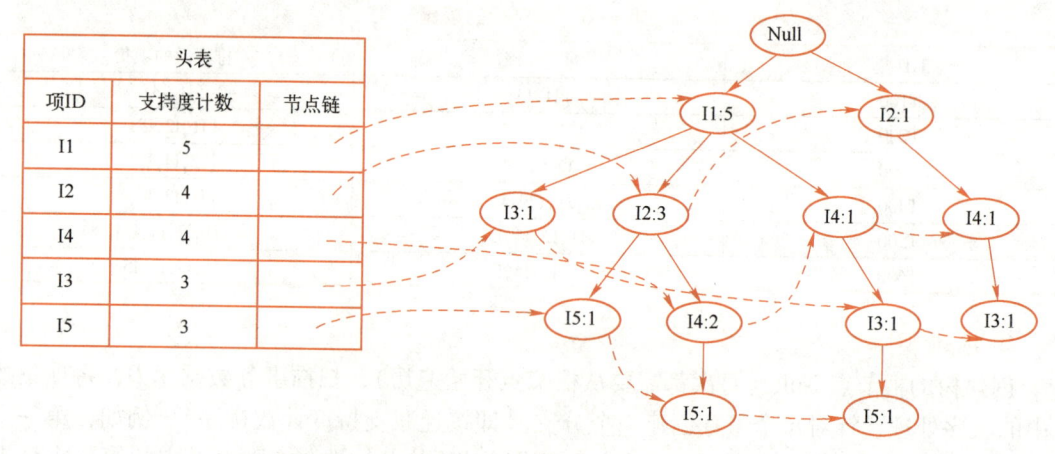

图 6-5 带有项头表的 FP 树

6.3.2 利用 FP 树挖掘频繁项集

FP 树的挖掘过程如下:由长度为 1 的频繁项集(作为初始后缀模式)开始,构造它的条件模式基(一个"子数据库",由 FP 树中与该后缀模式一起出现的前缀路径集组成)。然后,构造它的条件 FP 树,并递归地在树上进行挖掘。模式增长通过将后缀模式与条件 FP

树产生的频繁项集连接实现。

该 FP 树的挖掘过程总结见表 6-7，细节如下。

表 6-7　通过条件模式基挖掘的频繁项集

项 ID	条件模式基	条件 FP 树	频繁项集
I5	{{I1,I2:1},{I1,I2,I4:1},{I1,I4,I3:1}}	<I1:3,I2:2,I4:2>	{I1,I5:3},{I2,I5:2},{I4,I5:2},{I1,I2,I5:2}
I3	{{I1:1},{I1,I4:1},{I2,I4:1}}	<I1:2>	{I1,I3:2}
I4	{{I1,I2:2},{I1:1},{I2:1}}	<I1:3,I2:2>	{I1,I4:3},{I2,I4:2},{I1,I2,I4:2}
I2	{{I1:3}}	<I1:3>	{I1,I2:3}

首先考虑 I5，它是 L 中的最后一项，而不是第一项。从表的后端开始的原因随着解释 FP 树的挖掘过程就会弄清楚。I5 出现在图 6-5 的 3 个分支中（I5 可以沿着节点链找到）。这些分支形成的路径是<I1,I2,I5:1>、<I1,I2,I4,I5:1>和<I1,I4,I3,I5 :1>。因此，考虑以 I5 为后缀，它的 3 个对应前缀路径是<I1,I2:1>、<I1,I2,I4:1>和<I1,I4,I3:1>，它们形成 I5 的条件模式基。使用这些条件模式基作为事务数据库，构造 I5 的条件 FP 树，如图 6-6 所示。由图 6-6 可见，它包含两条路径<I1:2,I2:2,I4:1>和<I1:1,I4:1>，不包含 I3，因为 I3 的支持度计数为 1，小于最小支持度。这两条路径产生频繁项集的所有组合：{I1,I5:3}、{I2,I5:2}、{I4,I5:2}和{I1,I2,I5:2}。

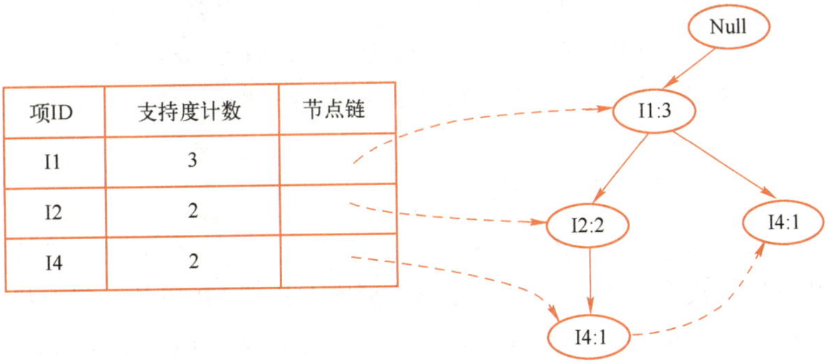

图 6-6　I5 的条件 FP 树

对于 I3，它的 3 个前缀形成的条件模式基为{{I1:1},{I1,I4:1},{I2,I4:1}}，由于 I2 的支持度计数为 1，小于最小支持度 2，所以{I2,I4:1}不在 I3 的条件 FP 树中，又由于 I4 也不满足最小支持度 2，所以 I3 的条件 FP 树只包含单个节点{I1:2}，所以对应的频繁项集为{I1,I3:2}。

对于 I4，它的 3 个前缀形成的条件模式基为{{I1,I2:2},{I1:1},{I2:1}}，由此构造的条件 FP 树不包含路径{I2:1}，且只包含单个路径<I1:3,I2:2>，所以对应的频繁项集为{I1,I4:3}，{I2,I4:2}，{I1,I2,I4:2}。

对于 I2，它的 1 个前缀形成的条件模式基为{{I1:3}}，由此构造的条件 FP 树只包含单个路径<I1:3>，所以对应的频繁项集为{I1,I2:3}。

对于 I1，它没有前缀路径，所以没有对应的频繁项集。

6.3.3　FP-growth 算法的伪代码

输入：事务数据库 D；最小支持度阈值 min_sup。

输出：频繁项集的完全集。

方法：

按照以下步骤构造 FP 树。

1) 扫描事务数据库 D 一次。收集频繁项的集合 F 和它们的支持度计数。对 F 按照支持度计数降序排序，结果为频繁项集 L。

2) 创建 FP 树的根节点，以"Null"标记它。对于 D 中每一个事务 $Trans$，执行：

选择 $Trans$ 中的频繁项，并且按照 L 中的次序排序。设排序后的频繁项集列表为 $[p|P]$，其中 p 是第一个元素，P 是剩余元素的表。调用 insert_tree($[p|P],T$)。该过程执行情况如下：如果 T 有子女 N 使得 $N.\text{item\_name}=p.\text{item\_name}$，则 N 的支持度计数加 1；否则，创建一个新节点 N，把它的计数设置为 1，链接到它的父节点 T，并且通过节点链结构把它链接到具有相同 item_name 的节点。如果 P 非空，则递归调用 insert_tree(P,N)。

FP 树的挖掘通过调用 FP_growth(FP_tree,Null) 实现。过程如下：

Procedure FP_growth($Tree,\alpha$)

    if $Tree$ 包含单个路径 P then

        for 路径 P 中节点的每个非空组合（记作 β）

            产生模式 $\beta\cup\alpha$，其支持度计数 support_count 等于 β 中的节点的最小支持度计数；

    else

        for $Tree$ 的头表中的每个项 a_i

            产生一个模式 $\beta=a_i\cup\alpha$，其支持度计数 support_count$=a_i.$support_count；

            构造 β 的条件模式基，然后构造 β 的条件 FP 树 $Tree_\beta$；

            if $Tree_\beta\neq\varnothing$ then

                调用 FP_growth($Tree_\beta,\beta$)；

当数据库很大时，构造基于主存的 FP 树有时是不现实的。一种选择是首先将数据库划分成多个投影数据库的集合，然后在每个投影数据库上构造 FP 树并在每个投影数据库中挖掘。如果某个投影数据库的 FP 树还不能放进主存，可以递归地对这个投影数据库进行该过程。

对 FP-growth 方法的性能研究表明：无论是挖掘长的频繁项集还是短的频繁项集，它都是有效的和可扩展的，并且其运行速度大约比 Apriori 算法快一个数量级。

6.4 ECLAT 算法

与 Apriori 算法和 FP-growth 算法不同，这两个算法都是从 TID-项集格式（即 TID：itemset）的数据集中挖掘频繁项集。TID 是事务的标识符，itemset 是 TID 中项的集合。这种数据格式称为水平数据格式（Horizontal Data Format）。本节介绍的 ECLAT 算法主要应用项 ID-TID 集格式（即 item：TID 集）来表示，其中 item 是项的名称，而 TID 集是包含 item 的事务标识符的集合。这种数据格式称为垂直数据格式（Vertical Data Format）。

6.4.1 使用垂直数据格式挖掘频繁项集

经过扫描一次数据集把表 6-2 转化为垂直数据格式，见表 6-8。

表 6-8　事务数据库 D 的垂直数据格式

项 ID	TID 集
I1	{T100,T200,T400,T500,T600}
I2	{T200,T300,T400,T500}
I3	{T100,T300,T600}
I4	{T300,T400,T500,T600}
I5	{T200,T500,T600}

接下来要对每对频繁项的 TID 取交集,设最小支持度为 2,由表 6-8 可知,表中的每个项都是频繁项,故没有需要删掉的项。取交集后生成 10 个非空 2-项集,见表 6-9。可以看到,项集{I2,I3}和{I3,I5}都只包含一个事务,因此它们不属于频繁 2-项集的集合,需要删除。

表 6-9　垂直数据格式的 2-项集

项　　集	TID 集
{I1,I2}	{T200,T400,T500}
{I1,I3}	{T100,T600}
{I1,I4}	{T400,T500,T600}
{I1,I5}	{T200,T500,T600}
{I2,I3}	{T300}
{I2,I4}	{T300,T400,T500}
{I2,I5}	{T200,T500}
{I3,I4}	{T300,T600}
{I3,I5}	{T600}
{I4,I5}	{T500,T600}

这里的候选产生过程将产生 6 个 3-项集,通过取这些 3-项集任意两个对应 2-项集的交,得到表 6-10,可以看到,最后只剩下 3 个频繁 3-项集{I1,I2,I4:2}、{I1,I2,I5:2}和{I1,I4,I5:2}。

表 6-10　垂直数据格式的 3-项集

项　　集	TID 集
{I1,I2,I4}	{T400,T500}
{I1,I2,I5}	{T200,T500}
{I1,I4,I5}	{T500,T600}

上述例子解释了通过查询垂直数据格式挖掘频繁项集的过程,在算法中加入了倒排的思想。首先对数据集进行一次扫描,把水平的数据格式转换为垂直的数据格式。令项集的支持度计数等于 TID 集的长度,根据先验性质,对频繁 k-项集求交集,形成候选($k+1$)-项集,对候选($k+1$)-项集做裁剪,形成频繁($k+1$)-项集。不断重复上述过程,每次 k 增加 1,直到无法生成频繁项集或候选项集。

ECLAT 算法的优点是只需要扫描一次数据库,大幅减少了数据挖掘所需要的时间,提高了数据挖掘的效率。缺点是没有对候选集进行删减的操作，若某一项出现的频率非常高，在进行交集操作的时候会消耗大量内存，同时会降低算法效率。

6.4.2 ECLAT算法的伪代码

```
算法：ECLAT(数据集D，最小支持度min_support)
输入：
    D：事务数据库，其中每个事务是项的集合
    min_support：频繁项集的最小支持度阈值
输出：
    L:频繁项集列表
```

算法流程如下：

```
初始化频繁1-项集列表 L_1 为空
对于D中的每个项 i:
    计算项 i 的支持度 support(i)
    如果 support(i) >= min_support，则将{i}添加到 L_1
初始化频繁项集列表 L 为 L_1
对于 k=2 至最大项数：
    初始化候选 k-项集列表 C_k 为空
    对于 L_{k-1} 中的每个频繁(k-1)-项集 X：
        对于 X 中的每个非最后项 x：
            创建一个新的候选 k-项集 Y=X\{x}∪{x 的后继项}
            如果 Y 不在 C_k 中且其所有项在 L_1 中都是频繁的，则将 Y 添加到 C_k
    对于 C_k 中的每个候选 k-项集 Y：
        计算 Y 的支持度 support(Y)
        如果 support(Y) >= min_support，则将 Y 添加到 L
返回频繁项集列表 L
```

注意：

1)"x 的后继项"是指根据某种顺序（如字典序）排在 x 后面的项。
2)$L_{(k-1)}$ 表示频繁(k-1)-项集列表。
3)"\"表示集合的差集操作。
4)"∪"表示集合的并集操作。

6.5 关联规则评估指标

关联规则评价指标除了前面用到的支持度（support）和置信度（confidence）之外，通常还用提升度（Lift）、杠杆率（Leverage）和确信度（Conviction）来衡量。

1. 提升度（Lift）

提升度衡量了规则中两个项之间的关联程度，即一个项的出现如何影响另一个项的程度，提升度可以帮助确定两个项之间是否存在关联性，以及这种关联性的程度有多大。具体公式见式（6-3）。

$$\text{Lift}(A \Rightarrow B) = \frac{P(B|A)}{P(B)} \tag{6-3}$$

提升度大于1表示A和B之间存在正相关关系，提升度小于1表示A和B之间存在负相关关系，提升度等于1表示A和B之间不存在关联关系。提升度可以帮助确定哪些规则是最有效的或最实用的。

2. 杠杆率（Leverage）

杠杆率（Leverage）用于衡量关联规则中项集之间的独立性程度。它通过比较项集A和项集B的同时出现频率与在它们独立情况下的期望频率之间的差异来评估它们之间的关联性。杠杆率的计算公式见（6-4）。

$$\text{Leverage}(A \Rightarrow B) = P(A \cup B) - P(A) \times P(B) \tag{6-4}$$

当杠杆率大于0时，表示项集A和项集B的同时出现频率高于独立情况下的期望，暗示着A和B之间存在正相关关系；而当杠杆率小于0时，表示项集A和项集B的同时出现频率低于独立情况下的期望，表明A和B之间存在负相关关系。而当杠杆率等于0时，表示项集A和项集B的同时出现频率等于独立情况下的期望，说明A和B之间不存在关联关系。基于这些特性，杠杆率可以帮助确定关联规则中的项集之间是否存在关联性，以及这种关联性的程度有多大。

3. 确信度（Conviction）

确信度（Conviction）是用于衡量关联规则中项集A和项集B之间的依赖性程度的指标。它描述了在规则A⇒B成立的情况下，B的发生与A的发生之间的关系。具体地说，确信度计算的是，当A发生时，B发生的概率比B独立发生的概率增加了多少倍。确信度的计算公式见式（6-5）。

$$\text{Conviction}(A \Rightarrow B) = (1-\text{support}(B))/(1-\text{confidence}(A \Rightarrow B)) \tag{6-5}$$

当确信度大于1时，表示规则A导致B的出现概率高于B的独立出现概率，表明A和B之间存在依赖性；等于1时表示A和B之间不存在依赖性；小于1时表示A和B之间存在独立性。确信度可以帮助确定关联规则中的项集之间的依赖性程度，较高的确信度可能表明规则更实用或更可靠。

6.6 实践——商品零售购物篮分析

步入零售店内，看似无序的商品摆放和购物车中琳琅满目的商品，实则蕴含着丰富的信息和潜在的商业机会。零售购物篮分析便是解锁这些信息和机会的钥匙之一。通过深入挖掘顾客购买商品之间的关联关系，可以帮助零售商洞察顾客的购买行为模式，发现隐藏在数据背后的规律。从购买商品的组合，到购买频率的分布，再到不同商品之间的关联程度，本节将深入探索零售购物篮分析的奥秘，揭示其中蕴含的商业智慧和潜在的市场机遇。随着技术的发展和数据的积累，零售购物篮分析不仅成为零售行业提升销售额、改善用户体验的重要工具，更是为零售商提供了深入了解顾客需求、实现精准营销的关键手段。

6.6.1 背景与挖掘目标

在零售行业中，购物篮分析是一种常见的数据挖掘技术，它通过分析顾客购物篮中的商品组合，揭示出商品之间的相关性和顾客购买行为的规律。这种分析有助于零售商理解顾客的购买行为，优化产品摆放和促销策略及改善库存管理，从而提升销售额和顾客满意度。

挖掘目标具体如下。

1. 理解顾客购买行为

分析购物篮可以帮助零售商了解顾客购买商品的偏好和习惯。例如，哪些商品常被一起购买，是否存在特定的购买模式（如季节性购买倾向）等。

2. 优化产品摆放和促销策略

了解顾客购买行为可以帮助零售商更好地安排产品陈列和促销活动，提高产品的曝光度和销售效率。例如，根据购物篮分析结果调整产品摆放位置，将相关性较高的商品放置在一起，以促进交叉销售。

3. 改善库存管理

购物篮分析可以帮助零售商预测商品的需求量，合理安排库存，避免库存积压和过剩，提高库存周转率，降低库存成本。

通过以上目标，零售商可以更好地了解和满足顾客的需求，提升销售业绩和竞争力。

6.6.2 数据初步探析

本节在网站 https://www.kaggle.com/datasets/rodsaldanha/arketing-campaign 上下载营销活动 Marketing Campaign 数据集，此数据集一共 12 列，即 12 个属性特征，分别为 ID、Education、Marital、Income、Kidhome、AcceptCmp1、AcceptCmp2、AcceptCmp3、AcceptCmp4、AcceptCmp5、Complain、Response；共 2240 行，即 2240 条客户信息，此信息记录了客户个人信息、家庭状况及他们对营销活动的反应等，可以用于分析客户行为和营销策略的效果。Marketing Campaign 数据集的属性及含义见表 6-11。

表 6-11 Marketing Campaign 数据集的属性及含义

属性名称	含义
ID	客户的编号
Education	客户的教育程度
Marital	客户婚姻状况
Income	客户的家庭年收入
Kidhome	客户家中小孩的数目
AcceptCmp1	如果客户在第一次活动中接受报价，则为 1，否则为 0
AcceptCmp2	如果客户在第二次活动中接受报价，则为 1，否则为 0
AcceptCmp3	如果客户在第三次活动中接受报价，则为 1，否则为 0
AcceptCmp4	如果客户在第四次活动中接受报价，则为 1，否则为 0
AcceptCmp5	如果客户在第五次活动中接受报价，则为 1，否则为 0
Complain	如果客户在过去 2 年内投诉，则为 1，否则为 0
Response	如果客户在上次活动中接受了报价，则为 1，否则为 0

假设此数据集文件 marketing_campaign.csv 存放在 D 盘根目录下，数据探索分析的步骤如下。

1. 获取数据集信息

下面给出获取数据集信息的 Python 的实现代码。

```python
import pandas as pd

# 读取数据
data = pd.read_csv('d:\\marketing_campaign.csv')
# 显示前五行数据
print(data.head())
```

运行结果如下:

```
      ID  Education  Marital    Income   Kidhome      AcceptCmp3  \
0   5524  Graduation   Single   58138.0   Kidhome0   AcceptCmp3-0
1   2174  Graduation   Single   46344.0   Kidhome1   AcceptCmp3-0
2   4141  Graduation  Together  71613.0   Kidhome0   AcceptCmp3-0
3   6182  Graduation  Together  26646.0   Kidhome1   AcceptCmp3-0
4   5324         PhD  Married   58293.0   Kidhome1   AcceptCmp3-0

       AcceptCmp4      AcceptCmp5      AcceptCmp1      AcceptCmp2    Complain  \
0    AcceptCmp4-0    AcceptCmp5-0    AcceptCmp1-0    AcceptCmp2-0   Complain-0
1    AcceptCmp4-0    AcceptCmp5-0    AcceptCmp1-0    AcceptCmp2-0   Complain-0
2    AcceptCmp4-0    AcceptCmp5-0    AcceptCmp1-0    AcceptCmp2-0   Complain-0
3    AcceptCmp4-0    AcceptCmp5-0    AcceptCmp1-0    AcceptCmp2-0   Complain-0
4    AcceptCmp4-0    AcceptCmp5-0    AcceptCmp1-0    AcceptCmp2-0   Complain-0

     Response
0  Response-1
1  Response-0
2  Response-0
3  Response-0
4  Response-0
```

2. 统计数据集中缺失值的情况

代码如下:

```python
import pandas as pd

# 加载 CSV 文件
data = pd.read_csv('d:\\marketing_campaign.csv')

# 统计每个属性的缺失值数量
missing_values = data.isnull().sum()

# 打印缺失值统计结果
print("各个属性的缺失值数量:")
print(missing_values)
```

运行结果如下:

```
各个属性的缺失值数量:
ID             0
Education      0
Marital        0
Income        24
Kidhome        0
AcceptCmp3     0
AcceptCmp4     0
```

```
AcceptCmp5        0
AcceptCmp1        0
AcceptCmp2        0
Complain          0
Response          0
dtype: int64
```

3. 填充缺失值

为了进行关联分析,下面给出用 Income 的均值代替缺失值的代码。

```
import pandas as pd

# 加载 CSV 文件
data = pd.read_csv('d:\\marketing_campaign.csv')

# 计算 Income 属性的均值
income_mean = data['Income'].mean()

# 用均值替换 Income 属性中的缺失值
data['Income'].fillna(income_mean, inplace=True)
```

4. 数据转换

关联规则算法处理的数据都为离散型数据,需要把属性 Education 和 Marital 的值都转换为离散型数据 0~4,把属性 AcceptCmp1 的值 AcceptCmp1-0 或 AcceptCmp1-1 转换为 0 或 1,其他属性也是如此,代码如下。

```
import pandas as pd

# 读取 CSV 文件
df = pd.read_csv('d:\\marketing_campaign.csv')

# 使用 factorize()函数将字符值转换为离散型数据,并且替换原来的列
df['Education'], _ = pd.factorize(df['Education'])
df['Marital'], _ = pd.factorize(df['Marital'])

# 计算"Income"属性的均值
income_mean = df['Income'].mean()

# 用均值替换"Income"属性中的缺失值
df['Income'].fillna(income_mean, inplace=True)

# 将 Income 属性的值除以 10000 并进行四舍五入转换为整数
df['Income'] = (df['Income'] / 10000).round().astype(int)

# 定义替换函数
def replace_acceptcmp(column):
```

```python
        return column.replace({'AcceptCmp1 - 0': 0, 'AcceptCmp1 - 1': 1,
                               'AcceptCmp2 - 0': 0, 'AcceptCmp2- 1': 1,
                               'AcceptCmp2- 0': 0, 'AcceptCmp5 - 0 ': 0,
                               'AcceptCmp3 - 0': 0, 'AcceptCmp3 - 1 ': 1,
                               'AcceptCmp4 - 0': 0, 'AcceptCmp4 - 1 ': 1,
                               'AcceptCmp5 - 0': 0, 'AcceptCmp5 - 1': 1})

# 对每个属性的值进行替换
for col in ['AcceptCmp1', 'AcceptCmp2', 'AcceptCmp3', 'AcceptCmp4', 'AcceptCmp5']:
    df[col] = replace_acceptcmp(df[col])

# 使用正则表达式去除前缀
df['Complain'] = df['Complain'].str.replace(r'^Complain-', '')
df['Response'] = df['Response'].str.replace(r'^Response-', '')
df['Kidhome'] = df['Kidhome'].str.replace(r'^Kidhome', '')

# 保存修改后的数据集到 CSV 文件
df.to_csv('d:\\modified_marketing_campaign.csv', index=False)

# 加载修改后的 CSV 文件
df_modified = pd.read_csv('d:\\modified_marketing_campaign.csv')

# 显示修改后的前五行数据
print(df_modified.head())
```

运行结果如下:

```
     ID  Education  Marital  Income  Kidhome  AcceptCmp3  AcceptCmp4  \
0  5524          0        0       6        0           0           0
1  2174          0        0       5        1           0           0
2  4141          0        1       7        0           0           0
3  6182          0        1       3        1           0           0
4  5324          1        2       6        1           0           0

   AcceptCmp5  AcceptCmp1  AcceptCmp2  Complain  Response
0           0           0           0         0         1
1           0           0           0         0         0
2           0           0           0         0         0
3           0           0           0         0         0
4           0           0           0         0         0
```

观察上面的运行结果，所有属性都为离散型数据。为关联分析做好了数据准备工作。

6.6.3 构建关联分析模型

本节利用关联分析的 2 种算法构建模型。

1. 利用 Apriori 算法构建关联分析模型

代码如下:

```
import pandas as pd
from mlxtend.frequent_patterns import apriori, association_rules
```

```python
# 读取数据集
data = pd.read_csv("d:\\modified_marketing_campaign.csv")

# 删除 Id 属性
data.drop(columns=['ID'], inplace=True)

# 离散化 Income 列
data['Income'] = pd.cut(data['Income'], bins=[-float('inf'), 5, 10, float('inf')], labels=[0, 1, 2], right=False)

# 独热编码 Income、Education、Marital、Kidhome 属性
data = pd.get_dummies(data, columns=['Income', 'Education', 'Marital', 'Kidhome'])

# 转换 AcceptCmp1、AcceptCmp2、AcceptCmp3、AcceptCmp4、AcceptCmp5、Complain、Response
# 列为布尔值
binary_columns = ['AcceptCmp1', 'AcceptCmp2', 'AcceptCmp3', 'AcceptCmp4', 'AcceptCmp5', \
'Complain', 'Response']
data[binary_columns] = data[binary_columns].applymap(lambda x: 1 if x == 'yes' else 0)

# 应用 Apriori 算法
frequent_itemsets = apriori(data, min_support=0.3, use_colnames=True)
rules = association_rules(frequent_itemsets, metric="confidence", min_threshold=0.7)

# 打印频繁项集和关联规则
print("频繁项集:")
print(frequent_itemsets)
print("\n关联规则:")
print(rules)
```

运行结果:

```
频繁项集:
    support              itemsets
0  0.401786             (Income_0)
1  0.589286             (Income_1)
2  0.503125          (Education_0)
3  0.385714            (Marital_2)
4  0.577232            (Kidhome_0)
5  0.401339            (Kidhome_1)
6  0.469196  (Income_1, Kidhome_0)

关联规则:
  antecedents  consequents  antecedent support  consequent support   support  \
0  (Income_1)  (Kidhome_0)            0.589286            0.577232  0.469196
1  (Kidhome_0) (Income_1)             0.577232            0.589286  0.469196

   confidence      lift  leverage  conviction  zhangs_metric
0    0.796212  1.379362  0.129042    2.074549       0.669631
1    0.812838  1.379362  0.129042    2.194436       0.650539
```

根据运行结果给出的频繁项集和关联规则,可以分析客户行为和营销策略的效果。

(1) 频繁项集分析

在已有的数据集中,可以观察到不同属性的频繁项集的支持度。例如,Income 大于 5 的客户数量约占总客户数量的 58.9%,没有孩子的客户数量约占总客户数量的 57.7%。

(2) 关联规则分析

规则 1:如果 Income 大于 5,则有约 79.6%的可能性会购买 Kidhome 为 0 的产品。这表明高收入客户更有可能购买无孩子产品,针对该类客户可制定相应的营销策略。

规则 2:如果 Kidhome 为 0,则有约 81.3%的可能性会购买 Income 大于 5 的产品。这表明没有孩子的客户更有可能购买高收入产品,针对该类客户同样可以设计相应的营销策略。

2. 利用 FP-growth 算法构建关联分析模型

代码如下:

```python
import pandas as pd
from mlxtend.frequent_patterns import fpgrowth, association_rules

# 读取数据集
data = pd.read_csv("d:\\modified_marketing_campaign.csv")

# 删除 Id 属性
data.drop(columns=['ID'], inplace=True)

# 离散化 Income 列
data['Income'] = pd.cut(data['Income'], bins=[-float('inf'), 5, 10, float('inf')], labels=[0, 1, 2], right=False)

# 独热编码 Income、Education、Marital、Kidhome 属性
data = pd.get_dummies(data, columns=['Income', 'Education', 'Marital', 'Kidhome'])

# 转换 AcceptCmp1、AcceptCmp2、AcceptCmp3、AcceptCmp4、AcceptCmp5、Complain、Response
# 列为布尔值
binary_columns = ['AcceptCmp1', 'AcceptCmp2', 'AcceptCmp3', 'AcceptCmp4', 'AcceptCmp5', \
'Complain', 'Response']
data[binary_columns] = data[binary_columns].applymap(lambda x: 1 if x == 'yes' else 0)

# 应用 FP-growth 算法
frequent_itemsets = fpgrowth(data, min_support=0.3, use_colnames=True)
rules = association_rules(frequent_itemsets, metric="confidence", min_threshold=0.7)

# 打印频繁项集和关联规则
print("频繁项集:")
print(frequent_itemsets)
print("\n关联规则:")
print(rules)
```

运行结果如下：

```
频繁项集：
   support              itemsets
0  0.589286            (Income_1)
1  0.577232            (Kidhome_0)
2  0.503125            (Education_0)
3  0.401339            (Kidhome_1)
4  0.401786            (Income_0)
5  0.385714            (Marital_2)
6  0.469196  (Income_1, Kidhome_0)

关联规则：
   antecedents   consequents  antecedent support  consequent support  support  \
0  (Income_1)    (Kidhome_0)            0.589286            0.577232 0.469196
1  (Kidhome_0)   (Income_1)             0.577232            0.589286 0.469196

   confidence      lift  leverage  conviction  zhangs_metric
0    0.796212  1.379362  0.129042    2.074549       0.669631
1    0.812838  1.379362  0.129042    2.194436       0.650539
```

FP-growth 算法的运行结果几乎和 Apriori 算法的运行结果相同，这里不再进行具体分析。

6.6.4 评估关联分析模型

根据提供的数据，对 Apriori 算法和 FP-growth 算法进行评估比较，实现代码如下：

```python
import pandas as pd
from mlxtend.frequent_patterns import apriori, fpgrowth, association_rules
import time
import psutil

data = pd.read_csv("d:\\modified_marketing_campaign.csv")
data.drop(columns=['ID'], inplace=True)
data['Income'] = pd.cut(data['Income'], bins=[-float('inf'), 5, 10, float('inf')], labels=[0, 1, 2], right=False)
data = pd.get_dummies(data, columns=['Income', 'Education', 'Marital', 'Kidhome'])
binary_columns = ['AcceptCmp1', 'AcceptCmp2', 'AcceptCmp3', 'AcceptCmp4', 'AcceptCmp5', \
                  'Complain', 'Response']
data[binary_columns] = data[binary_columns].applymap(lambda x: 1 if x == 'yes' else 0)

# 记录开始时间和内存消耗
start_time = time.time()
start_mem = psutil.Process().memory_info().rss / 1024 / 1024  # in MB

# 应用 Apriori 算法
frequent_itemsets_apriori = apriori(data, min_support=0.3, use_colnames=True)
rules_apriori = association_rules(frequent_itemsets_apriori, metric="confidence", min_threshold=0.7)

# 记录结束时间和内存消耗
end_time_apriori = time.time()
```

```python
end_mem_apriori = psutil.Process().memory_info().rss / 1024/1024    # in MB

# 记录开始时间和内存消耗
start_time_fpgrowth = time.time()
start_mem_fpgrowth = psutil.Process().memory_info().rss / 1024 /1024    # in MB

# 应用 FP-growth 算法
frequent_itemsets_fpgrowth = fpgrowth(data, min_support=0.3, use_colnames=True)
rules_fpgrowth = association_rules(frequent_itemsets_fpgrowth, metric="confidence", min_threshold=0.7)

# 记录结束时间和内存消耗
end_time_fpgrowth = time.time()
end_mem_fpgrowth = psutil.Process().memory_info().rss / 1024/1024    # in MB

# 计算运行时间
run_time_apriori = end_time_apriori - start_time
run_time_fpgrowth = end_time_fpgrowth - start_time_fpgrowth

# 计算内存消耗增量
mem_usage_apriori = end_mem_apriori - start_mem
mem_usage_fpgrowth = end_mem_fpgrowth - start_mem_fpgrowth

# 打印 Apriori 算法结果
print("Apriori 算法结果:")
print("频繁项集:")
print(frequent_itemsets_apriori)
print("\n 关联规则:")
print(rules_apriori)
print("\n 运行时间:", run_time_apriori, "秒")
print("内存消耗增量:", mem_usage_apriori, "MB")

# 打印 FP-growth 算法结果
print("\nFP-growth 算法结果:")
print("频繁项集:")
print(frequent_itemsets_fpgrowth)
print("\n 关联规则:")
print(rules_fpgrowth)
print("\n 运行时间:", run_time_fpgrowth, "秒")
print("内存消耗增量:", mem_usage_fpgrowth, "MB")
```

运行结果如下:

```
Apriori算法结果：
频繁项集：
     support              itemsets
0    0.401786            (Income_0)
1    0.589286            (Income_1)
2    0.503125         (Education_0)
3    0.385714           (Marital_2)
4    0.577232           (Kidhome_0)
5    0.401339           (Kidhome_1)
6    0.469196  (Kidhome_0, Income_1)
关联规则：
   antecedents  consequents  antecedent support  consequent support  support  \
0  (Kidhome_0)   (Income_1)            0.577232            0.589286 0.469196
1  (Income_1)   (Kidhome_0)            0.589286            0.577232 0.469196

   confidence      lift  leverage  conviction  zhangs_metric
0    0.812838  1.379362  0.129042    2.194436       0.650539
1    0.796212  1.379362  0.129042    2.074549       0.669631

运行时间：0.01196908950805664秒
内存消耗增量：1.0 MB

FP-growth算法结果：
频繁项集：
     support              itemsets
0    0.589286            (Income_1)
1    0.577232           (Kidhome_0)
2    0.503125         (Education_0)
3    0.401339           (Kidhome_1)
4    0.401786            (Income_0)
5    0.385714           (Marital_2)
6    0.469196  (Kidhome_0, Income_1)
关联规则：
   antecedents  consequents  antecedent support  consequent support  support  \
0  (Kidhome_0)   (Income_1)            0.577232            0.589286 0.469196
1  (Income_1)   (Kidhome_0)            0.589286            0.577232 0.469196

   confidence      lift  leverage  conviction  zhangs_metric
0    0.812838  1.379362  0.129042    2.194436       0.650539
1    0.796212  1.379362  0.129042    2.074549       0.669631

运行时间：0.009017229080200195秒
内存消耗增量：0.03125 MB
```

根据运行结果进行分析，可以得出以下结论：

1. 频繁项集和关联规则

Apriori算法和FP-growth算法得到的频繁项集和关联规则基本相同，都显示了Income和Kidhome之间的关联关系，并且置信度和提升度都在相近的范围内。

2. 运行时间

在这个数据集上，Apriori算法的运行时间略低于FP-growth算法，分别为0.012 s和0.009 s。尽管差异不大，但Apriori算法稍微快一些。

3. 内存消耗增量

Apriori算法的内存消耗增量为1.0 MB，而FP-growth算法的内存消耗增量为0.031 MB。可以看出，FP-growth算法在内存消耗上的表现更为优秀，消耗更少的额外内存。

综合考虑，虽然两种算法在这个数据集上表现相似，但如果对运行时间和内存消耗有更高要求，那么可以选择FP-growth算法。它在内存消耗方面表现更出色，尤其适用于处理大规模数据集。而Apriori算法则更容易理解和实现，适用于小规模数据集或者对算法复杂度要求不高的情况。

6.7 本章小结

本章深入探讨了关联分析的基础知识和常用算法。首先介绍了关联分析的基础概念及著名的"啤酒和尿布"故事，引发读者对关联分析的思考。接着详细讲解了 Apriori 算法，包括相关概念、挖掘频繁项集和挖掘关联规则的过程，并探讨了其缺点。随后，介绍了 FP-growth 算法及其高效的频繁项集挖掘方式，以及 ECLAT 算法的垂直数据格式应用。同时，给出了评估关联规则的评估指标，并通过一个商品零售购物篮分析案例，展示了关联分析算法在实际场景中的应用。通过本章的学习，读者将全面了解关联分析的原理、常用算法和应用，为实际数据挖掘工作提供了重要参考。

6.8 习题

1. 什么是关联分析？请用一个具体的例子解释关联分析的概念。
2. 请解释 Apriori 算法的基本原理，并说明它如何挖掘频繁项集。
3. 详细解释 FP-growth 算法的工作原理以及它如何利用 FP 树挖掘频繁项集。
4. 介绍 ECLAT 算法，并说明它如何使用垂直数据格式挖掘频繁项集。
5. 讨论关联规则评估指标的作用，并列举几种常用的评估指标。
6. 某商场的交易订单见表 6-12，请根据以下数据及最小支持度阈值 50%，计算出 {啤酒, 尿布} 项集的支持度，{咖啡⇒橙汁} 的置信度，{咖啡⇒橙汁} 的提升度，并求出最大的频繁项集。

表 6-12　某商场的交易订单

单　号	商　品
T100	豆奶，橙汁
T200	咖啡，尿布，啤酒，面包
T300	豆奶，尿布，啤酒，橙汁
T400	咖啡，豆奶，尿布，啤酒
T500	面包，咖啡，尿布，橙汁

7. 已知有 6 个事务，见表 6-13。设最小支持度阈值为 2，用 ECLAT 算法画出挖掘频繁项集的过程并写出最终的频繁项集。

表 6-13　事务集信息 2

事　务　集	项　集
T100	{A,B,E}
T200	{A,B,C}
T300	{C,E}
T400	{A,B,C,D}
T500	{A,C,D,E}
T600	{C,D,E}

第 7 章
回归分析

回归分析是一种统计方法，用于研究自变量（解释变量）和因变量（响应变量）之间的关系。通过回归分析，可以确定自变量与因变量之间的相关性，预测因变量的数值，并了解自变量对因变量的影响程度。具体而言，回归分析可以解答以下问题：自变量和因变量之间是否存在线性关系？自变量对因变量的影响是正向还是负向？自变量的变化如何影响因变量的变化？如何使用自变量来预测因变量的数值？自变量的变化能够解释因变量变化的多少百分比？通过回归分析，可以构建模型，从而更好地理解变量之间的关系，进行预测和决策。回归分析广泛应用于经济学、社会科学、生物学、医学等领域。

7.1 回归分析的基础

7.1.1 回归分析的概念

回归分析是一种统计方法，用于研究两个或多个变量之间的关系。在回归分析中，通常将一个或多个自变量（解释变量）与一个因变量（响应变量）进行关联，以了解自变量对因变量的影响程度和方向。通过建立数学模型，描述二者之间的关系，回归分析提供了预测、推断和解释的能力。通过回归分析，可以确定自变量对因变量的影响程度、预测因变量的数值、检验假设及探索变量之间的关联。这使得回归分析成为经济学、社会科学、医学和工程等领域中重要的工具。总之，回归分析有助于理解和利用变量之间的关系，为决策和预测提供有力支持。

7.1.2 回归分析的步骤

回归分析步骤如下。

1. 数据收集

收集自变量和因变量的数据样本，确保数据的质量和完整性。

2. 数据清洗和探索性分析

处理缺失值、异常值，进行数据标准化、特征缩放等预处理步骤。通过可视化和统计方法探索数据特征和变量之间的关系。

3. 特征工程

选择合适的特征进行特征变换和特征选择，以提高模型的性能和泛化能力。

4. 拆分数据集

将数据集划分为训练集和测试集，通常采用交叉验证方法来避免过拟合。

5. 选择回归模型

根据数据特点和问题需求选择合适的回归模型，如线性回归、岭回归、Lasso 回归等。

6. 模型训练

使用训练集对选择的回归模型进行训练，拟合数据，估计模型参数。

7. 模型评估

使用测试集评估模型的性能，常用指标有均方误差（MSE）、均方根误差（RMSE）、决定系数（R-squared）等。

8. 调参优化

根据评估结果对模型进行调参优化，如调整正则化参数、特征选择等，以提高模型的泛化能力和预测准确性。

9. 模型解释和分析

解释模型参数的含义和影响，分析各个特征对因变量的贡献程度和方向，得出结论并提出洞察。

10. 模型部署和监测

将训练好的模型部署到实际应用中，持续监测模型性能，反馈结果可用于进一步优化模型。

通过以上详细步骤，可以系统地进行回归分析，构建准确可靠的预测模型，并深入理解变量之间的关系，为决策和预测提供有效支持。

7.2 一元线性回归

本节将介绍一元线性回归模型、参数的推导过程及参数求解的代码实现。

7.2.1 一元线性回归模型

一元线性回归用于研究一个自变量和一个因变量之间的线性关系，其定义见式（7-1）。

$$y = f(x) = wx + b \tag{7-1}$$

式中，y 是因变量（目标变量）的值；x 是自变量（解释变量）的值；b 是截距（模型在 $x=0$ 时的值），w 是斜率（自变量 x 对因变量 y 的影响程度，即权重）。

建立一元线性回归模型的过程实质是学习式（7-1）中的 w 和 b，找到最佳的拟合直线的过程，从而使得建立的模型能够描述解释变量和目标变量之间的关系，对未见过的解释变量进行预测。

【例7-1】 如图 7-1 所示，黄色的实心圆代表样本点，这些样本点分散在特征空间中，用两条直线来拟合这些样本点：一条是实线，另一条是虚线。哪条直线拟合这些样本点更好呢？这就涉及模型优化问题。由数学知识可知，拟合的直线方程是 $y = wx + b$，此时 x、y 已知，目标是求出 w 和 b，从而建立一条直线去更好的拟合这些点。

假设拟合直线的效果如图 7-2 所示，红色线段为预测值 $f(x_i)$ 与真实值 y_i 之间的误差。可以用均方误差来度量真实值与预测值之间的误差，并采用最小二乘法来优化模型。损失函数见式（7-2）。

$$L(w,b) = \sum_{i=1}^{m} (f(x_i) - y_i)^2 \tag{7-2}$$

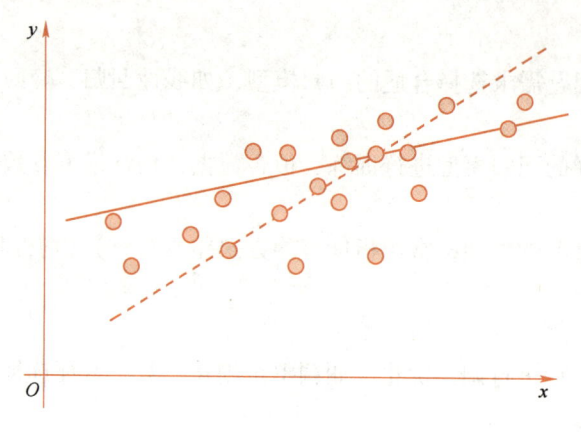

图 7-1　直线拟合样本点

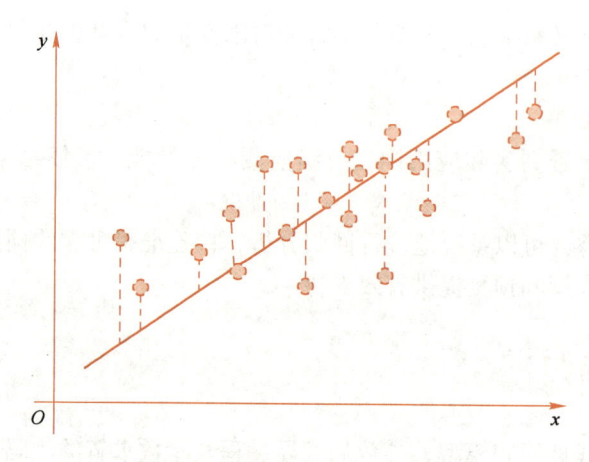

图 7-2　直线拟合样本点的误差

7.2.2　参数 w 和 b 的推导过程

由于损失函数 $L(w,b)$ 是凸函数，根据凸函数的充分性定理，可以分别对 $L(w,b)$ 求关于 w 和 b 的偏导数。将偏导数设置为 0，可以得到参数 w 和 b 的最优值，此时 $L(w,b)$ 为全局最小值，即损失最小。以上过程为最小二乘法求参数 w 和 b 的过程，对 b 求偏导数的推导过程见式（7-3）。

$$\begin{aligned}\frac{\partial L(w,b)}{\partial b} &= \frac{\partial \sum_{i=1}^{m}(f(x_i)-y_i)^2}{\partial b} \\ &= \frac{\partial \sum_{i=1}^{m}(wx_i+b-y_i)^2}{\partial b} \\ &= 2\sum_{i=1}^{m}(wx_i+b-y_i) \\ &= 2mb+2\sum_{i=1}^{m}(wx_i-y_i)\end{aligned} \quad (7-3)$$

令式（7-3）推导的最终结果为 0，通过计算可解得 b 的值见式（7-4）。

$$b = \frac{1}{m}\sum_{i=1}^{m}(y_i - wx_i) \quad (7\text{-}4)$$

为了方便后续求解 w，在此对 b 进行化简，对应的 b 值求解见式（7-5）。

$$b = \frac{1}{m}\sum_{i=1}^{m}y_i - w\frac{1}{m}\sum_{i=1}^{m}x_i = \bar{y} - w\bar{x} \quad (7\text{-}5)$$

对 w 求偏导的推导过程见式（7-6）。

$$\begin{aligned}\frac{\partial L(w,b)}{\partial w} &= \frac{\partial \sum_{i=1}^{m}(f(x_i) - y_i)^2}{\partial w} \\ &= \frac{\partial \sum_{i=1}^{m}(wx_i + b - y_i)^2}{\partial w} \\ &= 2\sum_{i=1}^{m}(wx_i + b - y_i)x_i\end{aligned} \quad (7\text{-}6)$$

令式（7-6）推导的最终结果为 0，通过计算可解得 w 的值见式（7-7）。

$$w\sum_{i=1}^{m}x_i^2 = \sum_{i=1}^{m}x_i y_i - \sum_{i=1}^{m}bx_i \quad (7\text{-}7)$$

把 $b = \bar{y} - w\bar{x}$ 代入式（7-7）的推导过程见式（7-8）。

$$w\sum_{i=1}^{m}x_i^2 = \sum_{i=1}^{m}x_i y_i - \sum_{i=1}^{m}(\bar{y} - w\bar{x})x_i \quad (7\text{-}8)$$

式（7-8）的整个推导过程见式（7-9）。

$$\begin{aligned} w\sum_{i=1}^{m}x_i^2 &= \sum_{i=1}^{m}x_i y_i - \bar{y}\sum_{i=1}^{m}x_i + w\bar{x}\sum_{i=1}^{m}x_i \\ w\sum_{i=1}^{m}x_i^2 - w\bar{x}\sum_{i=1}^{m}x_i &= \sum_{i=1}^{m}x_i y_i - \bar{y}\sum_{i=1}^{m}x_i \\ w\left(\sum_{i=1}^{m}x_i^2 - \bar{x}\sum_{i=1}^{m}x_i\right) &= \sum_{i=1}^{m}x_i y_i - \bar{y}\sum_{i=1}^{m}x_i \\ w &= \frac{\sum_{i=1}^{m}x_i y_i - \bar{y}\sum_{i=1}^{m}x_i}{\sum_{i=1}^{m}x_i^2 - \bar{x}\sum_{i=1}^{m}x_i} \end{aligned} \quad (7\text{-}9)$$

其中，式（7-9）满足式（7-10）的条件。

$$\begin{aligned}\bar{y}\sum_{i=1}^{m}x_i &= \frac{1}{m}\sum_{i=1}^{m}y_i \sum_{i=1}^{m}x_i = \bar{x}\sum_{i=1}^{m}y_i \\ \bar{x}\sum_{i=1}^{m}x_i &= \frac{1}{m}\sum_{i=1}^{m}x_i \sum_{i=1}^{m}x_i = \frac{1}{m}\left(\sum_{i=1}^{m}x_i\right)^2\end{aligned} \quad (7\text{-}10)$$

w 的最终值求解，见式（7-11）。

$$w = \frac{\sum_{i=1}^{m} x_i y_i - \bar{y}\sum_{i=1}^{m} x_i}{\sum_{i=1}^{m} x_i^2 - \bar{x}\sum_{i=1}^{m} x_i} = \frac{\sum_{i=1}^{m} x_i y_i - \bar{x}\sum_{i=1}^{m} y_i}{\sum_{i=1}^{m} x_i^2 - \frac{1}{m}\left(\sum_{i=1}^{m} x_i\right)^2} = \frac{\sum_{i=1}^{m} y_i(x_i - \bar{x})}{\sum_{i=1}^{m} x_i^2 - \frac{1}{m}\left(\sum_{i=1}^{m} x_i\right)^2} \quad (7-11)$$

根据求出的 w 和 b，可以对新的样本进行预测。

7.2.3　参数 w 和 b 求解的代码实现

下面给出一元线性回归参数 w 和 b 的实现代码：

```python
class SimpleLinearRegression:
    def __init__(self):
        self.w = None
        self.b = None
    
    def fit(self, x, y):
        n = len(x)
        sum_x = sum(x)
        sum_y = sum(y)
        sum_x_squared = sum(x_i * x_i for x_i in x)
        sum_xy = sum(x[i] * y[i] for i in range(n))
        
        self.w = (n * sum_xy - sum_x * sum_y) / (n * sum_x_squared - sum_x * sum_x)
        self.b = (sum_y - self.w * sum_x) / n
    
    def predict(self, x):
        return [self.w * xi + self.b for xi in x]

# 用法示例
x = [1, 2, 3, 4, 5]
y = [6, 7, 8, 9, 10]
# 创建模型实例
model = SimpleLinearRegression()

# 拟合模型
model.fit(x, y)

# 输出参数
print("斜率 w:", model.w)
print("截距 b:", model.b)

# 进行预测
new_x = [6, 7, 8]
predicted_y = model.predict(new_x)
print("预测结果:", predicted_y)
```

在上面的代码中，定义了一个名为 SimpleLinearRegression 的类，其中包括了拟合模型方法 fit() 和预测方法 predict()。在拟合方法 fit() 中，利用最小二乘法求解参数 w 和 b；在预测方法 predict() 中，根据求解的参数进行预测。运行结果如下：

```
斜率 w: 1.0
截距 b: 5.0
预测结果: [11.0, 12.0, 13.0]
```

7.3 多元线性回归

一元线性回归虽然是一种简单而直观的模型，但也存在一些局限性，如会忽略变量之间复杂关系、未考虑潜在的混淆因素以及预测能力受限，所以研究多个自变量对因变量的联合影响是必要的，这样能够更全面地分析变量之间的复杂关系，提供模型的解释能力和预测准确性。

在回归分析中，如果有两个或两个以上的自变量，就称为多元回归。

7.3.1 多元线性回归模型和参数求解

假设给定 m 个样本、d 个特征的数据集表示为 $D=\{(\boldsymbol{x}_1,y_1),(\boldsymbol{x}_2,y_2),\cdots,(\boldsymbol{x}_m,y_m)\}$，其中 $\boldsymbol{x}_i=[x_i^{(1)},x_i^{(2)},\cdots,x_i^{(d)}]$，$y_i \in \mathbf{R}$。多元线性回归模型为 $f(\boldsymbol{x}_i)=w_1x_i^{(1)}+w_2x_i^{(2)}+\cdots+w_dx_i^{(d)}+b=\boldsymbol{w}^\mathrm{T}\boldsymbol{x}+b$，转换为矩阵相乘的形式 $\boldsymbol{y}=f(\boldsymbol{X})=\boldsymbol{XW}+\boldsymbol{b}$，其中，$\boldsymbol{y}$ 是 m 行 1 列的矩阵，$\boldsymbol{X}$ 为 m 行 d 列的矩阵，$\boldsymbol{W}$ 为 d 行 1 列的矩阵，$\boldsymbol{b}$ 为 m 行 1 列的矩阵，见式（7-12）。

$$\boldsymbol{y}_{m\times 1}=\begin{bmatrix}y_1\\y_2\\\vdots\\y_m\end{bmatrix},\quad \boldsymbol{X}_{m\times d}=\begin{bmatrix}x_1^{(1)}&x_1^{(2)}&\cdots&x_1^{(d)}\\x_2^{(1)}&x_2^{(2)}&\cdots&x_2^{(d)}\\\vdots&\vdots&&\vdots\\x_m^{(1)}&x_m^{(2)}&\cdots&x_m^{(d)}\end{bmatrix},\quad \boldsymbol{W}_{d\times 1}=\begin{bmatrix}w_1\\w_2\\\vdots\\w_d\end{bmatrix},\quad \boldsymbol{b}_{m\times 1}=\begin{bmatrix}b\\b\\\vdots\\b\end{bmatrix} \quad (7\text{-}12)$$

再进一步将 $\boldsymbol{b}$ 吸纳进来记为 $\hat{\boldsymbol{W}}=(\boldsymbol{W},\boldsymbol{b})$，相应地把数据集 D 表示为一个 $m\times(d+1)$ 大小的矩阵 $\boldsymbol{X}$。其中每行对应一个实例，该行前 d 个元素对应于实例的 d 个属性值，最后一个元素恒置为 1，并相应可得：$f(\boldsymbol{X})=\boldsymbol{X}\hat{\boldsymbol{W}}$。最后得到损失函数见式（7-13）。为了描述方便，以后把 $\hat{\boldsymbol{W}}$ 统一记为 $\boldsymbol{W}$，损失函数变为式（7-14）。

$$L(\hat{\boldsymbol{W}})=\sum_{i=1}^{m}(y_i-f(\boldsymbol{x}_i))^2=(\boldsymbol{y}-\boldsymbol{X}\hat{\boldsymbol{W}})^\mathrm{T}(\boldsymbol{y}-\boldsymbol{X}\hat{\boldsymbol{W}}) \quad (7\text{-}13)$$

$$L(\boldsymbol{W})=(\boldsymbol{y}-\boldsymbol{XW})^\mathrm{T}(\boldsymbol{y}-\boldsymbol{XW}) \quad (7\text{-}14)$$

对式（7-14）求偏导且令等式等于 0 求解 $\boldsymbol{W}$，见式（7-15）。

$$\frac{\partial L(\boldsymbol{W})}{\partial \boldsymbol{W}}=2\boldsymbol{X}^\mathrm{T}\boldsymbol{XW}-2\boldsymbol{X}^\mathrm{T}\boldsymbol{y}=0 \Rightarrow \boldsymbol{W}=(\boldsymbol{X}^\mathrm{T}\boldsymbol{X})^{-1}\boldsymbol{X}^\mathrm{T}\boldsymbol{y} \quad (7\text{-}15)$$

令上式为 0 可得最优解的闭式解，但涉及矩阵逆的计算，需做讨论。

1) 若 $\boldsymbol{X}^\mathrm{T}\boldsymbol{X}$ 满秩或 $\boldsymbol{W}$ 正定，则 $\boldsymbol{W}=(\boldsymbol{X}^\mathrm{T}\boldsymbol{X})^{-1}\boldsymbol{X}^\mathrm{T}\boldsymbol{y}$。

2）若 X^TX 不满秩，则可解出多个 W，需要引入模型的归纳偏好或正则化，可理解为加约束。

当属性特征数量为 2 时，拟合的函数是一个平面。当属性特征数量超过 2 时，拟合的函数是一个超平面，无法用三维坐标系表示。

7.3.2　参数 W 求解的代码实现

下面给出多元线性回归参数 W 求解的实现代码：

```python
import numpy as np

class MultipleLinearRegression:
    def __init__(self):
        self.coefficients = None

    def fit(self, X, y):
        n, m = X.shape
        X_design = np.column_stack([X, np.ones(n)])                # 加入一列常数项
        self.coefficients = np.linalg.inv(X_design.T @ X_design) @ X_design.T @ y

    def predict(self, X):
        n, m = X.shape
        X_design = np.column_stack([X, np.ones(n)])                # 加入一列常数项
        return X_design @ self.coefficients

# 示例用法
X = np.array([[1, 2, 3], [2, 3, 4], [3, 4, 5], [4, 5, 6]])    # 输入数据 X 为非奇异矩阵
y = np.array([3, 4, 5, 6])

# 创建模型实例
model = MultipleLinearRegression()

# 拟合模型
model.fit(X, y)

# 输出参数
print("回归系数:", model.coefficients)
# 进行预测
new_X = np.array([[5, 6, 7]])                                  # 新的输入数据
predicted_y = model.predict(new_X)
print("预测结果:", predicted_y)
```

在这个示例中，使用了 NumPy 的 column_stack() 函数来创建设计矩阵 X_design，并且对输入数据进行相应的处理，运行结果如下：

```
回归系数：[-1.75  -1.875  3.    0.  ]
预测结果：[1.]
```

7.4 正则化回归

前面提到了一些简单的常用模型，在实际使用这些模型的过程中，经常需要考虑过拟合问题。一个好的模型不但需要对于训练集数据有好的拟合效果，还要求对未知的、新的数据（测试集数据）也同样拥有好的拟合效果。如果模型过度地拟合了特定数据，会学习一些异常数据，导致模型泛化能力较差。正则化是解决过拟合问题的一种方法，通过对模型参数进行调整，降低模型的复杂度，可以避免过拟合。应用正则化方法的模型主要有岭回归、最小绝对收缩与选择算子及弹性网络。

在线性回归中，模型的目标是最小化预测值与实际值之间的差距，即最小化损失函数，对于简单的线性回归，损失函数可以表示为式（7-16）。

$$L = \frac{1}{2n}\sum_{i=1}^{n}(y_i - \hat{y}_i)^2 \tag{7-16}$$

式中，n 是样本数量；y_i 是实际值；$\hat{y}_i$ 是预测值。

正则化回归在这个基本损失函数的基础上引入正则化项，有助于控制模型参数的大小。

7.4.1 岭回归模型

岭回归（Ridge Regression）通过在损失函数中添加参数平方和的惩罚项，来限制模型参数的增长。岭回归的损失函数见式（7-17）。

$$L = \frac{1}{2n}\sum_{i=1}^{n}(y_i - \hat{y}_i)^2 + \alpha\sum_{j=1}^{p}w_j^2 \tag{7-17}$$

式中，α 是正则化参数；p 是特征的数量；w_j 是模型的参数。

通过调整 α 的值，可以收缩或放大模型的权重，控制正则化的强度。受惩罚的权重会趋近于 0 但不会等于 0，这也是正则化应用于回归模型的一个特点。

7.4.2 最小绝对收缩与选择算子

LASSO 回归（Least Absolute Shrinkage and Selection Operator Regression）在损失函数中使用参数的绝对值之和作为惩罚项。LASSO 回归的损失函数见式（7-18）。

$$L = \frac{1}{2n}\sum_{i=1}^{n}(y_i - \hat{y}_i)^2 + \alpha\sum_{j=1}^{p}|w_j| \tag{7-18}$$

式中，α 是正则化参数；p 代表特征的数量；w_j 是模型的参数。通过调整 α 的值，可以收缩或放大模型的权重。

LASSO 回归倾向于产生稀疏系数，导致 w 向量中的某些参数为 0，当某一个参数为 0 时，其对应的特征项也就为 0，相当于丢弃了一个变量（特征），使模型的复杂度下降，达到避免过拟合的效果。因此，最小绝对收缩与选择算子（LASSO 回归）有选择变量的能力。

7.4.3 弹性网络

弹性网络（Elastic Net）的损失函数中同时包含岭回归和 LASSO 回归中的正则化项，其定义见式（7-19）。

$$L = \frac{1}{2n}\sum_{i=1}^{n}(y_i - \hat{y}_i)^2 + \alpha_1 \sum_{j=1}^{p} w_j^2 + \alpha_2 \sum_{j=1}^{p} |w_j| \quad (\alpha_1, \alpha_2 > 0) \quad (7-19)$$

弹性网络是岭回归和 LASSO 回归的一个折中模型，LASSO 回归中的正则化项倾向于产生稀疏系数，使得模型有选择变量的能力；岭回归中的正则化项可以克服 LASSO 回归的一些限制，例如，它可以处理更多变量的选择，不受变量个数的限制。

7.5 回归模型的评价指标

回归算法的评价指标为均方误差（Mean Squared Error，MSE）、均方根误差（Root Mean Squared Error，RMSE）、平均绝对误差（Mean Absolute Error，MAE）、决定系数（R-Squared，R^2）。从是否预测到了正确值的角度，可以用评价指标 MSE、RMSE 和 MAE 来对模型进行评价；从是否拟合了足够信息的角度，可以用评价指标 R^2 来对模型进行评价。在下面公式的符号中，m 代表总的样本个数，y_i 代表真实值，$\hat{y}_i$ 代表预测值。

1）均方误差（Mean Squared Error，MSE）：用真实值减去预测值，对差进行平方，然后求和并平均。线性回归用 MSE 作为损失函数。见式（7-20）。

$$\text{MSE} = \frac{1}{m}\sum_{i=1}^{m}(y_i - \hat{y}_i)^2 \quad (7-20)$$

MSE 越小，说明模型的预测能力越好。但是，MSE 的值受数据量的影响，因此在比较不同模型时，还需要使用其他指标。

2）均方根误差（Root Mean Squared Error，RMSE），见式（7-21）。

$$\text{RMSE} = \sqrt{\frac{1}{m}\sum_{i=1}^{m}(y_i - \hat{y}_i)^2} \quad (7-21)$$

RMSE 是通过在 MSE 的基础上开平方根得到的。虽然两者实质是一样的，但 RMSE 在数据描述方面更有优势。例如，在房价预测中，每平方米的价格单位是万元，预测结果也是以万元为单位。那么预测值与真实值之间的差值的平方单位应该是千万级别的。这时，不好描述模型效果。通过开平方根，误差结果的单位就跟数据的单位同一个级别，即万元。所以 RMSE 的值与 MSE 相比更易于理解，因为它与原始数据的单位相同。RMSE 的值越小，说明模型的预测能力越好。

3）平均绝对误差（Mean Absolute Error，MAE），见式（7-22）。

$$\text{MAE} = \frac{1}{m}\sum_{i=1}^{m}|(y_i - \hat{y}_i)| \quad (7-22)$$

平均绝对误差是预测值与真实值之差的绝对值的平均值。MAE 的值越小，说明模型的预测能力越好。与 MSE 相比，MAE 具有更强的鲁棒性，因为它对异常值的敏感度较低。

4）决定系数（R-Squared，R^2）。对于回归算法而言，只探索数据预测是否准确是不够的。除了数据本身的数值大小之外，还希望模型能够捕捉到数据的"规律"，如数据的分布规律、单调性等，而是否捕获了这些信息无法使用 MSE 来衡量。

如图 7-3 所示，实线代表真实标签，虚线代表拟合模型（预测值）。这是一种比较极端，但的确可能发生的情况。

在图 7-3 中，前半部分的拟合非常成功，看上去真实标签和预测结果几乎重合，但后半部分的拟合非常糟糕，模型向着与真实标签完全相反的方向去了。对于这样的一个拟合模型，如果使用 MSE 对它进行评估，它的 MSE 值会很小，因为大部分样本其实都被完美拟合了。少数样本的真实值和预测值的巨大差异在被均分到每个样本上之后，MSE 就会很小。但这样的拟合结果显然不是一个好结果，因为一旦新样本是处于拟合曲线的后半段的，预测结果必然会有巨大的偏差，而这是不希望看到的。所以，需要找到新的指标，除了判断预测的数值是否正确之外，还能够判断模型是否拟合了足够多的数值之外的信息。

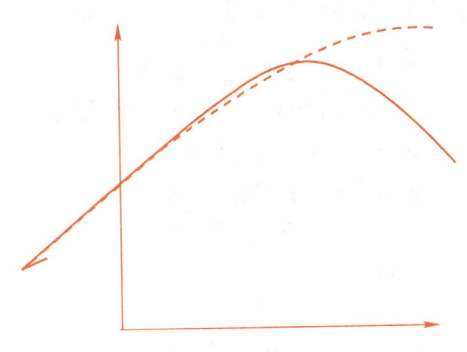

图 7-3　真实值和预测值曲线

决定系数是评价回归模型拟合优度的指标，表示模型解释因变量变异的比例，其公式见式（7-23）。

$$R^2 = 1 - \frac{\sum_{i=1}^{m}(y_i - \hat{y}_i)^2}{\sum_{i=1}^{m}(y_i - \bar{y}_i)^2} = 1 - \frac{\frac{1}{m}\sum_{i=1}^{m}(y_i - \hat{y}_i)^2}{\frac{1}{m}\sum_{i=1}^{m}(y_i - \bar{y}_i)^2} = 1 - \frac{\text{MSE}(y,\hat{y})}{\text{Var}(y)} \quad (7-23)$$

式中，$\text{Var}(y)$ 代表方差；$\text{MSE}(y,\hat{y})$ 代表预测值与真实值之间的误差；分子是真实值和预测值之间的差值，即模型没有捕获到的信息总量；分母是真实标签所带的信息量；分子分母相除代表模型没有捕获到的信息量占真实标签中所带的信息量的比例；R^2 的取值范围为 0~1，越接近 1，说明模型的拟合效果越好。

但是，R^2 也存在一些问题，例如，当自变量数量增加时，R^2 的值可能会增加，但并不一定意味着模型的预测能力更好。

7.6　实践——回归分析

本节采用的数据集为旧金山自 2005 年以来的房屋建造信息，来源于数据科学竞赛平台 Kaggle（https://www.kaggle.com/datasets/asaniczka/housing-production-in-san-francisco-since-2005）。数据集共包含 30 个特征和 5 188 条数据，每个特征的具体含义如下。

1. building_permit_application_number（建筑许可申请编号）：字符串
2. permit_address（许可地址）：字符串
3. permit_description（许可描述）：字符串
4. existing_units_in_PTS_database（PTS 数据库中现有单位数）：整数
5. proposed_units_in_PTS_database（PTS 数据库中建议单位数）：整数
6. actual_proposed_units（实际建议单位数）：整数

7. net_units（净单位数）：整数

8. net_units_completed（已完成的净单位数）：整数

9. first_completion_date（首次完成日期）：日期时间

10. latest_completion_date（最新完成日期）：日期时间

11. extremely_low_income_units（极低收入单位）：整数

12. very_low_income_units（非常低收入单位）：整数

13. low_income_units（低收入单位）：整数

14. moderate_income_units（中等收入单位）：整数

15. non_deed_restricted_moderate_income_units（无契约限制的中等收入单位）：整数

16. affordable_units（经济适用房单位）：整数

17. market_rate_units（市场价单位）：整数

18. estimated_affordable_units（预计经济适用房单位）：整数

19. supervisor_district（监管区）：整数

20. analysis_neighborhood（分析社区）：字符串

21. planning_district（规划区）：字符串

22. plan_area（计划区域）：字符串

23. permit_form_number（许可表编号）：整数

24. permit_type（许可类型）：字符串

25. issued_date（发放日期）：日期时间

26. authorization_date（授权日期）：日期时间

27. zoning_district（分区地区）：字符串

28. project_affordability_type（项目经济适用性类型）：字符串

29. block_lot（街区/地块）：字符串

30. project_id（项目编号）：字符串

这些特征提供了关于旧金山房屋建造的详细信息，包括单位数量、收入水平、地理位置及许可相关的信息。

7.6.1 数据的初步探析

首先，利用pandas加载数据集，并查看前5行数据，利用data.info()查看DataFrame的信息，它会显示DataFrame的概要，包括列的名称、每列非空值的数量、每列的数据类型及DataFrame的总体内存使用情况，对应的代码如下：

```
import pandas as pd
data = pd.read_csv("d:\\housing_production_2005-present.csv")

#查看前5行数据
print(data.head())

#查看数据条数
data.info()
```

运行结果如下：

	building_permit_application_number	permit_address	permit_description	existing_units_in_PTS_database	proposed_units_in_PTS_database	actual_proposed_un...
0	201602089004	950 MARKET ST	TO ERECT 13 STORIES, 2 BASEMENTS, TYPE I-A, 47...	0	470	4 ...
1	201611283577	30 OTIS ST	TO ERECT 27 STORIES, 2 BASEMENT, TYPE I-A, 404...	0	404	4 ...
2	201306210213	2171 03RD ST	TO ERECT 7 STORIES,1 BASEMENT, TYPE IB, 109 UN...	0	109	1 ...
3	201801128565	1856 PACIFIC AV	PER ADU UNIT ORDINANCE# 162-16, CONVERT GROUND...	11	16	...
4	9824818	1328 MISSION ST	4 STORY (12 LIVE WORK) 1 STORY PARKING	0	12	...

5 rows × 30 columns

```
<class 'pandas.core.frame.DataFrame'>
RangeIndex: 5188 entries, 0 to 5187
Data columns (total 30 columns):
 #   Column                                        Non-Null Count  Dtype
---  ------                                        --------------  -----
 0   building_permit_application_number            5188 non-null   object
 1   permit_address                                5188 non-null   object
 2   permit_description                            5186 non-null   object
 3   existing_units_in_PTS_database                5188 non-null   int64
 4   proposed_units_in_PTS_database                5188 non-null   int64
 5   actual_proposed_units                         5188 non-null   int64
 6   net_units                                     5188 non-null   int64
 7   net_units_completed                           5188 non-null   int64
 8   first_completion_date                         5188 non-null   object
 9   latest_completion_date                        5188 non-null   object
 10  extremely_low_income_units                    5188 non-null   int64
 11  very_low_income_units                         5188 non-null   int64
 12  low_income_units                              5188 non-null   int64
 13  moderate_income_units                         5188 non-null   int64
 14  non_deed_restricted_moderate_income_units     5188 non-null   int64
 15  affordable_units                              5188 non-null   int64
 16  market_rate_units                             5188 non-null   int64
 17  estimated_affordable_units                    5188 non-null   bool
 18  supervisor_district                           5188 non-null   int64
 19  analysis_neighborhood                         5188 non-null   object
 20  planning_district                             5188 non-null   object
 21  plan_area                                     1678 non-null   object
 22  permit_form_number                            5188 non-null   int64
 23  permit_type                                   5188 non-null   object
 24  issued_date                                   5188 non-null   object
 25  authorization_date                            5188 non-null   object
 26  zoning_district                               5188 non-null   object
 27  project_affordability_type                    686 non-null    object
 28  block_lot                                     5188 non-null   object
 29  project_id                                    3782 non-null   object
dtypes: bool(1), int64(14), object(15)
memory usage: 876.6+ KB
```

  由运行结果可知：此数据集共有 30 个特征，5188 条数据，其中特征 estimated_affordable_units 为 bool 类型，14 个特征为整型，15 个特征为对象类型，数据容量为 876.6 KB。

  下面给出计算每个列的缺失值数量的代码：

```python
# 检查缺失值
missing_values = data.isnull().sum()
print(missing_values)
```

运行结果如下:

```
building_permit_application_number         0
permit_address                             0
permit_description                         2
existing_units_in_PTS_database             0
proposed_units_in_PTS_database             0
actual_proposed_units                      0
net_units                                  0
net_units_completed                        0
first_completion_date                      0
latest_completion_date                     0
extremely_low_income_units                 0
very_low_income_units                      0
low_income_units                           0
moderate_income_units                      0
non_deed_restricted_moderate_income_units  0
affordable_units                           0
market_rate_units                          0
estimated_affordable_units                 0
supervisor_district                        0
analysis_neighborhood                      0
planning_district                          0
plan_area                               3510
permit_form_number                         0
permit_type                                0
issued_date                                0
authorization_date                         0
zoning_district                            0
project_affordability_type              4502
block_lot                                  0
project_id                              1406
dtype: int64
```

由运行结果可知,特征 permit_description 存在 2 个缺失值,特征 plan_area 存在 3510 个缺失值,特征 project_affordability_type 存在 4502 个缺失值,特征 project_id 存在 1406 个缺失值。

经过分析,上面具有缺失值的特征及 bool 类型特征 estimated_affordable_units 与本节的数据分析无关,这里将其删除。代码如下:

```python
# 删除具有缺失值的特征列
data.drop(columns=["permit_description","plan_area","project_affordability_type","project_id","estimated_affordable_units"], inplace=True)
data.info()
```

运行结果如下:

```
<class 'pandas.core.frame.DataFrame'>
RangeIndex: 5188 entries, 0 to 5187
Data columns (total 25 columns):
```

```
 #   Column                                        Non-Null Count  Dtype
---  ------                                        --------------  -----
 0   building_permit_application_number            5188 non-null   object
 1   permit_address                                5188 non-null   object
 2   existing_units_in_PTS_database                5188 non-null   int64
 3   proposed_units_in_PTS_database                5188 non-null   int64
 4   actual_proposed_units                         5188 non-null   int64
 5   net_units                                     5188 non-null   int64
 6   net_units_completed                           5188 non-null   int64
 7   first_completion_date                         5188 non-null   object
 8   latest_completion_date                        5188 non-null   object
 9   extremely_low_income_units                    5188 non-null   int64
 10  very_low_income_units                         5188 non-null   int64
 11  low_income_units                              5188 non-null   int64
 12  moderate_income_units                         5188 non-null   int64
 13  non_deed_restricted_moderate_income_units     5188 non-null   int64
 14  affordable_units                              5188 non-null   int64
 15  market_rate_units                             5188 non-null   int64
 16  supervisor_district                           5188 non-null   int64
 17  analysis_neighborhood                         5188 non-null   object
 18  planning_district                             5188 non-null   object
 19  permit_form_number                            5188 non-null   int64
 20  permit_type                                   5188 non-null   object
 21  issued_date                                   5188 non-null   object
 22  authorization_date                            5188 non-null   object
 23  zoning_district                               5188 non-null   object
 24  block_lot                                     5188 non-null   object
dtypes: int64(14), object(11)
memory usage: 790.4+ KB
```

按照相同方式删除其余特征后，整型数据的相关矩阵代码如下：

```
import seaborn as sns
import matplotlib.pyplot as plt

#求相关矩阵
correlation_matrix = data.corr()

# 绘制相关矩阵
plt.figure(figsize=(12, 8))
sns.heatmap(correlation_matrix, annot=True, cmap='coolwarm')
plt.title('Correlation Matrix')
plt.show()
```

运行结果如图7-4所示。

根据图7-4可知，已完成的净单位数（net_units_completed）与PTS数据库中建议单位数（proposed_units_in_PTS_database）、实际建议单位数（actual_proposed_units）、净单位数（net_units）和市场价单位（market_rate_units）的相关系数分别为0.83、0.83、1和0.93，可见相关度很高。

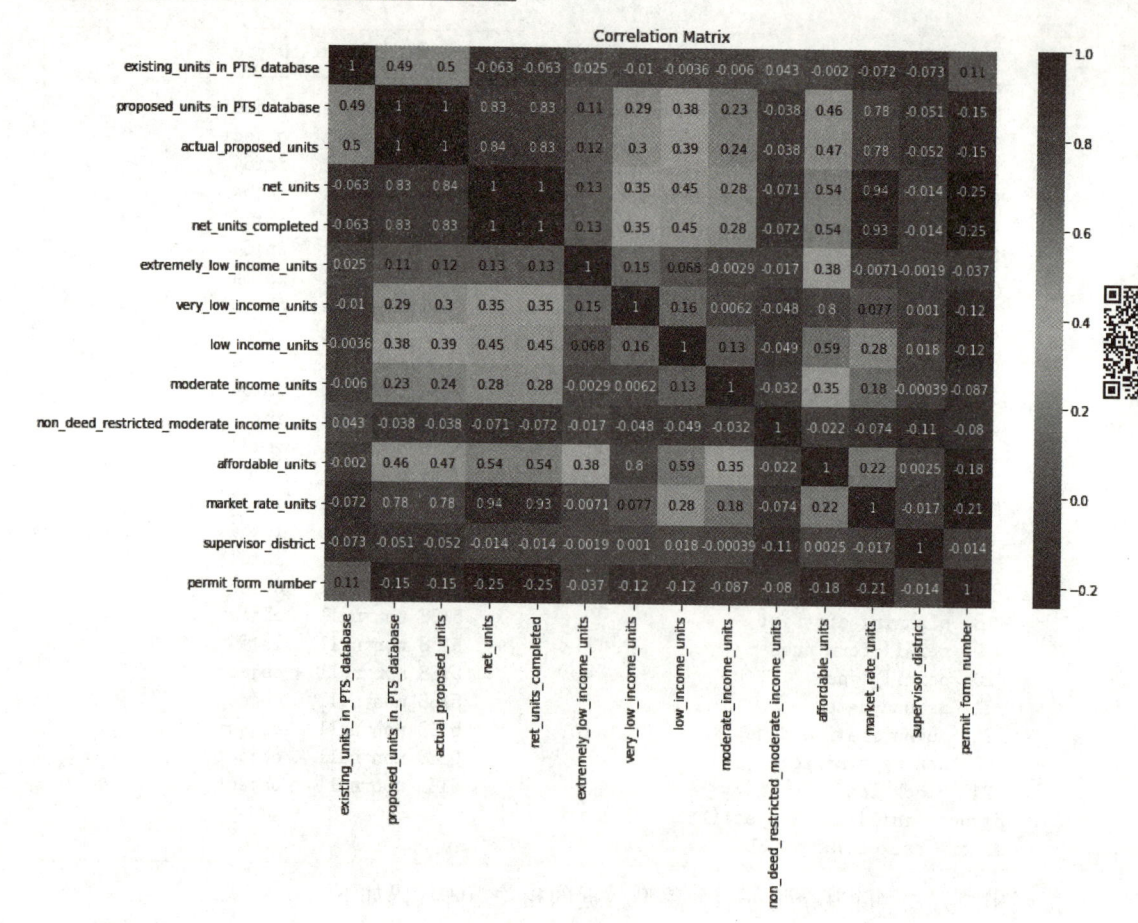

图 7-4　14 个整型特征的相关系数矩阵

7.6.2　利用一元线性回归预测房屋完成单位数量模型

净单位数（net_units）与已完成的净单位数（net_units_completed）相关指数最高，本节使用"net_units"作为自变量，"net_units_completed"作为因变量，构建一元线性回归模型。代码如下：

```
from sklearn.model_selection import train_test_split
from sklearn.linear_model import LinearRegression
from sklearn.metrics import mean_squared_error, r2_score

# 划分自变量和目标变量
X = data[['net_units']]
y = data['net_units_completed']

# 划分数据集为训练集和测试集
X_train, X_test, y_train, y_test = train_test_split(X, y, test_size=0.2, random_state=42)

# 创建一元线性回归模型并拟合训练数据集
```

```
lr = LinearRegression()
lr.fit(X_train, y_train)

# 获取拟合直线的斜率和截距
slope = lr.coef_[0]
intercept = lr.intercept_
print(f"Slope: {slope:.2f}")
print(f"Intercept: {intercept:.2f}")

# 在训练集和测试集上进行预测
y_train_pred = lr.predict(X_train)
y_test_pred = lr.predict(X_test)

# 计算评价指标
train_rmse = mean_squared_error(y_train, y_train_pred, squared=False)
train_r2 = r2_score(y_train, y_train_pred)
test_rmse = mean_squared_error(y_test, y_test_pred, squared=False)
test_r2 = r2_score(y_test, y_test_pred)

# 输出评价指标
print(f"Training Root Mean Squared Error (RMSE): {train_rmse:.2f}")
print(f"Training Coefficient of Determination (R²): {train_r2:.2f}")
print(f"Test Root Mean Squared Error (RMSE): {test_rmse:.2f}")
print(f"Test Coefficient of Determination (R²): {test_r2:.2f}")
```

运行结果如下：

```
Slope: 0.99
Intercept: 0.09
Training Root Mean Squared Error (RMSE): 3.55
Training Coefficient of Determination (R²): 0.99
Test Root Mean Squared Error (RMSE): 0.59
Test Coefficient of Determination (R²): 1.00
```

以上评价指标表明，模型在训练集和测试集上的表现都非常好。均方根误差（RMSE）表明模型的预测误差很小；而决定系数（R^2）结果表明模型可以解释目标变量的大部分方差。测试集上的表现接近完美，这表明模型可能具有很好的泛化能力。

下面给出回归直线的绘图代码：

```
import matplotlib.pyplot as plt
import numpy as np

# 绘制训练集和测试集的散点图
plt.scatter(X_train, y_train, color='red')
plt.scatter(X_test, y_test, color='blue')
```

```
# 绘制回归直线
x_line = np.linspace(X.min(), X.max(), 100).reshape(-1, 1)
y_line = lr.predict(x_line)
plt.plot(x_line, y_line, color='black', linewidth=2)
# 添加图例和标签
plt.legend(['Regression Line', 'Training Data', 'Test Data'])
plt.xlabel('Net Units')
plt.ylabel('Net Units Completed')
plt.title('Linear Regression Model')
plt.show()
```

运行结果如图 7-5 所示。

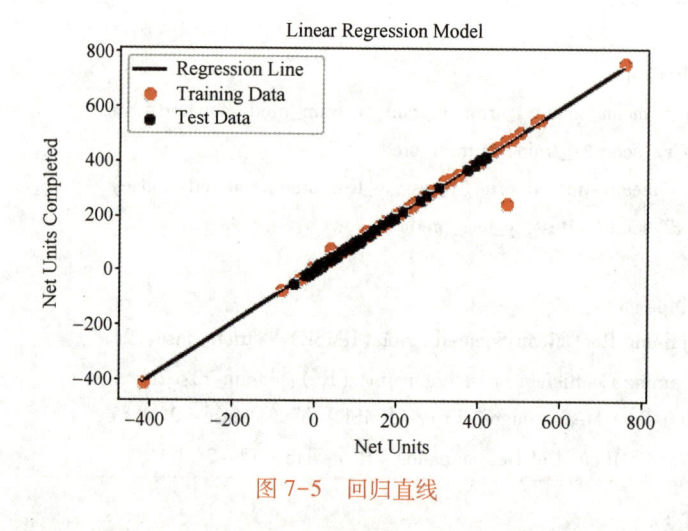

图 7-5　回归直线

由图 7-5 可知，此直线拟合效果较好。在给定一个新的净单位数值的情况下，利用此模型能够对已完成的净单位数值进行很好的预测。

7.6.3　利用多元线性回归预测房屋完成单位数量模型

本节利用 7.6.1 节中，PTS 数据库中建议单位数（proposed_units_in_PTS_database）、实际提议单位数（actual_proposed_units）、净单位数（net_units）及市场价单位（market_rate_units）与已完成的净单位数（net_units_completed）相关性较高的结论，采用 PTS 数据库中建议单位数（proposed_units_in_PTS_database）、实际提议单位数（actual_proposed_units）、净单位数（net_units）及市场价单位（market_rate_units）作为自变量，已完成的净单位数（net_units_completed）作为目标变量构建多元线性回归模型。代码如下所示：

```
from sklearn.model_selection import train_test_split
from sklearn.linear_model import LinearRegression
from sklearn.metrics import mean_squared_error, r2_score

# 选择多元线性回归的因变量和自变量
```

```python
X = data[['proposed_units_in_PTS_database', 'net_units', 'actual_proposed_units', 'market_rate_units']]
y = data['net_units_completed']

# 划分数据集为训练集和测试集
X_train, X_test, y_train, y_test = train_test_split(X, y, test_size=0.2, random_state=42)

# 创建多元线性回归模型并拟合训练数据集
lr = LinearRegression()
lr.fit(X_train, y_train)

# 在测试集上预测
y_pred = lr.predict(X_test)

# 计算评价指标
mse = mean_squared_error(y_test, y_pred)
r2 = r2_score(y_test, y_pred)

# 输出评价指标
print(f"Mean Squared Error (MSE): {mse}")
print(f"Coefficient of Determination (R²): {r2}")
```

运行结果如下：

```
Mean Squared Error (MSE): 0.47853224652719206
Coefficient of Determination (R²): 0.9996684770024608
```

由运行结果可知：多元线性回归模型的均方误差（MSE）为 0.4785，决定系数（R^2）为 0.9997，这表明该模型的表现非常优秀。

7.6.4 利用正则化回归预测房屋完成单位数量模型

本节依然采用 PTS 数据库中建议单位数、实际提议单位数及净单位数作为自变量，已完成的净单位数及市场价单位作为目标变量，利用 3 种正则化回归构建房屋完成单位数量的预测模型。代码如下：

```python
from sklearn.model_selection import train_test_split
from sklearn.linear_model import LinearRegression, Ridge, Lasso, ElasticNet
from sklearn.metrics import mean_squared_error, r2_score

# 选择多元线性回归的因变量和自变量
X = data[['proposed_units_in_PTS_database', 'net_units', 'actual_proposed_units', 'market_rate_units']]
y = data['net_units_completed']

# 划分数据集为训练集和测试集
```

```python
X_train, X_test, y_train, y_test = train_test_split(X, y, test_size=0.2, random_state=42)

# 岭回归
ridge = Ridge(alpha=1.0)
ridge.fit(X_train, y_train)
y_pred_ridge = ridge.predict(X_test)
mse_ridge = mean_squared_error(y_test, y_pred_ridge)
r2_ridge = r2_score(y_test, y_pred_ridge)

# LASSO 回归
lasso = Lasso(alpha=1.0)
lasso.fit(X_train, y_train)
y_pred_lasso = lasso.predict(X_test)
mse_lasso = mean_squared_error(y_test, y_pred_lasso)
r2_lasso = r2_score(y_test, y_pred_lasso)

# 弹性网络
elastic = ElasticNet(alpha=1.0, l1_ratio=0.5)
elastic.fit(X_train, y_train)
y_pred_elastic = elastic.predict(X_test)
mse_elastic = mean_squared_error(y_test, y_pred_elastic)
r2_elastic = r2_score(y_test, y_pred_elastic)

# 输出评价指标
print("Ridge Regression:")
print(f"Mean Squared Error (MSE): {mse_ridge}")
print(f"Coefficient of Determination (R²): {r2_ridge}")
print("\nLASSO Regression:")
print(f"Mean Squared Error (MSE): {mse_lasso}")
print(f"Coefficient of Determination (R²): {r2_lasso}")
print("\nElastic Net:")
print(f"Mean Squared Error (MSE): {mse_elastic}")
print(f"Coefficient of Determination (R²): {r2_elastic}")
```

运行结果如下：

```
Ridge Regression:
Mean Squared Error (MSE): 0.47852405902357653
Coefficient of Determination (R²): 0.9996684826746924

LASSO Regression:
Mean Squared Error (MSE): 0.4150086719740463
Coefficient of Determination (R²): 0.999712485584961

Elastic Net:
Mean Squared Error (MSE): 0.4335100956389297
Coefficient of Determination (R²): 0.9996996679588205
```

通过与 7.6.2 节的一元线性回归模型和 7.6.3 节的多元线性回归模型进行对比，发现 LASSO 回归模型表现最佳。

使用旧金山自 2005 年以来的房屋建造信息的数据集进行房屋回归分析，具有多重价值。首先，通过构建回归模型，可以预测未来旧金山地区的房屋建造数量和类型，为城市规划和房地产开发提供重要参考。其次，回归分析有助于了解市场趋势和需求变化，为房地产行业的投资和决策提供依据。此外，通过评估政策影响，可以指导政府制定和调整房地产政策，促进市场稳定和可持续发展。同时，回归分析还能优化资源配置，提高生产效率和盈利能力，并帮助各方更好地管理市场风险。综上所述，这些价值使得使用该数据集进行房屋回归分析成为理解房地产市场、优化决策和推动城市发展的重要工具。

7.7 本章小结

本章深入探讨了回归分析的基础知识和技术应用。首先介绍了回归分析的概念和步骤，然后介绍了一元线性回归和多元线性回归模型，包括参数求解的推导过程和代码实现。接着，探讨了正则化回归中的岭回归、LASSO 回归和弹性网络等模型，并讨论了回归模型的评价指标，帮助评估模型的准确性和效果。最后，通过一个实际案例——旧金山房屋建造完成量预测，展示了如何进行数据初步探析，并利用一元线性回归、多元线性回归和正则化回归等方法建立预测模型。通过本章的学习，读者将深入了解回归分析的原理和应用，掌握建立和评估回归模型的技能，为实际预测和决策提供有力支持。

7.8 习题

1. 什么是回归分析？并说明回归分析的步骤。
2. 解释一元线性回归模型的基本原理，并说明参数 w 和 b 的推导过程。
3. 多元线性回归模型参数求解的具体步骤是什么？如何使用代码实现参数 W 的求解？
4. 解释岭回归、LASSO 回归和弹性网络等正则化回归方法的基本原理。
5. 说明回归模型的评价指标的作用，并列举几种常用的评价指标。
6. 某城市过去一年的房屋销售数据中，房屋面积和对应的成交价格见表 7-1。

表 7-1　某城市过去一年的房屋销售数据

房屋面积/m²	价格（万元）
80	150
120	250
150	320
200	400
250	480

1）基于这组数据，建立一元线性回归模型，计算回归方程的斜率和截距。
2）根据得到的回归方程，预测一套房屋面积为 180 m² 的房屋的价格。
3）利用评估指标 RMSE（均方根误差）和 R^2（决定系数）对此模型进行评估。
7. 给定一个电子产品销售数据集（见表 7-2），包括月广告投入、促销活动数量、竞争对手销售额和销售额。

表 7-2　电子产品销售数据集

月广告投入（万元）	促销活动数量（个）	竞争对手销售额（万元）	销售额（万元）
15	5	25	300
20	7	30	400
25	3	20	350
30	9	35	450
35	6	40	500

1）基于这组数据，建立多元线性回归模型，计算回归方程的系数。

2）根据得到的回归方程，解释每个自变量对销售额的影响。

3）利用评估指标 RMSE（均方根误差）和 R^2（决定系数）对此模型进行评估。

第 8 章 分类分析

分类是一种重要的数据分析形式，它提取并刻画了数据中重要的类别模式。这种模式提取的模型被称为分类器，它用于预测数据实例的分类，这些分类通常是离散且无序的。例如，可以建立一个分类模型，将银行贷款申请划分为"安全"或"危险"，或者将医疗数据划分为"治疗方案 A""治疗方案 B"或"治疗方案 C"。这些类别用离散值表示，其中值的顺序没有实际意义。

相比之下，预测顾客将花费多少钱则是一个数值预测任务的例子。在数值预测中，所构建的模型预测的是一个连续值或有序值，而不是简单的类别标签。这样的模型被称为预测器（见第 7 章回归分析）。分类和数值预测是预测问题的两种主要类型，本章将重点介绍分类问题。目前，分类算法已经发展出了很多种方法，本章主要学习决策树、贝叶斯分类、支持向量机等算法的思想、步骤以及这些分类方法的评价指标。

8.1 分类分析的基础

在大数据分析中，分类问题是指通过对数据进行学习和模式识别，将数据实例划分为不同的类别或标签的任务。这种任务的目标是构建一个模型，使其能够自动地将新的数据实例归类到已知的类别中，从而实现对数据的有效分类和管理。分类问题通常涉及使用已知的数据集进行训练，然后利用训练好的模型对未知数据进行分类预测。在大数据环境下，分类问题可以应用于金融、医疗、电子商务等各种领域，用来解决诸如风险评估、疾病诊断、用户行为分析等实际挑战。

8.1.1 二元分类和多元分类

分类问题可以分为二元分类和多元分类。在二元分类中，数据被分为两个互斥的类别，如将电子邮件分类为"垃圾邮件"和"非垃圾邮件"。而多元分类则涉及将数据分为三个或更多个互斥的类别，如将图像识别为"猫""狗""汽车"或"飞机"。在解决实际问题时，选择二元分类还是多元分类取决于具体的数据和问题特征。

8.1.2 分类的步骤

数据分类包括两个阶段：学习阶段（构建分类模型）和分类阶段（使用模型预测给定数据的类标号）。

第一阶段：建立描述预先定义的数据类或概念集的分类器。这是学习阶段（或训练阶段），其中分类算法通过分析或从训练集学习来构造分类器。训练集中提供了每个训练元组的类标号,这一阶段也称为监督学习。训练集由数据库元组和它们相关联的类标号组成。元组用 n 维向量表示,分别描述 n 个数据库属性。假定每个元组都属于一个预先定义的类,这个类由一个称为类标号属性的数据库属性确定。类标号属性是离散的或者无序的。学习阶段也可以看作学习一个映射或函数 $y=f(x)$,它可以预测给定元组 x 的类标号 y。

第二阶段:使用模型进行分类。首先,评估分类器的预测准确率。如果使用训练集来度量分类器的准确率,则评估可能是乐观的,因为分类器趋于过拟合,因此需要使用独立于训练集的检验集。分类器在给定检验集上的准确率是分类器正确划分的检验元组所占的百分比。每个检验元组的类标号与学习模型对该元组的类预测进行比较。

8.2 决策树

决策树是数据挖掘的有力工具之一。决策树学习算法是一种以一组样本数据集(每个样本数据可以称为一个实例)为基础的归纳学习算法,它着眼于从一组无次序、无规则的样本数据(即概念)中推理出用决策树形式表示的分类规则。

决策树是一种类似于流程图的树结构(见图 8-1),其中每个内部节点(即除根节点外的非叶子节点)表示在某个属性上的测试,每个分支表示该测试上的一个输出,每个叶子节点存放一个类标号,树的最顶层节点是根节点。根节点和内部节点用圆表示,叶子节点用矩形表示。

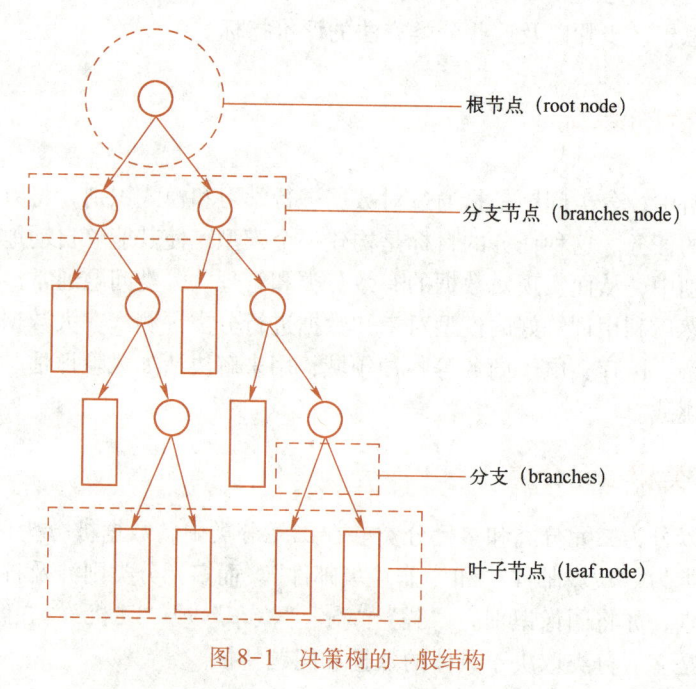

图 8-1 决策树的一般结构

8.2.1 决策树归纳

决策树的结构是由根节点、内部节点和叶子节点组成的层次结构。根节点位于树的顶部,内部节点表示一个特征属性的测试,叶子节点代表一个类别标签。从根节点到叶子节点的每一条路径构成了一条分类规则。决策树具有处理高维数据的能力,并且其生成的规则通常是清晰的、可解释的，因此易于理解。决策树的学习过程是归纳的，从训练数据中总结出一般性规则，分类过程简单而快速。

常见的决策树算法包括 ID3、C4.5 和 CART。这些算法都采用贪心方法，即在构建树的过程中每次选择当前看起来最优的特征进行划分，而不进行回溯。决策树的构建是以自顶向下递归的方式进行的，从训练数据集的整体开始，逐步划分为较小的子集，直到满足停止条件为止。

决策树归纳过程：

1）树从单个节点 N 开始，N 代表 D 中训练元组的根节点，D 为数据分区。

2）如果 D 中的元组都为同一类，则节点变成叶子节点并用该类标记它。

3）否则算法调用属性选择方法确定分裂准则，分裂准则指定分裂属性也指出分裂点或分裂子集。理想情况下，分裂准则要使得每个分支上的输出分区尽可能"纯"，即一个分区的所有元组都属于同一类。

4）节点 N 用分裂准则标记作为节点上的测试。对分类准则的每个输出，由节点 N 生长一个分支，D 中的元组据此进行划分有以下几种可能的情况。

- A 是离散值的：节点 N 的测试输出直接对应于 A 的已知值。对每个已知值 a_j 创建一个分支，并用该值标记。分区 D_j 是 D 中 A 上取值为 a_j 的类标记元组的子集。
- A 是连续值的，节点 N 的测试有两个可能的输出，分别对应于条件 $A \leq$ 分裂点（标记为 D_1）和 $A >$ 分裂点（标记为 D_2），分裂点 a 通常取 A 的两个已知相邻值的中点，因此可能不是训练数据中的存在值。从 N 生长出两个分支，并按上面的输出标记。
- A 是离散值并且必须产生二叉树，在节点 N 的测试形如 $A \in S_A$，其中 S_A 是 A 的分裂子集。N 的左分枝标记为 yes，使得 D_1 对应于 D 中满足测试条件的类标记元组的子集。N 的右分枝标记为 no，使得 D_2 对应于 D 中不满足测试条件的类标记元组的子集。

5）对于 D 的每个结果分区 D_j 上的元组，算法使用同样的过程递归地形成决策树。

6）递归划分步骤仅当下列终止条件之一成立时停止。

- 分区 D 的所有元组都是同一个类。
- 没有剩余属性可以用来进一步划分元组。使用多数表决，将 N 转化为叶子节点，并用 D 中的多数类标记它。也可以存放节点元组的类分布。
- 给定的分枝没有元组，即分区 D_j 为空，用 D 中的多数类创建一个叶子节点。

给定数据集 D，算法的计算复杂度为 $O(n|D|\log_2(|D|))$，n 是描述 D 中元组的属性个数，$|D|$ 是 D 中的训练元组数，上面介绍的基本算法对于树的每一层都需要扫描一遍 D 中的元组。

下面给出生成决策树的伪代码。

算法 8.1：Generate_decision_tree( )。由数据分区 D 中的训练元组产生决策树。

```
输入：训练集合 D、属性集合 A
输出：以 N 为根节点的一棵决策树
方法：
生成节点 N
if D 中的样本都属于同一类别 C：
    return C
if A 为空集或者 D 在属性 A 上的取值都相同：
```

> return 将类别标记为 D 中样本数最多的类别
> 从 A 中找出最优划分属性 $a*$；
> 以属性 $a*$ 划分数据集；
> 创建分支节点；
> for 每个划分的子集：
>   If D 为空：
>   return 分支节点标记为叶子节点，类别标记为 D 中样本数最多的种类
>   else：
>   调用函数 Generate_decision_tree(D_v, $A-\{a*\}$)，增加返回节点到分支节点中；
> return 分支节点

8.2.2 属性选择度量

属性选择度量是一种选择分裂准则的启发式方法，用于把给定类标记的训练元组的数据分区 D "最好地"划分成单独类。理想情况下，划分成较小的分区后，每个分区应当是"纯"的（即落在一个给定分区的所有元组都属于相同的类）。属性选择度量决定了给定节点上的元组如何分裂，所以又称作分裂准则。常用的属性选择度量有信息增益、增益率和基尼系数。设 D 为有类标号的训练集，训练集分为 m 个类，分别为 $C_1, C_2, \cdots, C_m$，$C_{i,D}$ 是 D 中属于 C_i 类的元组集合，$|D|$ 和 $|C_{i,D}|$ 分别表示 D 和 $C_{i,D}$ 中的元组个数。

1. 信息增益

信息熵是度量样本集合纯度最常用的一种指标。假设当前 D 中 C_i 类样本所占的比例为 $P_i (i=1, 2, \cdots, m)$，则 D 的信息熵定义见式（8-1）。

$$\text{Info}(D) = -\sum_{i=1}^{m} P_i \times \log_2(P_i) \qquad (8-1)$$

式中，$P_i = |C_{i,D}|/|D|$；Info(D) 表示识别 D 中元组类标号需要的平均信息量，Info(D) 的值越小，则 D 的纯度越高。

假设离散属性 A 有 v 个不同的取值 $\{a_1, a_2, \cdots, a_v\}$，若使用 A 对 D 进行划分，则会产生 v 个分支节点，其中第 j 个分支节点包含了 D 中所有在属性 A 上取值为 a_j 的元组，记作 D_j。可根据式（8-1）计算出 D_j 的信息熵，再考虑不同的分支节点所包含的元组不同，给分支节点赋予的权重为 $|D_j|/|D|$，即样本数越多的分支节点其影响越大。

条件熵是指在特定属性条件下，随机变量的不确定性。即样本集合 D 在属性 A 划分的条件下，子集的熵，条件熵定义见式（8-2）。

$$\text{Info}_A(D) = \sum_{j=1}^{v} \frac{|D_j|}{|D|} \times \text{Info}(D_j) \qquad (8-2)$$

式（8-2）值越小，分区的纯度越高。根据式（8-2），可计算出属性 A 对元组 D 进行划分所获得的信息增益见式（8-3）。

$$\text{Gain}(A) = \text{Info}(D) - \text{Info}_A(D) \qquad (8-3)$$

信息增益定义为原来信息需求与新的信息需求之间的差。一般而言，信息增益越大，则意味着使用属性 A 来进行划分所获得的"纯度提升"越大。著名的 ID3 决策树学习算法就是使用信息增益作为属性选择度量的。

2. 增益率

信息增益分裂准则对可取值数目较多的属性有所偏好，为了减少这种偏好带来的不利影响，著名的 C4.5 决策树算法不直接使用信息增益，而是使用增益率来选择最优划分属性。增益率的公式见式（8-4）。

$$\text{Gain\_Rate}(A) = \frac{\text{Gain}(A)}{\text{SplitInfo}_A(D)} \tag{8-4}$$

式中，Gain(A) 为属性 A 对元组 D 进行划分所获得的信息增益，$\text{SplitInfo}_A(D)$ 定义见式（8-5）。

$$\text{SplitInfo}_A(D) = -\sum_{j=1}^{v} \frac{|D_j|}{|D|} \times \text{Info}\left(\frac{|D_j|}{|D|}\right) \tag{8-5}$$

属性 A 的可能取值数目越多，则式（8-5）的值通常会越大。增益率分裂准则对可取值数目较少的属性有所偏好，因此，C4.5 算法并不是直接选择增益率最大的候选划分属性，而是使用了一个启发式方法，先从候选划分属性中找出信息增益高于平均水平的属性，再从中选择增益率最高的属性。

3. 基尼系数

CART 决策树使用基尼系数来选择划分属性，数据集 D 的纯度可用基尼系数来度量，见式（8-6）。

$$\text{Gini}(D) = 1 - \sum_{k=1}^{m} p_k^2 \tag{8-6}$$

其中，p_k 是 D 中元组属于 C_k 类的概率，并用 $|C_{k,D}|/|D|$ 估计，对 m 个类求和。直观来说，$\text{Gini}(D)$ 反映了从训练集 D 中随机抽取的两个样本，其类别不一致的概率。因此，$\text{Gini}(D)$ 越小，则数据集 D 的纯度越高。

基尼系数考虑每个属性的二元划分。当 A 是离散数值时，每个子集 S_A 可以看作属性 A 的一个形如"$A \in S_A$?"的二元测试。给定一个元组，如果该元组 A 的值出现在 S_A 列出的值中，则该测试满足。如果 A 具有 v 个可能的值，则存在 2^v 个可能的子集，从理论上来说，幂集和空集不代表任何分裂，所以排除幂集和空集，存在 $(2^v-2)/2$ 种形成数据集 D 的两个分区的可能方法。

如果属性 A 的一个二元划分将 D 划分成 D_1 和 D_2，此时 D 的基尼系数见式（8-7）。

$$\text{Gini}_A(D) = \frac{|D_1|}{|D|}\text{Gini}(D_1) + \frac{|D_2|}{|D|}\text{Gini}(D_2) \tag{8-7}$$

当考虑二元分裂时，计算每个结果分区的不纯度的加权和。对于每个属性考虑每种可能的二元划分。对于离散值属性，选择使基尼系数最小的子集作为它的分裂子集；对于连续值属性，必须考虑每个可能的分裂点，可以使用排序后相邻值的中点作为候选分裂点，并选择产生最小基尼系数的点作为该属性的分裂点。

4. 度量对比

信息增益偏向于多值属性，增益率调整了这种偏倚，但是它又倾向于产生不平衡的划分，即其中一个分区的大小远小于其他分区。基尼系数同样存在偏向于多值属性的问题，当类的数量很大时可能会有困难。它还倾向于导致等大小的分区，追求较高的纯度。

决策树归纳的时间复杂度一般随树的高度增加而成指数增加，所以倾向于产生较浅的树的度量更加可取，但是较浅的树趋向于具有大量叶子节点，可能会导致较高的错误率。

8.2.3 实例分析

苹果的评估信息数据集 D 有 5 个特征：编号、大小、颜色、形状和类别（是否为好果）构成，共有 10 个样本，具体信息见表 8-1。

表 8-1 苹果数据信息表

编号	大小	颜色	形状	类别（是否为好果）
1	小	青色	非规则	否
2	大	红色	非规则	是
3	大	红色	圆形	是
4	大	青色	圆形	否
5	大	青色	非规则	否
6	小	红色	圆形	是
7	大	青色	非规则	否
8	小	红色	非规则	是
9	小	青色	圆形	否
10	大	红色	圆形	是

数据集 D 的信息熵为

$$\text{Info}(D) = -\sum_{i=1}^{m} P_i \times \log_2(P_i) = -\frac{4}{10} \times \log_2 \frac{4}{10} - \frac{6}{10} \times \log_2 \frac{6}{10} = 0.97 \text{ bit}$$

根据信息增益划分属性构建决策树，首先计算每个属性的期望信息需求。

对于特征"大小"的取值有"大"和"小"，在样本集中，"大"样本占有 6 个，"小"样本占有 4 个。

为了便于计算，"大"和"小"所占比例和类别分布见表 8-2。

表 8-2 特征"大小"样本信息统计

D	大小	个数	是好果	不是好果
D_1	大	6	3	3
D_2	小	4	1	3

在特征"大小"下的条件熵为

$$\text{Info}_{\text{大小}}(D) = \frac{6}{10} \times \left(-\frac{1}{2} \times \log_2 \frac{1}{2} - \frac{1}{2} \times \log_2 \frac{1}{2} \right) + \frac{4}{10} \times \left(-\frac{1}{4} \times \log_2 \frac{1}{4} - \frac{3}{4} \times \log_2 \frac{3}{4} \right) \approx 0.92 \text{ bit}$$

关于特征"大小"的信息增益为

$$\text{Gain}(\text{大小}) = \text{Info}(D) - \text{Info}_{\text{大小}}(D) = 0.97 - 0.92 = 0.05 \text{ bit}$$

对特征"颜色"样本信息统计，数据见表 8-3。

表 8-3 特征"颜色"样本信息统计

D	颜色	个数	是好果	不是好果
D_1	红色	5	4	1
D_2	青色	5	0	5

计算特征"颜色"的条件熵为

$$\text{Info}_{颜色}(D) = \frac{5}{10} \times \left(-\frac{4}{5} \times \log_2 \frac{4}{5} - \frac{1}{5} \times \log_2 \frac{1}{5}\right) + \frac{5}{10} \times \left(-\frac{0}{5} \times \log_2 \frac{0}{5} - \frac{5}{5} \times \log_2 \frac{5}{5}\right) = 0.36 \text{ bit}$$

有关特征"颜色"的信息增益为

$$\text{Gain}(颜色) = \text{Info}(D) - \text{Info}_{颜色}(D) = 0.97 - 0.36 = 0.61 \text{ bit}$$

对特征"形状"的样本信息统计,数据见表 8-4。

表 8-4 特征"形状"的样本信息统计

D	形 状	个 数	是 好 果	不 是 好 果
D_1	圆形	5	3	2
D_2	非规则	5	1	4

计算特征"形状"的条件熵为

$$\text{Info}_{形状}(D) = \frac{5}{10} \times \left(-\frac{3}{5} \times \log_2 \frac{3}{5} - \frac{2}{5} \times \log_2 \frac{2}{5}\right) + \frac{5}{10} \times \left(-\frac{1}{5} \times \log_2 \frac{1}{5} - \frac{4}{5} \times \log_2 \frac{4}{5}\right) = 0.85 \text{ bit}$$

通过上面的计算可以得到每个特征的信息增益,见表 8-5。

表 8-5 数据集 D 各特征的信息增益统计信息表　　　　　　　　（单位:bit）

特 征	熵	条 件 熵	信 息 增 益
大小	0.97	0.92	0.05
颜色	0.97	0.36	0.61
形状	0.97	0.85	0.12

由表 8-5 可见,特征中"颜色"的信息增益最大。因此,将特征"颜色"作为决策树的根节点。初步的决策树如图 8-2 所示。

编号	大 小	颜 色	形 状	类别(是否为好果)
1	小	青色	非规则	否
4	大	青色	圆形	否
5	大	青色	非规则	否
7	大	青色	非规则	否
9	小	青色	圆形	否

编号	大 小	颜 色	形 状	类别(是否为好果)
2	大	红色	非规则	是
3	大	红色	圆形	是
6	小	红色	圆形	是
8	小	红色	非规则	否
10	大	红色	圆形	是

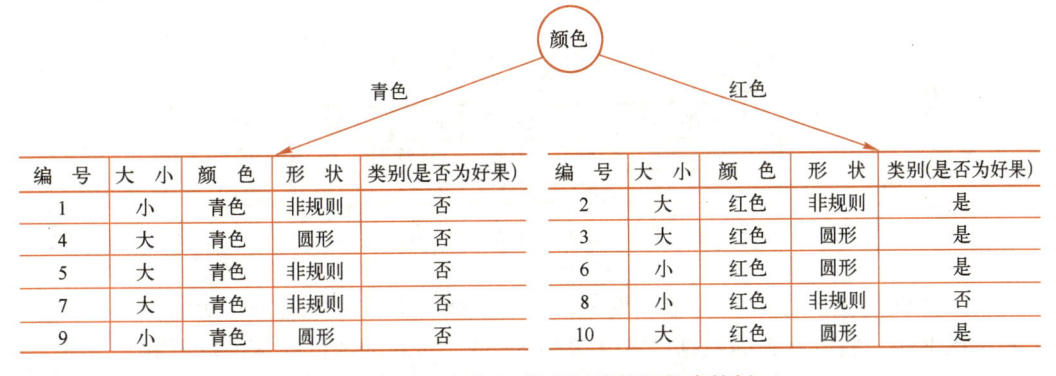

图 8-2 将"颜色"作为划分特征的决策树

由图 8-2 可知特征值为"青色",得到的数据集类别很纯,都是坏果,所以不需要再进行划分,左侧分支可生成一个叶子节点,类别标记为坏果。特征"红色"所含有的信息量无法将数据集 D 中的样本类别划分清楚,此时需要继续计算其他特征的信息增益,对决策树进行下一步的划分。把类别不清的样本记为数据集 D',见表 8-6。

表 8-6 类别不明的数据集 D'

编 号	大 小	颜 色	形 状	类别（是否为好果）
2	大	红色	非规则	是
3	大	红色	圆形	是
6	小	红色	圆形	是
8	小	红色	非规则	否
10	大	红色	圆形	是

$$\text{Info}(D') = -\sum_{i=1}^{m} P_i \times \log_2(P_i) = -\frac{4}{5} \times \log_2 \frac{4}{5} - \frac{1}{5} \times \log_2 \frac{1}{5} \approx 0.72\,\text{bit}$$

$$\text{Info}_{\text{大小}}(D') = \frac{3}{5} \times \left(-\frac{3}{3} \times \log_2 \frac{3}{3} - \frac{0}{3} \times \log_2 \frac{0}{3}\right) + \frac{2}{5} \times \left(-\frac{1}{2} \times \log_2 \frac{1}{2} - \frac{1}{2} \times \log_2 \frac{1}{2}\right) \approx 0.40\,\text{bit}$$

$$\text{Info}_{\text{形状}}(D') = \frac{2}{5} \times \left(-\frac{1}{2} \times \log_2 \frac{1}{2} - \frac{1}{2} \times \log_2 \frac{1}{2}\right) + \frac{3}{5} \times \left(-\frac{3}{3} \times \log_2 \frac{3}{3} - 0 \times \log_2 0\right) \approx 0.40\,\text{bit}$$

对数据集 D' 各特征的信息增益的结果汇总如下，见表 8-7。

表 8-7 数据集 D' 各特征信息增益统计 （单位：bit）

特 征	熵	条 件 熵	信息增益
大小	0.72	0.40	0.32
形状	0.72	0.40	0.32

在表 8-7 中，特征"大小"和"形状"的信息增益一样。这里选择特征"大小"对决策树进一步划分。此时，对应的决策树，如图 8-3 所示。

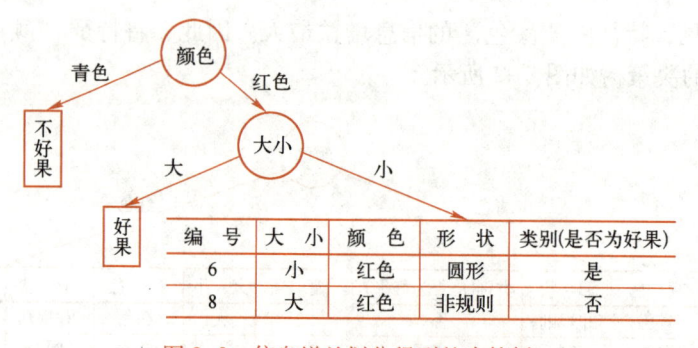

图 8-3 信息增益划分得到的决策树

再将"大小"为"小"的值继续划分，得到最终的决策树如图 8-4 所示。根据图 8-4，假设有新的数据样本（见表 8-8），对新的数据样本进行预测。

表 8-8 新的数据样本

编 号	大 小	颜 色	形 状	类别（是否为好果）
11	大	红色	圆形	?

对新的数据样本进行预测，因为数据样本的苹果"颜色"为红色，"大小"为大，可知此样本为好果。

图 8-4　决策树生成过程

8.2.4　树剪枝处理

树剪枝有两种常用的方法：先剪枝和后剪枝。

1. 先剪枝

先剪枝通过提前停止树的构建对树进行剪枝，停止之后节点就成为叶子节点。该叶子节点可以持有子集元组中最频繁的类，或这些元组的概率分布。在构造树时可以用统计显著性、信息增益、基尼系数等度量来评估划分的优劣。如果一个节点的划分导致其子集元组数量低于预定义阈值，则给定子集的进一步划分停止。但选择一个合适的阈值是困难的。

2. 后剪枝

后剪枝通过删除节点的分枝并用叶子节点替换它而剪掉给定节点上的子树。该叶子节点的类标号用子树中最频繁的类标记。CART 使用的代价复杂度剪枝算法，把树的复杂度看作树中树叶节点的个数和树的错误率的函数，其中错误率是错误分类的元组所占的百分比。它从树的底部开始，对于每个内部节点 N，计算 N 的子树的代价复杂度和该子树剪枝后的代价复杂度。使用标记类元组的错误率来评估代价复杂度，该集合独立于用于建立未剪枝树的训练集和用于准确率评估的验证集。一般而言，最小化代价复杂度的最小决策树是首选。

8.3　贝叶斯分类

贝叶斯分类法是统计学分类方法，可以预测类隶属关系的概率，如一个给定的元组属于一个特定类的概率。贝叶斯分类基于贝叶斯定理，本节给出相关概念。

8.3.1　相关概念

1. 先验概率

先验概率是基于背景常识或者历史数据的统计得出的预判概率，一般只包含一个变量，如 $P(A)$、$P(B)$ 等。

2. 条件概率

条件概率是表示一个事件发生后另一个事件发生的概率，一般情况下 B 表示某一个因素，A 表示结果，$P(A|B)$ 表示在因素 B 的条件下 A 发生的概率，即由因求果，公式见式 (8-8)。

$$P(A|B) = \frac{P(AB)}{P(B)} \tag{8-8}$$

3. 后验概率

后验概率是由果求因，也就是在知道结果的情况下求原因的概率，例如 Y 事件是由 X 引起的，那么 $P(X|Y)$ 就是后验概率，也可以说它是事件发生后的反向条件概率。

4. 贝叶斯定理

贝叶斯定理是一种概率理论中的基本定理，用于计算在已知一些先验条件的情况下，某一事件的后验概率。该定理以英国数学家托马斯·贝叶斯的名字命名，其数学表达式见式（8-9）。

$$P(A|B) = \frac{P(A) \times P(B|A)}{P(B)} \tag{8-9}$$

式中，$P(A|B)$ 是在事件 B 发生的条件下事件 A 发生的概率，称为后验概率；$P(B|A)$ 是在事件 A 发生的条件下事件 B 发生的概率，称为似然度；$P(A)$ 和 $P(B)$ 分别是事件 A 和事件 B 发生的先验概率，即在考虑任何其他信息之前，单独发生的概率。

8.3.2 朴素贝叶斯分类器

朴素贝叶斯分类器的思想源于贝叶斯定理，是一种简单而有效的分类方法。在该算法中，假设待分类项的各个属性之间是相互独立的，即一个属性值在给定类别下的影响与其他属性值无关。基于这一假设，可以通过计算待分类项属于各个类别的概率，并选择具有最大概率的类别作为待分类项的类别。

朴素贝叶斯分类器的工作过程如下：

1）设 D 是训练元组和它们相关联的类标号的集合。通常，每个元组用一个 n 维属性向量 $\boldsymbol{x} = \{x_1, x_2, \cdots, x_n\}$ 表示，该向量描述了由 n 个属性 $A_1, A_2, \cdots, A_n$ 对元组的 n 个测量。

2）假定有 m 个类 $C_1, C_2, \cdots, C_m$。给定元组 $\boldsymbol{x}$，分类法将预测 $\boldsymbol{x}$ 属于具有最高后验概率的类（即在条件 $\boldsymbol{x}$ 下）。也就是说，朴素贝叶斯分类法预测 $\boldsymbol{x}$ 属于类 C_i，当且仅当式（8-10）成立。

$$P(C_i|\boldsymbol{x}) > P(C_j|\boldsymbol{x}) \quad 1 \leq j \leq m, j \neq i \tag{8-10}$$

式（8-10）中的 $P(C_i|\boldsymbol{x})$ 最大，即概率值 $P(C_i|\boldsymbol{x})$ 最大，其中类 C_i 称为最大后验假设。根据贝叶斯定理式（8-11）成立。

$$P(C_i|\boldsymbol{x}) = \frac{P(\boldsymbol{x}|C_i)P(C_i)}{P(\boldsymbol{x})} \tag{8-11}$$

3）由于 $P(\boldsymbol{x})$ 对所有类为常数，所以只需要 $P(\boldsymbol{x}|C_i)P(C_i)$ 最大即可。类的先验概率可以用 $P(C_i) = |C_{i,D}|/|D|$ 估计，其中 $|C_{i,D}|$ 是 D 中 C_i 的训练元组数。如果类的先验概率未知，则通常假定这些类是等概率的，即 $P(C_1) = P(C_2) = \cdots = P(C_m)$，并据此对 $P(\boldsymbol{x}|C_i)$ 最大化。

4）给定具有多个属性的数据集，计算 $P(\boldsymbol{x}|C_i)$ 的开销可能非常大。为了降低计算 $P(\boldsymbol{x}|C_i)$ 的开销，可以做类条件独立的朴素假定。给定元组的类标号，假定属性值有条件地相互独立（即属性之间不存在依赖关系），因此式（8-12）成立。

$$P(\boldsymbol{x}|C_i) = \prod_{k=1}^{n} P(x_k|C_i) = P(x_1|C_i)P(x_2|C_i)\cdots P(x_n|C_i) \tag{8-12}$$

可以很容易由训练元组 $\boldsymbol{x} = (x_1, x_2, \cdots, x_n)$ 估计概率 $P(x_1|C_i), P(x_2|C_i), \cdots, P(x_n|C_i)$。注意 $x_k(k \in [0,1])$ 表示元组 $\boldsymbol{x}$ 在属性 A_k 的值，对于每个属性，需要考查该属性是分类的还是连续值的。为了计算 $P(\boldsymbol{x}|C_i)$，考虑如下情况：

① 如果 A_k 是分类属性，则 $P(x_k|C_i)$ 是 D 中属性 A_k 为 x_k 的 C_i 类的元组数除以 D 中 C_i 类的元组数 $|C_{i,D}|$。

② 如果 A_k 是连续值属性，假定 $P(x_k|C_i) \sim N(\mu_{c,k}, \sigma_{c,k}^2)$，其中 $\mu_{c,k}$ 和 $\sigma_{c,k}^2$ 分别是第 C_i 类样本在第 k 个属性上取值的均值和方差，则有式（8-13）成立。

$$P(x_k|c_i) = \frac{1}{\sqrt{2\pi}\sigma_{c,k}} \exp\left(-\frac{(x_k-\mu_{c,k})^2}{2\sigma_{c,k}^2}\right) \tag{8-13}$$

为了预测新的样本 x 的类标号，对每个类 C_i，计算 $P(x|C_i)P(C_i)$。被预测的类标号是使 $P(x|C_i)P(C_i)$ 最大的类 C_i。

8.3.3 朴素贝叶斯实例分析

根据表 8-1 所给的数据信息，利用朴素贝叶斯分类器预测表 8-8 中新的数据样本类别。苹果的类别信息好果和坏果分别对应 C_1 和 C_2 表示。

$P(C_1) = 4/10$

$P(C_2) = 6/10$

$P(x_1 = 大|C_1) = 3/4$

$P(x_2 = 红|C_1) = 1$

$P(x_3 = 圆|C_1) = 3/4$

$P(x_1 = 大|C_2) = 3/6$

$P(x_2 = 红|C_2) = 1/6$

$P(x_3 = 圆|C_2) = 2/6$

$P(C_1)P(x_1 = 大|C_1)P(x_2 = 红|C_1)P(x_3 = 圆|C_1) = 4/10 \times 3/4 \times 1 \times 3/4 = 0.225$

$P(C_2)P(x_1 = 大|C_2)P(x_2 = 红|C_2)P(x_3 = 圆|C_2) = 6/10 \times 3/6 \times 1/6 \times 2/6 = 0.0167$

因为 0.225>0.0167，所以是好果。

8.3.4 拉普拉斯修正

相比原始贝叶斯分类器，朴素贝叶斯分类器基于单个的属性计算类条件概率更加容易操作，需要注意的是，若某个属性值在训练集中和某个类别没有一起出现过，这样会忽略其他属性的信息，因为该样本的类条件概率计算结果为 0。因此在估计概率值时，常要进行平滑处理，拉普拉斯修正就是其中的一种经典方法，具体计算方法见式（8-14）。

$$\hat{P}(C) = \frac{|D_C|+1}{|D|+N}$$

$$\hat{P}(x_i|C) = \frac{|D_{C,x_i}|+1}{|D_C|+N_i} \tag{8-14}$$

式中，N 表示训练集 D 可能的类别数；N_i 表示第 i 个属性可能的取值数。

假定训练样本很大时，每个分量 x 的计数加 1 造成的估计概率变化可以忽略不计，但可以方便有效地避免零概率问题。

8.3.5 朴素贝叶斯算法伪代码

算法 8.2：朴素贝叶斯分类算法。

输入：训练样本，特征属性
输出：待预测特征属性的所属类别
方法：
#准备工作阶段
确定特征属性
获取训练样本

#分类器训练阶段
for 每个类别 C_i do
   计算先验概率 $P(C_i)$
   for 每个特征属性 x do
     计算每个特征属性 x 在类别 C_i 下的条件概率 $P(x|C_i)$
   end for
end for
#应用阶段
for 每个带预测样本 do
   for 每个类别 C_i
     计算后验概率
   end for
   选择具有最大后验概率的类别作为待测样本的所属类别
end for

朴素贝叶斯分类算法的时间复杂度取决于其训练和应用阶段。在训练阶段，算法需要计算每个类别的先验概率和每个特征属性在各个类别下的条件概率，导致时间复杂度为 $O(C \times F \times N)$，其中 C 为类别数，F 为特征属性数，N 为样本数。而在应用阶段，算法需要对每个待预测样本计算后验概率，其时间复杂度为 $O(M \times C \times F)$，其中 M 为待预测样本数。综上所述，朴素贝叶斯算法的时间复杂度主要受样本数、特征属性数和类别数的影响。在处理大规模数据时，该算法具有较高的效率和适用性。尽管朴素贝叶斯算法在假设上较为简单，但在实际应用中，它表现出了令人满意的分类性能，尤其适用于文本分类等属性独立性较高的场景。与其他复杂的分类算法相比，朴素贝叶斯算法更易于实现和理解，因此得到了广泛的应用和研究。

8.4 支持向量机

关于支持向量机（Support Vector Machine，SVM）的论文最早由 Vladimir Vapnik 和他的同事 Bernhard Boser 及 Isabelle Guyon 于 1992 年发表，然而其基础工作早在 20 世纪 60 年代就已经出现。尽管 SVM 的训练速度在某些情况下较慢，但由于对复杂非线性边界的建模能力，使其具有非常高的准确性。与其他模型相比，SVM 不太容易过拟合，并且提供了学习模型的紧凑表示。SVM 可用于数值预测和分类，在手写字符识别、对象识别、说话人识别及时间序列预测等许多领域都取得了成功应用。

SVM 是一种监督学习的广义线性分类器，用于二元分类问题。它通过求解学习样本的最大边距超平面来确定决策边界，并将分类问题转化为一个凸二次规划问题。当样本线性可分时，SVM 能够直接在原始空间中找到两类样本的最优分类超平面；而当样本线性不可分时，SVM 引入松弛变量，并通过非线性映射将低维度输入空间的样本映射到高维度空间，使其变为线性可分，从而在新的特征空间中寻找最优分类超平面。这样的特性使得支持向量机在处理各种数据集时能够表现出准确分类的能力。

8.4.1 数据线性可分情况

为了解释 SVM，首先考查最简单的情况——两类问题，其中两个类是线性可分的。

设给定的数据集 D 为 $(x_1,y_1),(x_2,y_2),\cdots,(x_{|D|},y_{|D|})$，其中 x_i 是训练元组，具有类标号 y_i。每个 y_i 可以取值 +1 和 -1（即 $y_i \in \{+1,-1\}$）。为了便于可视化，考虑一个基于两个输入属性 A_1 和 A_2 的例子，如图 8-5 所示。从该图可以看出，该二维数据是线性可分的（简称"线性的"），因为可以画一条直线，把 +1 类的元组和 -1 类的元组分开。

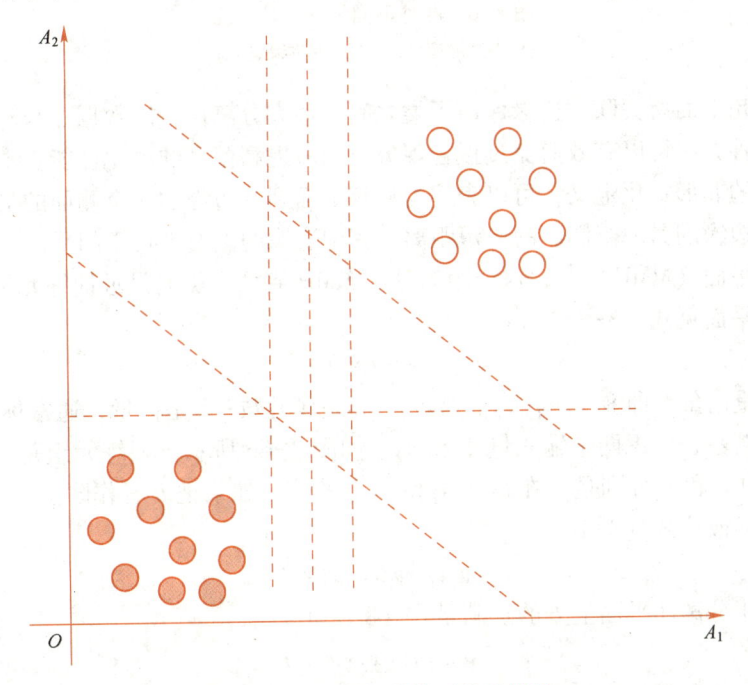

图 8-5 二维数据线性可分的情况

在数据中存在无限多条分离直线，但希望能从中找到最佳的一条，即在先前未见到的数据上具有最小分类误差的那一条。当数据是三维的时候，希望寻找到的是最佳分离平面；而当数据具有更高维度时，希望寻找到的是最佳超平面。使用术语"超平面"来表示寻找的决策边界，而不考虑输入属性的个数。因此，分类问题可以归结为如何找到最佳超平面。

8.4.2 最大边缘超平面

SVM 是一种分类算法，通过寻找最大边缘超平面（Maximum Marginal Hyperplane，MMH）来处理分类问题。如图 8-6 所示为两个可能的分离超平面及它们相关的边缘。虽然这两个超平面都能正确地将数据元组分类，但具有更大边缘的超平面（见图 8-6b）在对数据元组分类时会比较小边缘的超平面（见图 8-6a）更准确。因此，SVM 通过寻找具有最大边缘的超平面来提高分类的准确性。

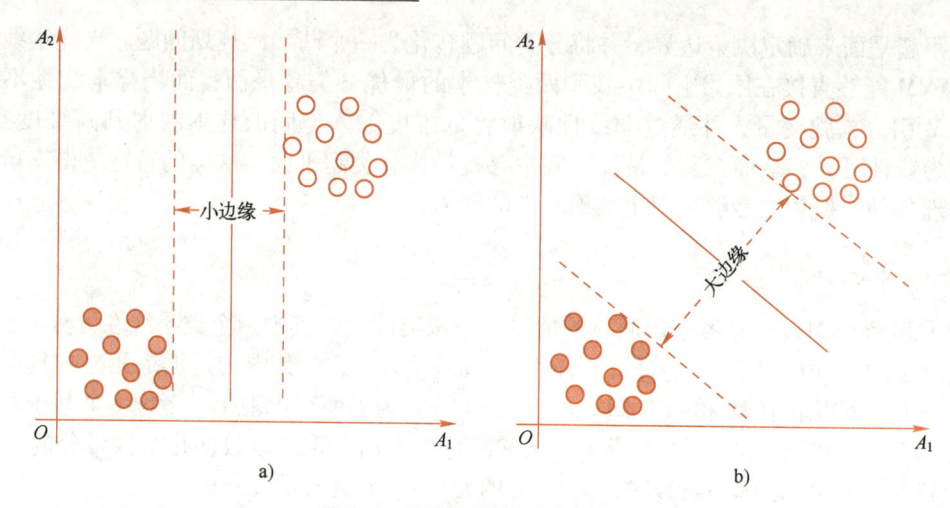

图 8-6 两种不同划分的超平面
a）小边缘超平面 b）大边缘超平面

最大边缘超平面所关联的边缘保证了类之间的最大分离性，即数据点与超平面之间的距离最大化。这种方法可以有效避免过拟合现象，同时提高模型的泛化性能。

关于边缘的非形式化定义，可以表述为从超平面到其边缘的一个侧面的最短距离等于从该超平面到其边缘的另一个侧面的最短距离，其中边缘的侧面平行于超平面。事实上，在处理最大边缘超平面（MMH）时，这个距离是从 MMH 到两个类的最近训练元组的最短距离。

分离的超平面见式（8-15）。

$$wx+b=0 \tag{8-15}$$

式中，w 是权重向量，即 $w=\{w_1,w_2,\cdots,w_n\}$，n 是属性数；b 是标量，通常称为偏置。

为了便于观察，考虑两个输入量 A_1 和 A_2，如图 8-6b 所示。训练元组是二维的，如 $x=(x_1,x_2)$，其中 x_1 和 x_2 分别是 x 在属性 A_1 和 A_2 上的值。如果把 b 看作附加的权重 w_0，则可以把分离超平面改成式（8-16）。

$$w_1x_1+w_2x_2+w_0=0 \tag{8-16}$$

这样，位于分离超平面上方的点满足式（8-17）。

$$w_1x_1+w_2x_2+w_0>0 \tag{8-17}$$

类似地，位于分离超平面下方的点满足式（8-18）。

$$w_1x_1+w_2x_2+w_0<0 \tag{8-18}$$

可以调整权重，定义边缘的"侧面"，使得超平面满足式（8-19）和式（8-20）。

$$H_1: \quad w_1x_1+w_2x_2+w_0 \geqslant 1 \tag{8-19}$$

$$H_2: \quad w_1x_1+w_2x_2+w_0 \leqslant -1 \tag{8-20}$$

也就是说，落在 H_1 上或上方的元组都属于 +1 类，而落在 H_2 上或下方的元组都属于 -1 类。结合式（8-19）和式（8-20），得到式（8-21）。

$$y_i(w_1x_1+w_2x_2+w_0) \geqslant 1, \quad \forall i \tag{8-21}$$

在超平面 H_1 和 H_2（即定义边缘的侧面）上的任何训练样本都满足式（8-21），这些样本被称为支持向量，即它们离 MMH 最近，如图 8-7 所示，其中支持向量用粗圆圈表示。实际上，支持向量是最难分类的样本，同时也提供了最多的分类信息。

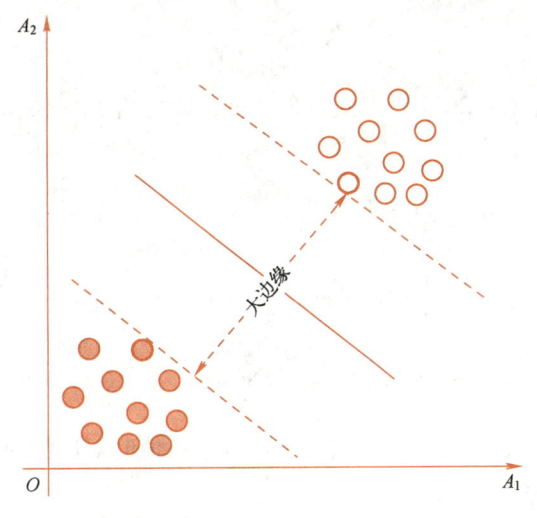

图 8-7　支持向量

8.4.3　硬间隔支持向量机

从分离超平面到 H_1 上任一点的距离是 $\frac{1}{\|w\|}$，其中 $\|w\|$ 是欧几里得范数，即 $\sqrt{w \cdot w}$。根据定义，它等于 H_2 上任一点到分离超平面的距离，因此最大边缘是 $\frac{2}{\|w\|}$。

因此，最大化间隔问题就是求解一个凸二次规划问题，见式（8-22）。

$$\max_{w,b} \frac{2}{\|w\|}$$
$$\text{s.t.} \quad y_i(w^T x_i + b) \geq 1, \quad i=1,2,\cdots,m \tag{8-22}$$

显然，为了最大化间隔，仅需要最大化 $\|w\|^{-1}$，这等价于最小化 $\|w\|^2$，于是得到式（8-23）。

$$\min_{w,b} \frac{1}{2}\|w\|^2$$
$$\text{s.t.} \quad y_i(w^T x_i + b) \geq 1, \quad i=1,2,\cdots,m \tag{8-23}$$

式（8-23）就是硬间隔支持向量机的基本模型。

式（8-23）为含有不等式约束的优化问题，且为凸优化问题，因此可以直接用专门求解凸优化问题的方法求解该问题，在这里，支持向量机通常采用拉格朗日对偶来求解。对式（8-23）中的每条约束添加拉格朗日乘子 $\alpha_i \geq 0$，则该问题的拉格朗日函数见式（8-24）。

$$L(w,b,\alpha) = \frac{1}{2}\|w\|^2 + \sum_{i=1}^{m}\alpha_i(1 - y_i(w^T x_i + b))$$
$$= \frac{1}{2}\|w\|^2 + \sum_{i=1}^{m}\alpha_i - \sum_{i=1}^{m}\alpha_i y_i w^T x_i - b\sum_{i=1}^{m}\alpha_i y_i \tag{8-24}$$

式中，$\alpha = (\alpha_1, \alpha_2, \cdots, \alpha_m)$。

令 $L(w,b,\alpha)$ 对 w 和 b 的偏导为 0 可得式（8-25）和式（8-26）。

$$w = \sum_{i=1}^{m}\alpha_i y_i x_i \tag{8-25}$$

$$0 = \sum_{i=1}^{m} \alpha_i y_i \tag{8-26}$$

将式（8-25）和式（8-26）代入式（8-24），即可将 $L(\boldsymbol{w},b,\alpha)$ 中的 $\boldsymbol{w}$ 和 b 消去，见式（8-27）。

$$\begin{aligned}L(\boldsymbol{w},b,\alpha) &= \frac{1}{2}\|\boldsymbol{w}\|^2 - \sum_{i=1}^{m}\alpha_i(y_i(\boldsymbol{w}^{\mathrm{T}}\boldsymbol{x}_i + b) - 1) \\ &= \frac{1}{2}\boldsymbol{w}^{\mathrm{T}}\boldsymbol{w} - \boldsymbol{w}^{\mathrm{T}}\sum_{i=1}^{m}\alpha_i y_i \boldsymbol{x}_i - b\sum_{i=1}^{m}\alpha_i y_i + \sum_{i=1}^{m}\alpha_i \\ &= \sum_{i=1}^{m}\alpha_i - \frac{1}{2}\sum_{i=1}^{m}\sum_{j=1}^{m}\alpha_i \alpha_j y_i y_j \boldsymbol{x}_i^{\mathrm{T}}\boldsymbol{x}_j\end{aligned} \tag{8-27}$$

上一步骤完成了 $\min_{\boldsymbol{w},b} L(\boldsymbol{w},b,\alpha)$，即损失函数取最小值时对应的 $\boldsymbol{w}$ 和 b 的值。下面进行第二步求解，即求 α 的极大值，见式（8-28）。

$$\max_{\alpha} L(\boldsymbol{w},b,\alpha) = \sum_{i=1}^{m}\alpha_i - \frac{1}{2}\sum_{i=1}^{m}\sum_{j=1}^{m}\alpha_i \alpha_j y_i y_j \boldsymbol{x}_i^{\mathrm{T}}\boldsymbol{x}_j \tag{8-28}$$

$$\text{s.t.} \sum_{i=1}^{m}\alpha_i y_i = 0, \quad \alpha_i \geq 0, \quad i=1,2,\cdots,m$$

式（8-28）可以转化为求极小值，见式（8-29）。

$$\min_{\alpha} L(\boldsymbol{w},b,\alpha) = \frac{1}{2}\sum_{i=1}^{m}\sum_{j=1}^{m}\alpha_i \alpha_j y_i y_j \boldsymbol{x}_i^{\mathrm{T}}\boldsymbol{x}_j - \sum_{i=1}^{m}\alpha_i \tag{8-29}$$

$$\text{s.t.} \sum_{i=1}^{m}\alpha_i y_i = 0, \quad \alpha_i \geq 0 \quad i=1,2,\cdots,m$$

这是一个不等式约束下的二次函数极值问题，存在唯一解。根据 KKT 条件，解中将只有一部分（通常是很小的一部分）不为 0，这些不为 0 的解所对应的样本就是支持向量。

假设 α^* 是上面凸二次规划问题的最优解，则 $\alpha^* \neq 0$。假设满足 $\alpha^* > 0$，按下面方式计算出的解为原问题的唯一最优解：

$$\boldsymbol{w}^* = \sum_{i=1}^{n}\alpha_i^* y_i \boldsymbol{x}_i$$

$$b^* = y_i - \sum_{i=1}^{m}\alpha^* y_i \boldsymbol{x}_i^{\mathrm{T}}\boldsymbol{x}_i$$

8.4.4 软间隔支持向量机

软间隔是一种考虑数据中可能存在噪声点情况的方法。在传统方法中，要求将两类数据完全分开，这一要求相当严格。为了解决这个问题，引入了松弛因子，从而放宽了这一要求。噪声点不再强制要求完全分类正确，这样可以使模型更具鲁棒性，更好地适应真实世界的数据情况。为了解决该问题，引入松弛因子 $y_i(\boldsymbol{w}\cdot\boldsymbol{x}_i+b) \geq 1-\zeta_i$。如图 8-8 所示，图中圈出了一些不满足约束的样本。

新的目标函数见式（8-30）。

$$\min_{\boldsymbol{w},b} \frac{1}{2}\|\boldsymbol{w}\|^2 + C\sum_{i=1}^{m}\zeta_i \tag{8-30}$$

$$\text{s.t.} \ y_i(\boldsymbol{w}^{\mathrm{T}}\boldsymbol{x}_i+b) \geq 1-\zeta_i, \ \zeta_i \geq 0, \ i=1,2,\cdots,m$$

其中，$\zeta \in \mathbf{R}^n$；C 是一个惩罚参数。

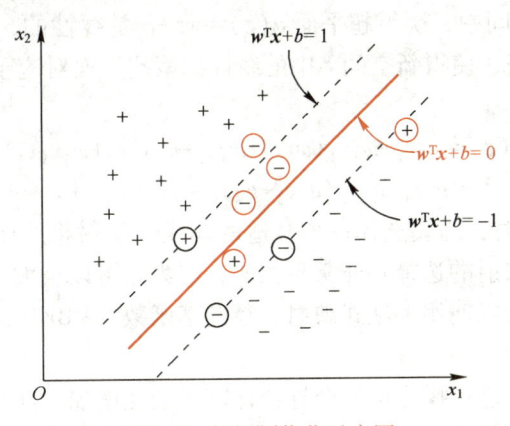

图 8-8　软间隔优化示意图

目标函数意味着既要最小化 $\|w\|^2$（即最大间隔化），又要最小化 $\sum_{i=1}^{m}\zeta_i$（即约束条件 $y_i(w^T x_i + b) \geq 1$ 的破坏程度），参数 C 体现了两者总体的一个权衡。C 趋近于很大时，意味着分类严格不能有错误；C 很大，还想让结果比较小，只能是松弛因子很小，趋近于 0。C 趋近于很小时，意味着可以有更大的错误容忍；松弛因子稍微大一点也可以，不会显著影响整体。C 是需要指定的一个参数。

上面参数的求解过程依然利用对偶问题求解。

8.4.5　核支持向量机

在线性可分数据的情况下，使用线性 SVM 可以有效地找到一个直线来分隔两个类别。但是，当数据是线性不可分的时候，这种方法就不再适用了。在这种情况下，不能简单地找到一条直线来完美地分隔两个类别。此时，可以扩展线性 SVM 以处理线性不可分的数据，即创建非线性 SVM。这种非线性 SVM 能够在输入空间中找到非线性的决策边界，也就是非线性超平面。扩展线性 SVM 的方法主要分为两个步骤：

1. 非线性映射

使用非线性映射将原始的输入数据转换到一个更高维的空间。这一步可以采用多种常用的非线性映射方法，如多项式映射、径向基函数（RBF）映射等。通过这种映射，原本在低维空间中线性不可分的数据在高维空间可能会变得线性可分。

2. 在新空间搜索超平面

在转换后的高维空间中寻找一个超平面来分隔数据。尽管在高维空间中进行操作可能会导致计算复杂性增加，但仍然可以使用线性 SVM 的优化方法来解决这个问题。找到的最大边缘超平面在原始空间中对应于一个非线性的分隔超平面。

通过以上两个步骤，能够有效地处理线性不可分的数据，使 SVM 适用于更广泛的分类问题。这种方法不仅可以解决线性分类问题，还能处理各种非线性分类问题，使得 SVM 成为一个非常强大且灵活的分类工具。

【例 8-1】原输入数据到较高维空间的非线性变换。

把一个三维输入向量 $x = (x_1, x_2, x_3)$，通过函数映射到 6 维空间 $z = (z_1, z_2, z_3, z_4, z_5, z_6)$

中，其中 $z_1=\varphi_1(\boldsymbol{x})=x_1$，$z_2=\varphi_2(\boldsymbol{x})=x_2$，$z_3=\varphi_3(\boldsymbol{x})=x_3$，$z_4=\varphi_4(\boldsymbol{x})=x_1^2$，$z_5=\varphi_5(\boldsymbol{x})=x_1x_2$ 和 $z_6=\varphi_6(\boldsymbol{x})=x_1x_3$。在新空间中，决策超平面 $d(\boldsymbol{z})=\boldsymbol{wz}+b$ 是线性的，其中 $\boldsymbol{w}$ 和 $\boldsymbol{z}$ 是向量。求解 $\boldsymbol{w}$ 和 b，然后替换回去，使得新空间 $\boldsymbol{z}$ 中的线性决策超平面对应于原来三维空间中的非线性二次多项式。

$$d(\boldsymbol{z})=w_1x_1+w_2x_2+w_3x_3+w_4x_1^2+w_5x_1x_2+w_6x_1x_3+b$$
$$=w_1z_1+w_2z_2+w_3z_3+w_4z_4+w_5z_5+w_6z_6+b$$

当使用非线性 SVM 时，需要选择一个合适的非线性映射将原始输入数据转换到一个更高维的空间中。非线性映射的选择是非常重要的，因为它可以极大地影响分类的准确性和模型的泛化性能。通常，可以使用多项式映射、径向基函数（RBF）映射等常用的非线性映射方法。

然而，在高维空间中进行操作可能会导致计算复杂性增加，涉及大量的点积运算，这可能会导致计算开销很大。但是，幸运的是，可以使用一种数学技巧来解决这个问题。在求解线性 SVM 的二次最优化问题时，训练元组仅出现在形如 $\varphi(\boldsymbol{x}_i)\cdot\varphi(\boldsymbol{x}_j)$ 的点积中，其中 $\varphi(\boldsymbol{x})$ 是用于训练元组变换的非线性映射函数。通过等价转换，可以使用核函数 $\kappa(\boldsymbol{x}_i,\boldsymbol{x}_j)$ 来代替点积运算，而不必在变换后的数据元组上计算点积。这就是所谓的核技巧，见式（8-31）。

$$\kappa(\boldsymbol{x}_i,\boldsymbol{x}_j)=\langle\varphi(\boldsymbol{x}_i),\varphi(\boldsymbol{x}_j)\rangle=\varphi(\boldsymbol{x}_i)^{\mathrm{T}}\varphi(\boldsymbol{x}_j) \qquad (8\text{-}31)$$

换言之，每当 $\varphi(\boldsymbol{x}_i)\cdot\varphi(\boldsymbol{x}_j)$ 出现在训练算法中时，都可以用 $\kappa(\boldsymbol{x}_i,\boldsymbol{x}_j)$ 替换它。这样，所有的计算都在原来的输入空间上进行，从而降低难度，避免了这种映射。事实上，甚至不必知道该映射是什么。使用这种技巧之后，可以找到最大边缘超平面，该过程与 8.4.2 节介绍的内容类似。常用的几种核函数见表 8-9。

表 8-9 常用的核函数

名 称	表 达 式	参 数
线性核	$\kappa(\boldsymbol{x}_i,\boldsymbol{x}_j)=\boldsymbol{x}_i^{\mathrm{T}}\boldsymbol{x}_j$	
多项式核	$\kappa(\boldsymbol{x}_i,\boldsymbol{x}_j)=(\boldsymbol{x}_i^{\mathrm{T}}\boldsymbol{x}_j)^d$	$d>1$ 为多项式的次数
高斯核	$\kappa(\boldsymbol{x}_i,\boldsymbol{x}_j)=\exp\left(-\dfrac{\|\boldsymbol{x}_i-\boldsymbol{x}_j\|^2}{2\sigma^2}\right)$	$\sigma>0$ 为高斯核的带宽
拉普拉斯核	$\kappa(\boldsymbol{x}_i,\boldsymbol{x}_j)=\exp\left(-\dfrac{\|\boldsymbol{x}_i-\boldsymbol{x}_j\|}{\sigma}\right)$	$\sigma>0$ 为高斯核的带宽
Sigmoid 核	$\kappa(\boldsymbol{x}_i,\boldsymbol{x}_j)=\tanh(\beta\boldsymbol{x}_i^{\mathrm{T}}\boldsymbol{x}_j+\theta)$	tanh 为双曲正切函数，$\beta>0$，$\theta<0$

8.5 分类的评价指标

评价指标在分类任务中具有重要意义，它能够帮助模型使用者了解和评估分类器模型的性能表现。通过这些指标，可以更清晰地了解分类器在不同方面的表现，从而进行模型的选择、优化和比较。

8.5.1 二元分类的评价指标

二元分类的评价指标包括混淆矩阵、准确率、精确率、召回率、F1 值、ROC 曲线和 AUC 值。混淆矩阵及准确率、精确率和召回率分别展示了分类器在不同方面的性能表现，

F1 值综合考虑了分类器的准确性和识别能力。ROC 曲线和 AUC 值提供了对分类器整体性能的直观评估,尤其适用于比较不同阈值下的性能。这些评价指标在二元分类中相辅相成,能够全面评估分类器的性能,为模型选择和优化提供重要依据。

1. 混淆矩阵

混淆矩阵(Confusion Matrix)是一种用于可视化分类模型性能的表格,它将模型的预测结果与实际标签进行对比,以便评估分类器的准确性。混淆矩阵通常是一个二维矩阵,行表示实际标签,列表示预测标签,每个单元格中的值表示对应标签的样本数量。

以下是一个混淆矩阵的实例,见表 8-10。

表 8-10 混淆矩阵

	预测为正例	预测为负例
实际为正例	TP	FN
实际为负例	FP	TN

以下是表中各项的含义。

真正例(True Positive,TP):模型正确预测为正样本(正例)的数量。
真负例(True Negative,TN):模型正确预测为负样本(负例)的数量。
假正例(False Positive,FP):模型错误地将负样本预测为正样本(正例)的数量。
假负例(False Negative,FN):模型错误地将正样本预测为负样本(负例)的数量。

2. 准确率

准确率(Accuracy)是指分类器正确分类的样本数占总样本数的比例。其数学公式见式(8-32)。

$$Acc = \frac{TP+TN}{TP+TN+FP+FN} \tag{8-32}$$

式中,TP 表示真正例(True Positive);TN 表示真负例(True Negative);FP 表示假正例(False Positive);FN 表示假负例(False Negative)。

准确率衡量了分类器正确预测的样本占总样本的比例,是最直观的评价指标之一。

3. 精确率

精确率(Precision)是指分类器在预测为正样本的样本中,实际为正样本的比例。其数学公式见式(8-33)。

$$P = \frac{TP}{TP+FP} \tag{8-33}$$

式中,TP 表示真正例(True Positive);FP 表示假正例(False Positive)。

精确率衡量了分类器在预测为正样本时的准确性,即被预测为正样本的样本中,真正是正样本的比例。

4. 召回率

召回率是指分类器对正样本的识别能力,即所有正样本中被分类器正确预测为正样本的比例。其数学公式见式(8-34)。

$$R = \frac{TP}{TP+FN} \tag{8-34}$$

式中,TP 表示真正例(True Positive);FN 表示假负例(False Negative)。

召回率衡量了分类器对于正样本的识别能力，高召回率意味着分类器能够较好地捕捉到真正的正样本。

5. F1 值（F1-score）

F1 值（F1-score）是精确率和召回率的调和均值，用于综合评价分类器的性能。其数学公式见式（8-35）。

$$F1 = \frac{2\times(P\times R)}{P+R} \tag{8-35}$$

F1 值综合考量了分类器的精确率和召回率，是一个综合性能指标。当精确率和召回率都很高时，F1 值也会很高，表示分类器具有较好的性能。

6. ROC 曲线和 AUC 值

ROC 曲线（Receiver Operating Characteristic Curve）和 AUC 值（Area Under the ROC Curve）是评价分类器性能的重要工具，尤其适用于二分类问题。ROC 曲线以假阳率（False Positive Rate）为横轴，真阳率（True Positive Rate）为纵轴，展示了在不同阈值下分类器的性能表现。ROC 曲线的形状越靠近左上角，表示分类器在保持较高真阳率的情况下，能够保持较低的假阳率，即性能越好。

AUC 值则是 ROC 曲线下的面积，它表示了分类器将正样本排在负样本前面的概率。AUC 值的范围为 0~1。通常情况下，AUC 值越接近 1，说明分类器性能越好。当 AUC 值为 0.5 时，表示分类器的预测与随机猜测没有区别，即分类器无法区分正负样本。因此，ROC 曲线和 AUC 值提供了对分类器性能的直观评估，能够帮助理解分类器在不同阈值下的性能表现，并且在样本不平衡的情况下，也能够提供有效的性能评估。

8.5.2 多元分类的评价指标

多元分类的评价指标与二元分类有很多相似之处，但在计算时需要考虑到多个类别的情况，以确保评估结果的准确性和全面性。

1. 准确率（Accuracy）

多元分类的准确率（Accuracy）仍然表示分类器正确分类的样本数占总样本数的比例，但需要考虑多个类别的情况。其数学公式见式（8-36）。

$$Acc = \frac{分类正确的样本数}{总样本数} \tag{8-36}$$

式中，分类正确的样本数是指分类器在所有类别上都做出了正确的预测的样本数；总样本数是指所有样本的总数。

2. 宏平均

宏平均计算每个类别的指标后取平均，它在计算每个类别的指标时对每个类别都赋予了相同的权重，不考虑各类别样本数量的差异。宏平均适用于每个类别都有相同重要性的情况，它可以帮助了解模型在不同类别上的表现。在多分类问题中，对于每个类别 i，宏平均的精确率计算公式见式（8-37）。

$$P_{marco} = \frac{P_1+P_2+\cdots+P_k}{k} \tag{8-37}$$

式中，k 为类别数量；P_i 代表第 i 个类别的精确率，$i=1,2,\cdots,k$。

同样的计算方法可以应用于其他评估指标，如召回率和 F1 值等。在样本不平衡的情况下，宏平均精确率可能会受到样本数量较少类别的影响，因为宏平均将每个类别的贡献视为是相等的。为了克服这个缺陷，可以采用微平均来进行评估。

3. 微平均

在微平均中，首先对所有类别或标签的真阳性（True Positives）、假阳性（False Positives）、真阴性（True Negatives）和假阴性（False Negatives）进行求和，然后使用这些总数来计算准确率（Precision）、召回率（Recall）和F1值（F1-score）等评价指标。精确率微平均的计算公式见式（8-38）。

$$P_{micro} = \frac{TP_1 + TP_2 + \cdots + TP_k}{TP_1 + TP_2 + \cdots + TP_k + FP_1 + FP_2 + \cdots + FP_k} \tag{8-38}$$

式中，$TP_1 + TP_2 + \cdots + TP_k$是所有类别的真正例总和；$FP_1 + FP_2 + \cdots + FP_k$是所有类别的假正例总和。

同样的计算方法可以应用于其他评价指标，如召回率和F1值。微平均的优点是它考虑了每个类别的预测结果对整体评估的影响，因此在不平衡数据集上能够提供更公平的性能评价。

4. 加权宏平均

加权宏平均是宏平均的一种变体，它考虑了每个类别的权重，以解决样本不平衡的问题。在加权宏平均中，对每个类别的指标（如准确率、召回率、F1值等）进行计算时，使用类别的样本数量或其他相关指标作为权重。这样可以更加客观地评估模型在不同类别上的性能，避免样本数量较少的类别对整体评估造成的偏差。通过加权宏平均，可以根据不同类别的重要性来调整评估结果，从而更准确地评估模型在不平衡数据集上的性能。

8.6 实践——分类分析

在本节中，将应用决策树、朴素贝叶斯和支持向量机这3种机器学习算法分别对银行客户流失、垃圾邮件和糖尿病信息的数据集进行分类处理。通过对不同算法的比较和评估，将探索哪种算法在不同情境下表现更优秀，从而为相关领域的决策和预测提供更有效的支持。

8.6.1 利用决策树构建银行客户流失模型

银行客户流失信息的数据集来源于数据科学竞赛平台 Kaggle（https://www.kaggle.com/datasets/akshigoyal7/redit-card-customers?rvi=1），此数据集共有10 127条数据，21个特征，特征的具体含义如下。

1. CLIENTNUM：客户编号
2. Attrition_Flag：客户流失标记
3. Customer_Age：客户年龄
4. Gender：性别
5. Dependent_count：依赖人数
6. Education_Level：教育水平
7. Marital_Status：婚姻状况
8. Income_Category：收入类别
9. Card_Category：卡类别

10. Months_on_book：在册月数
11. Total_Relationship_Count：总关系计数
12. Months_Inactive_12_mon：过去 12 个月不活跃月数
13. Contacts_Count_12_mon：过去 12 个月联系次数
14. Credit_Limit：信用额度
15. Total_Revolving_Bal：总循环余额
16. Avg_Open_To_Buy：平均可购买额度
17. Total_Amt_Chng_Q4_Q1：第四季度到第一季度总金额变化
18. Total_Trans_Amt：总交易金额
19. Total_Trans_Ct：总交易次数
20. Total_Ct_Chng_Q4_Q1：第四季度到第一季度总次数变化
21. Avg_Utilization_Ratio：平均利用率

首先，利用 pandas 加载数据集，并查看前 5 行数据，对应的代码如下：

```
import pandas as pd
data = pd.read_csv("d:\\BankChurners.csv")

# 查看前 5 行数据
print(data.head())
```

运行结果如下：

	CLIENTNUM	Attrition_Flag	Customer_Age	Gender	Dependent_count	Education_Level	Marital_Status	Income_Category	Card_Category	Months_on_book	...
0	768805383	Existing Customer	45	M	3	High School	Married	60K-80K	Blue	39	...
1	818770008	Existing Customer	49	F	5	Graduate	Single	Less than $40K	Blue	44	...
2	713982108	Existing Customer	51	M	3	Graduate	Married	80K-120K	Blue	36	...
3	769911858	Existing Customer	40	F	4	High School	Unknown	Less than $40K	Blue	34	...
4	709106358	Existing Customer	40	M	3	Uneducated	Married	60K-80K	Blue	21	...

5 rows x 21 columns

利用 data.info() 查看 DataFrame 的信息，它会显示 DataFrame 的概要，包括列的名称、每列非空值的数量、每列的数据类型以及 DataFrame 的总体内存使用情况，对应的代码如下：

```
# 查看数据条数
data.info()
```

运行结果如下：

```
<class 'pandas.core.frame.DataFrame'>
RangeIndex: 10127 entries, 0 to 10126
Data columns (total 21 columns):
 #   Column            Non-Null Count  Dtype
---  ------            --------------  -----
 0   CLIENTNUM         10127 non-null  int64
 1   Attrition_Flag    10127 non-null  object
 2   Customer_Age      10127 non-null  int64
 3   Gender            10127 non-null  object
```

```
 4   Dependent_count          10127 non-null   int64
 5   Education_Level          10127 non-null   object
 6   Marital_Status           10127 non-null   object
 7   Income_Category          10127 non-null   object
 8   Card_Category            10127 non-null   object
 9   Months_on_book           10127 non-null   int64
 10  Total_Relationship_Count 10127 non-null   int64
 11  Months_Inactive_12_mon   10127 non-null   int64
 12  Contacts_Count_12_mon    10127 non-null   int64
 13  Credit_Limit             10127 non-null   float64
 14  Total_Revolving_Bal      10127 non-null   int64
 15  Avg_Open_To_Buy          10127 non-null   float64
 16  Total_Amt_Chng_Q4_Q1     10127 non-null   float64
 17  Total_Trans_Amt          10127 non-null   int64
 18  Total_Trans_Ct           10127 non-null   int64
 19  Total_Ct_Chng_Q4_Q1      10127 non-null   float64
 20  Avg_Utilization_Ratio    10127 non-null   float64
dtypes: float64(5), int64(10), object(6)
memory usage: 1.4+ MB
```

由运行结果可知：此数据集共有 10 127 条数据，共 21 个特征，5 个特征为浮点型数据，10 个特征为整型数据，6 个特征为对象类型数据，占内存 1.4 MB。

由于 ID3 算法只能处理离散型数据，所以需要对对象（object）类型的数据进行编码，对浮点型数据进行离散化处理，具体代码如下：

```python
from sklearn.preprocessing import LabelEncoder
from sklearn.preprocessing import KBinsDiscretizer

# 复制原始数据
data_processed = data.copy()

# 对分类变量进行编码
label_encoders = {}
for column in data_processed.select_dtypes(include=['object']).columns:
    le = LabelEncoder()
    data_processed[column] = le.fit_transform(data_processed[column])
    label_encoders[column] = le

# 对连续变量进行离散化处理
discretizer = KBinsDiscretizer(n_bins=5, encode='ordinal', strategy='quantile')
continuous_columns = data_processed.select_dtypes(include=['float64', 'int64']).columns
data_processed[continuous_columns] = discretizer.fit_transform(data_processed[continuous_columns])

# 查看转换后的数据
print(data_processed.head())
```

运行结果如下：

```
        CLIENTNUM  Attrition_Flag  Customer_Age  Gender  Dependent_count  \
0             3.0               1           2.0       1              3.0
1             4.0               1           3.0       0              3.0
2             1.0               1           3.0       1              3.0
3             3.0               1           1.0       0              3.0
4             0.0               1           1.0       1              3.0

   Education_Level  Marital_Status  Income_Category  Card_Category  \
0                3               1                2              0
1                2               2                4              0
2                2               1                3              0
3                3               3                4              0
4                5               1                2              0

   Months_on_book  ...  Months_Inactive_12_mon  Contacts_Count_12_mon  \
0             2.0  ...                     1.0                    2.0
1             3.0  ...                     1.0                    1.0
2             2.0  ...                     1.0                    0.0
3             1.0  ...                     3.0                    0.0
4             0.0  ...                     1.0                    0.0

   Credit_Limit  Total_Revolving_Bal  Avg_Open_To_Buy  Total_Amt_Chng_Q4_Q1  \
0           3.0                  0.0              3.0                   4.0
1           3.0                  0.0              3.0                   4.0
2           2.0                  0.0              2.0                   4.0
3           1.0                  3.0              0.0                   4.0
4           2.0                  0.0              2.0                   4.0

   Total_Trans_Amt  Total_Trans_Ct  Total_Ct_Chng_Q4_Q1  Avg_Utilization_Ratio
0              0.0             1.0                  4.0                    0.0
1              0.0             0.0                  4.0                    1.0
2              0.0             0.0                  4.0                    0.0
3              0.0             0.0                  4.0                    3.0
4              0.0             0.0                  4.0                    0.0

[5 rows x 21 columns]
```

由运行结果可知：21个特征都已进行了相应处理。

"#对分类变量进行编码"行下面的代码含义如下：

此段代码对数据集中的所有包含对象（object）类型的列进行标签编码（Label Encoding）处理。标签编码是一种将分类变量转换为数值型变量的方法，它将每个不同的分类值映射到一个整数值。这种处理通常用于机器学习模型无法直接处理分类变量的情况。

具体来说，代码中的操作如下：

1）创建一个空字典label_encoders，用于存储每个特征列的LabelEncoder对象。

2）对数据集中所有包含对象类型的列进行遍历，即"data_processed. select_dtypes(include=['object']).columns"会筛选出所有对象类型的列。

3）对于每一列，创建一个LabelEncoder对象le，并使用fit_transform()方法将该列的分类值转换为整数编码。

4）将转换后的整数编码覆盖原始数据集中的该列数据。

5）将列名和对应的LabelEncoder对象存储在label_encoders字典中，以备后续需要对新数据进行相同的编码处理。

"#对连续变量进行离散化处理"行下面的代码含义如下：

此段代码对数据集中的连续型（浮点型和整型）特征进行离散化处理。离散化是将连续型数据分成几个区间（bins）的过程，以便更好地适应决策树等算法的特点。

具体来说，代码的操作如下：

1）创建一个 KBinsDiscretizer 对象 discretizer，设置 3 个参数，分别为将连续特征分成 5 个区间（n_bins=5），使用序数编码（encode='ordinal'）表示区间，并选择基于分位数的离散化策略（strategy='quantile'）。

2）从数据集中选择所有浮点型和整型的列，即连续型特征列，存储在 continuous_columns 变量中。

3）使用 discretizer.fit_transform() 方法对选定的连续特征列进行离散化处理，将它们转换为离散的整数编码表示。

4）将经过离散化处理后的数据更新回原始数据集中对应的连续特征列。

通过这段代码，连续型特征被转换为离散的整数编码，以便后续在决策树等算法中使用。这种处理方式可以帮助模型更好地理解连续型数据的特征。

下面给出 ID3 算法实现银行客户流失分类的完整实现代码：

```python
import pandas as pd
from sklearn.model_selection import train_test_split
from sklearn.tree import DecisionTreeClassifier
from sklearn.metrics import accuracy_score, classification_report, confusion_matrix
from sklearn.preprocessing import LabelEncoder

# 将数据分为特征(X)和目标(y)
X = data_processed.drop('Attrition_Flag', axis=1)
y = data_processed['Attrition_Flag']

# 将数据集分为训练集和测试集(80%训练，20%测试)
X_train, X_test, y_train, y_test = train_test_split(X, y, test_size=0.2, random_state=42)

# 初始化并训练决策树分类器
clf = DecisionTreeClassifier(random_state=42)
clf.fit(X_train, y_train)

# 在测试集上进行预测
y_pred = clf.predict(X_test)

# 计算评价指标
accuracy = accuracy_score(y_test, y_pred)
conf_matrix = confusion_matrix(y_test, y_pred)
class_report = classification_report(y_test, y_pred)

# 输出评价指标
print(f"准确度：{accuracy}")
```

```
print(f"混淆矩阵：\n{conf_matrix}")
print(f"分类报告：\n{class_report}")
```

运行结果如下：

```
准确度: 0.9131293188548865
混淆矩阵:
[[ 252   75]
 [ 101 1598]]
分类报告:
              precision    recall  f1-score   support

           0       0.71      0.77      0.74       327
           1       0.96      0.94      0.95      1699

    accuracy                           0.91      2026
   macro avg       0.83      0.86      0.84      2026
weighted avg       0.92      0.91      0.91      2026
```

根据给出的运行结果，可以得出以下结论：

1）准确度（Accuracy）为 0.913，表示模型在所有样本中正确分类的比例为 91.3%。这是一个不错的准确度，但并不足以完全评估模型的性能，因为在不平衡数据集中，准确度可能会有偏差。

2）混淆矩阵（Confusion Matrix）显示了模型的详细分类性能。混淆矩阵包含真正例（True Positives，TP）、真负例（True Negatives，TN）、假正例（False Positives，FP）和假负例（False Negatives，FN）。从混淆矩阵可以看出，模型有 252 个真正例和 1598 个真负例，但也有 101 个假正例和 75 个假负例。

3）分类报告（Classification Report）提供了每个类别的精确率（Precision）、召回率（Recall）、F1 值（F1-score）和支持度（Support）。在这个例子中，对于类别 0，精确率为 0.71，召回率为 0.77，F1 值为 0.74；对于类别 1，精确率为 0.96，召回率为 0.94，F1 值为 0.95。支持度表示每个类别在测试集中的样本数量。

4）宏平均（Macro Average）提供了各指标的平均值，加权平均（Weighted Average）则考虑了每个类别的支持度。在这个例子中，宏平均的精确率、召回率和 F1 值分别为 0.83、0.86 和 0.84，加权平均的精确率、召回率和 F1 值分别为 0.92、0.91 和 0.91。

综合以上分析，模型在类别 1 上的性能较好，但在类别 0 上有改进的空间。本案例利用决策树构建的银行客户流失模型表现较好，可以利用此模型对新的客户样本数据进行分类预测。

8.6.2 利用朴素贝叶斯构建垃圾邮件分类模型

本节使用的垃圾邮件信息的数据集来源于数据科学竞赛平台 Kaggle（https://www.kaggle.com/datasets/colormap/spambase?rvi=1），共有 4601 条数据，58 个特征，特征的具体含义如下：

1. word_freq_make：单词 "make" 的频率
2. word_freq_address：单词 "address" 的频率
3. word_freq_all：单词 "all" 的频率
4. word_freq_3d：单词 "3d" 的频率

5. word_freq_our：单词"our"的频率

6. word_freq_over：单词"over"的频率

7. word_freq_remove：单词"remove"的频率

8. word_freq_internet：单词"internet"的频率

9. word_freq_order：单词"order"的频率

10. word_freq_mail：单词"mail"的频率

11. word_freq_receive：单词"receive"的频率

12. word_freq_will：单词"will"的频率

13. word_freq_people：单词"people"的频率

14. word_freq_report：单词"report"的频率

15. word_freq_addresses：单词"addresses"的频率

16. word_freq_free：单词"free"的频率

17. word_freq_business：单词"business"的频率

18. word_freq_email：单词"email"的频率

19. word_freq_you：单词"you"的频率

20. word_freq_credit：单词"credit"的频率

21. word_freq_your：单词"your"的频率

22. word_freq_font：单词"font"的频率

23. word_freq_000：单词"000"的频率

24. word_freq_money：单词"money"的频率

25. word_freq_hp：单词"hp"的频率

26. word_freq_hpl：单词"hpl"的频率

27. word_freq_george：单词"george"的频率

28. word_freq_650：单词"650"的频率

29. word_freq_lab：单词"lab"的频率

30. word_freq_labs：单词"labs"的频率

31. word_freq_telnet：单词"telnet"的频率

32. word_freq_857：单词"857"的频率

33. word_freq_data：单词"data"的频率

34. word_freq_415：单词"415"的频率

35. word_freq_85：单词"85"的频率

36. word_freq_technology：单词"technology"的频率

37. word_freq_1999：单词"1999"的频率

38. word_freq_parts：单词"parts"的频率

39. word_freq_pm：单词"pm"的频率

40. word_freq_direct：单词"direct"的频率

41. word_freq_cs：单词"cs"的频率

42. word_freq_meeting：单词"meeting"的频率

43. word_freq_original：单词"original"的频率

44. word_freq_project：单词"project"的频率

45. word_freq_re：单词"re"的频率
46. word_freq_edu：单词"edu"的频率
47. word_freq_table：单词"table"的频率
48. word_freq_conference：单词"conference"的频率
49. char_freq_;：字符";"的频率
50. char_freq_(：字符"("的频率
51. char_freq_[：字符"["的频率
52. char_freq_!：字符"!"的频率
53. char_freq_$：字符"$"的频率
54. char_freq_.：字符"#"的频率
55. capital_run_length_average：大写字母连续出现的平均长度
56. capital_run_length_longest：大写字母连续出现的最长长度
57. capital_run_length_total：大写字母连续出现的总长度
58. spam：垃圾邮件标记（1表示垃圾邮件，0表示非垃圾邮件）

首先，利用pandas加载数据集，并查看前5行数据，对应的代码如下：

```python
import pandas as pd
data = pd.read_csv("d:\\spambase.csv")

# 查看前5行数据
print(data.head())
```

运行结果如下：

	word_freq_make	word_freq_address	word_freq_all	word_freq_3d	word_freq_our	word_freq_over	word_freq_remove	word_freq_internet	word_freq_order	...
0	0.00	0.64	0.64	0.0	0.32	0.00	0.00	0.00	0.00	...
1	0.21	0.28	0.50	0.0	0.14	0.28	0.21	0.07	0.00	...
2	0.06	0.00	0.71	0.0	1.23	0.19	0.19	0.12	0.64	...
3	0.00	0.00	0.00	0.0	0.63	0.00	0.31	0.63	0.31	...
4	0.00	0.00	0.00	0.0	0.63	0.00	0.31	0.63	0.31	...

5 rows × 58 columns

由运行结果可见此数据集有58个特征。

下面对数据集每个特征的详细信息进行展示，代码如下：

```python
# 查看数据条数
data.info()
```

运行结果如下：

```
<class 'pandas.core.frame.DataFrame'>
RangeIndex: 4601 entries, 0 to 4600
Data columns (total 58 columns):
 #   Column              Non-Null Count  Dtype
---  ------              --------------  -----
 0   word_freq_make      4601 non-null   float64
 1   word_freq_address   4601 non-null   float64
 2   word_freq_all       4601 non-null   float64
 3   word_freq_3d        4601 non-null   float64
```

4	word_freq_our	4601 non-null	float64
5	word_freq_over	4601 non-null	float64
6	word_freq_remove	4601 non-null	float64
7	word_freq_internet	4601 non-null	float64
8	word_freq_order	4601 non-null	float64
9	word_freq_mail	4601 non-null	float64
10	word_freq_receive	4601 non-null	float64
11	word_freq_will	4601 non-null	float64
12	word_freq_people	4601 non-null	float64
13	word_freq_report	4601 non-null	float64
14	word_freq_addresses	4601 non-null	float64
15	word_freq_free	4601 non-null	float64
16	word_freq_business	4601 non-null	float64
17	word_freq_email	4601 non-null	float64
18	word_freq_you	4601 non-null	float64
19	word_freq_credit	4601 non-null	float64
20	word_freq_your	4601 non-null	float64
21	word_freq_font	4601 non-null	float64
22	word_freq_000	4601 non-null	float64
23	word_freq_money	4601 non-null	float64
24	word_freq_hp	4601 non-null	float64
25	word_freq_hpl	4601 non-null	float64
26	word_freq_george	4601 non-null	float64
27	word_freq_650	4601 non-null	float64
28	word_freq_lab	4601 non-null	float64
29	word_freq_labs	4601 non-null	float64
30	word_freq_telnet	4601 non-null	float64
31	word_freq_857	4601 non-null	float64
32	word_freq_data	4601 non-null	float64
33	word_freq_415	4601 non-null	float64
34	word_freq_85	4601 non-null	float64
35	word_freq_technology	4601 non-null	float64
36	word_freq_1999	4601 non-null	float64
37	word_freq_parts	4601 non-null	float64
38	word_freq_pm	4601 non-null	float64
39	word_freq_direct	4601 non-null	float64
40	word_freq_cs	4601 non-null	float64
41	word_freq_meeting	4601 non-null	float64
42	word_freq_original	4601 non-null	float64
43	word_freq_project	4601 non-null	float64
44	word_freq_re	4601 non-null	float64
45	word_freq_edu	4601 non-null	float64
46	word_freq_table	4601 non-null	float64
47	word_freq_conference	4601 non-null	float64
48	char_freq_;	4601 non-null	float64
49	char_freq_(	4601 non-null	float64
50	char_freq_[	4601 non-null	float64
51	char_freq_!	4601 non-null	float64
52	char_freq_$	4601 non-null	float64
53	char_freq_#	4601 non-null	float64
54	capital_run_length_average	4601 non-null	float64
55	capital_run_length_longest	4601 non-null	int64
56	capital_run_length_total	4601 non-null	int64
57	spam	4601 non-null	int64

```
dtypes: float64(55), int64(3)
memory usage: 2.0 MB
```

由运行结果可知：55 个特征为浮点型数据，3 个特征为整型数据，此数据集没有空值。下面给出利用朴素贝叶斯算法实现分类的代码：

```python
from sklearn.model_selection import train_test_split
from sklearn.preprocessing import StandardScaler
from sklearn.naive_bayes import GaussianNB
from sklearn.metrics import classification_report, accuracy_score, confusion_matrix

# 划分特征和目标向量
X = data.drop('spam', axis=1)
y = data['spam']

# 划分数据集为测试集和训练集
X_train, X_test, y_train, y_test = train_test_split(X, y, test_size=0.2, random_state=42)

# 数据标准化
scaler = StandardScaler()
X_train_scaled = scaler.fit_transform(X_train)
X_test_scaled = scaler.transform(X_test)

# 初始化并训练模型
nb_classifier = GaussianNB()
nb_classifier.fit(X_train_scaled, y_train)

# 在测试集上做预测
y_pred_nb = nb_classifier.predict(X_test_scaled)

# 计算评价指标
accuracy = accuracy_score(y_test, y_pred_nb)
conf_matrix = confusion_matrix(y_test, y_pred_nb)
class_report = classification_report(y_test, y_pred_nb)

# 输出评价指标
print(f"准确度：{accuracy}")
print(f"混淆矩阵：\n{conf_matrix}")
print(f"分类报告：\n{class_report}")
```

上述代码的操作如下。

1）导入必要的库：导入了 train_test_split 用于划分训练集和测试集，StandardScaler 用于数据标准化，GaussianNB 用于构建高斯朴素贝叶斯模型，classification_report、accuracy_score 和 confusion_matrix 用于评估分类器性能。

2）划分数据集：将数据集中除去 spam 列的部分作为特征 X，spam 列作为目标向量 y。

3）将数据集划分为训练集和测试集：使用 train_test_split( ) 函数将数据集划分为训练集（80%）和测试集（20%），并设置 random_state 为 42，以保证结果的可重复性。

4）数据标准化：使用 StandardScaler( ) 对训练集和测试集的特征数据进行标准化，即将数据进行零均值化和单位方差化。

5）初始化并训练模型：初始化一个高斯朴素贝叶斯分类器 nb_classifier，并使用标准化后的训练集数据 X_train_scaled 和目标向量 y_train 进行训练。

6）在测试集上做预测：使用训练好的模型对标准化后的测试集数据 X_test_scaled 进行预测，得到预测结果 y_pred_nb。

7）计算评价指标：分别计算准确度、混淆矩阵和分类报告，用于评估模型在测试集上的性能。

8）输出评价指标：输出模型的准确度、混淆矩阵和分类报告，以便分析模型在垃圾邮件分类任务上的表现。

通过以上步骤，这段代码实现了使用高斯朴素贝叶斯算法对垃圾邮件数据集进行分类，并输出了评价指标以帮助评估模型的性能。运行结果如下：

```
准确度: 0.8219326818675353
混淆矩阵:
[[391 140]
 [ 24 366]]
分类报告:
              precision    recall  f1-score   support

           0       0.94      0.74      0.83       531
           1       0.72      0.94      0.82       390

    accuracy                           0.82       921
   macro avg       0.83      0.84      0.82       921
weighted avg       0.85      0.82      0.82       921
```

根据运行评价结果，可以得出如下结论：

1）准确度（Accuracy）为 0.822，表示模型在所有样本中正确分类的比例为 82.2%。这个准确度表明模型在整体上有不错的分类性能。

2）混淆矩阵（Confusion Matrix）显示了模型的详细分类性能。在这个混淆矩阵中，有 391 个真正例和 366 个真负例，但也有 140 个假负例和 24 个假正例。可以看出模型在负类别（类别 0）上的表现比较好，但在正类别（类别 1）上的表现稍有不足。

3）分类报告（Classification Report）提供了每个类别的精确率（Precision）、召回率（Recall）、F1 值（F1-score）和支持度（Support）。在这个评价结果中，对于类别 0，精确率为 0.94，召回率为 0.74，F1 值为 0.83；对于类别 1，精确率为 0.72，召回率为 0.94，F1 值为 0.82。支持度表示每个类别在测试集中的样本数量。综合来看，模型在两个类别上的性能比较接近，但在召回率方面，模型在类别 1 上表现更好。

4）宏平均（Macro Average）提供了各指标的平均值，加权平均（Weighted Average）则考虑了每个类别的支持度。在这个例子中，宏平均的精确率、召回率和 F1 值都在 0.82 左右，加权平均的精确率、召回率和 F1 值也在 0.82 左右。

综合以上分析，模型在整体上表现不错，但在类别 0 的召回率较低，可能需要进一步调整模型或特征工程来改善该问题。评估模型性能时，除了准确率外，还需要综合考虑精确率、召回率、F1 值等指标，以全面评估模型的分类性能。

8.6.3 利用 SVM 构建印第安人糖尿病分类模型

本节使用的是印第安人糖尿病信息的数据集，数据来源于数据科学竞赛平台 Kaggle（https://www.kaggle.com/datasets/hashemi221022/diabetes），此数据集共有 768 条数据，9 个特征，特征的具体含义如下：

1. Pregnancies：怀孕次数
2. Glucose：葡萄糖
3. BloodPressure：血压（mmHg）
4. SkinThickness：皮层厚度（mm）
5. Insulin：胰岛素 2 小时血清胰岛素（mu U/ml）
6. BMI：体重指数
7. DiabetesPedigreeFunction：糖尿病谱系功能
8. Age：年龄（岁）
9. Outcome：类标变量（0 或 1）

首先利用 pandas 加载数据集，并查看前 5 行数据，对应的代码如下：

```
import pandas as pd
data=pd.read_csv("d:\\diabetes.csv")

# 查看前 5 行数据
print(data.head())
```

运行结果如下：

	Pregnancies	Glucose	BloodPressure	SkinThickness	Insulin	BMI	DiabetesPedigreeFunction	Age	Outcome
0	6	148	72	35	0	33.6	0.627	50	1
1	1	85	66	29	0	26.6	0.351	31	0
2	8	183	64	0	0	23.3	0.672	32	1
3	1	89	66	23	94	28.1	0.167	21	0
4	0	137	40	35	168	43.1	2.288	33	1

由运行结果可见此数据集有 9 个特征。

下面对数据集每个特征的详细信息进行展示，代码如下：

```
# 查看数据条数
data.info()
```

运行结果如下：

```
<class 'pandas.core.frame.DataFrame'>
RangeIndex: 768 entries, 0 to 767
Data columns (total 9 columns):
 #   Column                    Non-Null Count  Dtype
---  ------                    --------------  -----
 0   Pregnancies               768 non-null    int64
```

```
 1   Glucose                    768 non-null    int64
 2   BloodPressure              768 non-null    int64
 3   SkinThickness              768 non-null    int64
 4   Insulin                    768 non-null    int64
 5   BMI                        768 non-null    float64
 6   DiabetesPedigreeFunction   768 non-null    float64
 7   Age                        768 non-null    int64
 8   Outcome                    768 non-null    int64
dtypes: float64(2), int64(7)
memory usage: 54.1 KB
```

此数据集没有空值数据，共有 2 个特征为浮点型数据，7 个特征为整型数据。

首先，将数据划分为特征（X）和目标向量（y），X 是一个包含除了 Outcome 以外的所有特征，y 是 Outcome；接着使用 train_test_split( ) 函数将数据集分为训练集和测试集；然后创建一个 SVM 分类器，并拟合模型，接着在测试集上进行预测；最后计算评价指标并输出。具体代码如下：

```python
from sklearn.model_selection import train_test_split
from sklearn.preprocessing import StandardScaler
from sklearn.svm import SVC
from sklearn.metrics import classification_report, accuracy_score, confusion_matrix

# 划分特征和目标向量
X = data.drop('Outcome', axis=1)
y = data['Outcome']

# 划分数据集为训练集和测试集
X_train, X_test, y_train, y_test = train_test_split(X, y, test_size=0.2, random_state=42)

# 标准化 SVM 的特征
scaler = StandardScaler()
X_train_scaled = scaler.fit_transform(X_train)
X_test_scaled = scaler.transform(X_test)

# 初始化并训练 SVC 分类器
svm_classifier = SVC(random_state=42)
svm_classifier.fit(X_train_scaled, y_train)

# 在测试集上做预测
y_pred_svm = svm_classifier.predict(X_test_scaled)

# 计算评价指标
accuracy = accuracy_score(y_test, y_pred_svm)
conf_matrix = confusion_matrix(y_test, y_pred_svm)
class_report = classification_report(y_test, y_pred_svm)
```

```
# 输出评价指标
print(f"准确度：{accuracy}")
print(f"混淆矩阵：\n{conf_matrix}")
print(f"分类报告：\n{class_report}")
```

运行结果如下：

```
准确度：0.7337662337662337
混淆矩阵：
[[82 17]
 [24 31]]
分类报告：
              precision    recall  f1-score   support

           0       0.77      0.83      0.80        99
           1       0.65      0.56      0.60        55

    accuracy                           0.73       154
   macro avg       0.71      0.70      0.70       154
weighted avg       0.73      0.73      0.73       154
```

根据运行的评价结果，得出如下结论：

1）准确度（Accuracy）为 0.734，表示模型在所有样本中正确分类的比例为 73.4%。这个准确度可以作为模型整体性能的一个指标，但不足以完全评估模型的优劣。

2）混淆矩阵（Confusion Matrix）显示了模型的详细分类性能。在这个结果中，有 82 个真正例和 31 个真负例，但也有 17 个假负例和 24 个假正例。这意味着模型在正类别（类别 1）上的预测效果较差，有一部分正样本被误分类为负样本。

3）分类报告（Classification Report）提供了每个类别的精确率（Precision）、召回率（Recall）、F1 值（F1-score）和支持度（Support）。在这个评价结果中，对于类别 0，精确率为 0.77，召回率为 0.83，F1 值为 0.80；对于类别 1，精确率为 0.65，召回率为 0.56，F1 值为 0.60。支持度表示每个类别在测试集中的样本数量。综合来看，模型在类别 0 上的性能较好，但在类别 1 上的性能较弱，特别是召回率较低。

4）宏平均（Macro Average）提供了各指标的平均值，加权平均（Weighted Average）则考虑了每个类别的支持度。在这个例子中，宏平均的精确率、召回率和 F1 值约为 0.71，加权平均的精确率、召回率和 F1 值约为 0.73。

综上所述，模型在类别 1 上的性能较弱，可能需要进一步优化模型或特征工程来改善该问题。

8.7 本章小结

本章深入探讨了分类分析的基础知识和技术应用。首先，讨论了二元分类和多元分类的概念，以及分类分析的步骤。接着，详细介绍了决策树算法，包括决策树归纳、属性选择度量、实例分析和树剪枝处理。然后，深入研究了贝叶斯分类方法，包括相关概念、朴素贝叶斯分类器、实例分析、拉普拉斯修正和算法伪代码。接下来探讨了支持向量机算法，讨论了数据线性可分情况、最大边缘超平面、硬间隔支持向量机、软间隔支持向量机和核支持向量机。在分类的评价指标部分，介绍了二元分类和多元分类的评价指标。最后，通过实践案例展示了如何利用决策树、朴素贝叶斯和支持向量机分别构建银行客户流失模型、垃圾邮件分类模型和印第安人糖尿病分类模型。通过本章的学习，读者将深入理解分类分析的原理和方法，掌握建立分类模型和评估效果的技能，为解决实际问题提供有力支持。

8.8 习题

1. 什么是二元分类和多元分类？
2. 分类分析的步骤有哪些？
3. 什么是决策树？它是如何进行归纳的？
4. 决策树的属性选择度量有哪些？分别介绍它们的特点。
5. 根据以下天气预测的训练数据集（见表8-11），构建一个决策树模型。数据集包括天气（晴天、多云、雨天）、温度（热、温凉、寒冷）、湿度（高、正常）等特征，及是否出门的决策（是、否）。利用这些特征来预测在给定天气、温度和湿度下是否会出门。

表 8-11　天气预测的训练数据集

天　气	温　度	湿　度	是否出门
晴天	热	高	是
晴天	热	高	是
多云	热	高	是
雨天	温凉	高	否
雨天	寒冷	正常	否
雨天	寒冷	正常	否
多云	寒冷	正常	是
晴天	温凉	高	否
晴天	寒冷	正常	是
雨天	温凉	正常	是
晴天	温凉	正常	是
多云	温凉	高	是
多云	热	正常	是
雨天	温凉	高	否

根据上面的数据集分别使用三种不同的属性选择度量实现决策树分类，并通过评价指标比较不同模型的优劣。

6. 什么是贝叶斯分类？
7. 以下是一个简化的垃圾邮件分类的数据集（见表8-12），包括邮件主题中的优惠频率、邮件正文中的奖金频率、抽奖频率，及最终的分类标签（垃圾邮件或正常邮件）。

表 8-12 简化的垃圾邮件分类的数据集

优惠频率	奖金频率	抽奖频率	类　别
0.2	0.1	0.05	垃圾邮件
0.1	0.05	0.02	垃圾邮件
0.02	0.15	0.1	正常邮件
0.05	0.08	0.01	正常邮件
0.15	0.02	0.03	垃圾邮件
0.08	0.12	0.07	正常邮件
0.2	0.25	0.18	垃圾邮件
0.12	0.03	0.06	正常邮件
0.18	0.09	0.04	垃圾邮件
0.07	0.06	0.03	正常邮件

利用这个数据集，构建一个朴素贝叶斯分类器来预测下面邮件信息（见表 8-13）是否为垃圾邮件。

表 8-13　邮件信息

优惠频率	奖金频率	抽奖频率	类　别
0.08	0.1	0.02	?

8. 什么是支持向量机？它适用于哪些数据情况？

9. 请说明最大边缘超平面和硬间隔支持向量机的概念。

10. 以下是一个对汽车豪华程度进行分类的数据集（见表 8-14），包括汽车的车内空间和发动机功率两个特征，及每辆车是否为豪华车的分类标签。

表 8-14　汽车豪华程度分类的数据集

汽车型号	车内空间/m³	发动机功率/kW	是否为豪华车
A	2.5	300	是
B	2.0	150	否
C	3.0	400	是
D	1.8	120	否
E	2.8	350	是
F	2.2	180	否
G	3.5	450	是
H	1.9	130	否

1）利用这个数据集，构建一个支持向量机（SVM）分类器模型。

2）现在有一辆新的汽车，其车内空间为 2.5 m³，发动机功率为 350 kW，请使用构建好的 SVM 分类器来预测该汽车是否属于豪华车。

11. 什么是分类的评价指标？列举二元分类和多元分类的评价指标并解释其含义。

第 9 章 聚类分析

本章将介绍聚类分析的基础知识和常用方法。首先探讨聚类分析的概念，它是一种无监督学习方法，通过计算数据点之间的相似性度量将相似的数据点聚集在一起。然后研究了相似性度量的概念，选择合适的相似性度量对聚类结果至关重要。接着，讨论聚类的评价指标，这些指标能够帮助评估聚类算法的性能和效果。然后，详细介绍基于划分、层次和密度的聚类分析方法，包括 K-Means 聚类、K-Means++聚类、自底向上聚类算法、自顶向下聚类算法、DBSCAN 算法和 OPTICS 算法。通过本章的学习，将对聚类分析有更深入的理解，能够选择合适的聚类算法并解释聚类结果。

9.1 聚类分析基础

9.1.1 聚类分析的概念

聚类分析是一种无监督学习方法，通过计算数据点之间的相似性度量，将相似的数据点归为一类，形成不同的簇。下面给出聚类分析所涉及的基本概念。

1. 聚类分析的目标

聚类分析的目标是将相似的数据点聚集在一起，使得同一簇内的数据点相似度较高，而不同簇之间的数据点相似度较低。

2. 相似性度量的作用

相似性度量是聚类分析的核心概念，用于衡量两个数据点之间的相似程度。它可以基于不同的特征和距离度量方法进行计算，如欧氏距离、曼哈顿距离、余弦相似度等。选择合适的相似性度量对聚类分析的结果具有重要影响。

3. 簇的定义和特征

簇是聚类分析中的基本单位，代表了一组相似的数据点。每个簇具有一些共同的特征，可以通过簇内数据点的统计特性或质心来表示。簇的个数可以预先设定，也可以通过算法自动确定。

4. 聚类的应用

通过聚类分析可以发现数据中的内在结构和模式，帮助理解数据并做出有效的决策。聚类分析可以用于数据挖掘、模式识别、市场分析等领域，如用户分群、推荐系统、异常检测等。

5. 聚类与分类的区别

聚类分析与分类分析不同。聚类分析是一种无监督学习方法，不需要事先标记的训练数据,它将数据点自动组织成簇。而分类分析是一种有监督学习方法,需要有标记的训练数据进行模型的训练和预测,它将数据分为预定义的类别。

总之,聚类分析是一种常用的数据分析方法,通过将相似的数据点归为一类,揭示数据中的内在结构和模式。它具有广泛的应用领域,能够帮助理解数据并做出有效的决策。

9.1.2 相似性度量

常用的数据相似性度量包括以下几种:

1. 欧氏距离

欧氏距离(Euclidean Distance)是一种常用的相似性度量方法,用于衡量两个数据向量之间的距离或相似度。它基于欧氏几何中的距离定义,计算两个数据向量在特征空间中的直线距离。

在 n 维空间中,两个向量 $\boldsymbol{x}(x_1, x_2, \cdots, x_n)$ 和 $\boldsymbol{y}(y_1, y_2, \cdots, y_n)$ 之间的欧氏距离见式(9-1)。

$$d(\boldsymbol{x},\boldsymbol{y}) = \sqrt{\sum_{i=1}^{n}(x_i - y_i)^2} \tag{9-1}$$

欧氏距离的计算过程可以简化为先计算每个特征之间的差值的平方和,然后取平方根。欧氏距离值越小,表示两个数据点在特征空间中越相似或越接近。

2. 曼哈顿距离

曼哈顿距离(Manhattan Distance),也称为城市街区距离或L1距离,是一种常用的相似性度量方法,用于衡量两个数据点之间的距离或相似度。它以城市中相邻街区之间的距离为模型,计算两个数据点在特征空间中的距离。

在 n 维空间中,两个向量 $\boldsymbol{x}(x_1, x_2, \cdots, x_n)$ 和 $\boldsymbol{y}(y_1, y_2, \cdots, y_n)$ 之间的曼哈顿距离见式(9-2)。

$$d(\boldsymbol{x},\boldsymbol{y}) = \sum_{i=1}^{n}|x_i - y_i| \tag{9-2}$$

曼哈顿距离的计算过程可以简化为将每个特征之间的差值的绝对值相加。曼哈顿距离值越小,表示两个数据点在特征空间中越相似或越接近。曼哈顿距离在聚类分析中常用于衡量数据点之间的相似性或距离,特别适用于处理离散型特征的数据。与欧几里得距离相比,曼哈顿距离更加关注数据点在每个特征上的差异,而不考虑其方向或斜率。然而,在处理连续型特征时,曼哈顿距离可能会受到度量单位不一致的影响。

3. 余弦相似度

余弦相似度(Cosine Similarity)是一种常用的相似性度量方法,用于衡量两个向量之间的相似度。它基于向量的夹角余弦值来度量向量之间的方向一致性和相似性。在 n 维空间中,两个向量 $\boldsymbol{x}(x_1, x_2, \cdots, x_n)$ 和 $\boldsymbol{y}(y_1, y_2, \cdots, y_n)$ 之间的余弦相似度见式(9-3)。

$$\cos(\boldsymbol{x},\boldsymbol{y}) = \frac{\boldsymbol{x} \cdot \boldsymbol{y}}{\|\boldsymbol{x}\|\|\boldsymbol{y}\|} \tag{9-3}$$

式中,$\boldsymbol{x} \cdot \boldsymbol{y}$ 表示向量 $\boldsymbol{x}$ 和 $\boldsymbol{y}$ 的点积,$\|\boldsymbol{x}\|$ 和 $\|\boldsymbol{y}\|$ 表示向量 $\boldsymbol{x}$ 和 $\boldsymbol{y}$ 的范数(或长度)。余弦相似度的取值范围为 $[-1,1]$,值越接近 1 表示两个向量的方向越一致,相似度越高;值越接近 -1 表示两个向量方向相反,相似度越低;值为 0 表示两个向量之间无相关性。

余弦相似度常用于处理文本数据、推荐系统和信息检索等领域。在文本数据中,可以将文档表示为向量,通过计算余弦相似度来衡量文档之间的相似性。在推荐系统中,可以使用余弦相似度来衡量用户对不同物品的偏好和相似度。在信息检索中,可以使用余弦相似度来计算查询与文档之间的相关性。

需要注意的是，余弦相似度只考虑向量的方向一致性，而不考虑向量的长度或幅度。因此，在使用余弦相似度时，通常会对向量进行归一化处理，以消除长度的影响。

9.1.3 聚类的评价指标

聚类的评价指标用于评估聚类算法的性能和效果。以下是一些常见的聚类评价指标：

1. 轮廓系数（Silhouette Coefficient）

计算每个数据点的轮廓系数，然后取所有数据点的轮廓系数的平均值作为聚类结果的轮廓系数。轮廓系数的公式见式（9-4）。

$$s(i) = (b(i) - a(i)) / \max\{a(i), b(i)\} \tag{9-4}$$

式中，$a(i)$ 表示数据点 i 与同簇其他数据点的平均距离；$b(i)$ 表示数据点 i 与最近邻不同簇的平均距离。

轮廓系数度量了聚类结果的紧密性和分离度。轮廓系数的取值范围在 $[-1, 1]$ 之间，值越接近 1 表示聚类结果越好，值越接近 -1 表示聚类结果越差。

2. Davies-Bouldin 指数（Davies-Bouldin Index，记作 DBI）

DBI 用于评估聚类的质量，它考虑了簇的紧密度和分离度，其公式见式（9-5）。

$$\text{DBI} = \frac{1}{k} \sum_{i=1}^{k} R_i = \frac{1}{k} \sum_{i=1}^{k} \max_{j \neq i} \left(\frac{s_i + s_j}{M_{ij}} \right) \tag{9-5}$$

式中，s_i 表示每个簇的散布度，即簇 i 内样本到簇中心的平均距离；M_{ij} 表示簇 i 和簇 j 中心之间的距离；$\frac{s_i + s_j}{M_{ij}}$ 表示每对簇之间的相似度；$R_i = \max_{j \neq i} \left(\frac{s_i + s_j}{M_{ij}} \right)$ 表示与簇 i 最相似的簇的相似度；k 表示簇的个数。

DBI 越小，表示聚类效果越好，簇内样本越紧密且簇之间分离度越高。

3. Calinski-Harabasz 指数（Calinski-Harabasz Index，记作 CHI）

CHI 基于簇内的离散程度和簇间的分离程度来度量聚类结果的质量。CHI 的公式见式（9-6）。

$$\text{CHI} = (\text{BSS}/\text{WSS})(n-k)/(k-1) \tag{9-6}$$

式中，BSS 表示簇间离差平方和；WSS 表示簇内离差平方和；n 表示数据点的总数；k 表示簇的个数。该指数值越大表示聚类结果越好。

4. Dunn 指数（Dunn Index，记作 DI）

Dunn 指数基于簇内最近邻距离和簇间最远邻距离的比值来度量聚类结果的紧密性和分离度。Dunn 指数的公式见式（9-7）。

$$\text{DI} = \min(d(i,j)) / \max(d(i,k)) \tag{9-7}$$

式中，$i \neq j$，$i \neq k$，$j \neq k$；$\min(d(i,j))$ 表示簇 i 和簇 j 之间的最短距离；$\max(d(i,k))$ 表示簇 i 中任意两个数据点之间的最大距离。该指数越大表示聚类结果越好。

5. 聚类纯度（Cluster Purity，记作 CP）

聚类纯度用于评估聚类结果中簇内数据点的类别一致性。聚类纯度的公式见式（9-8）。

$$\text{CP} = (1/N) \sum (\max(\text{class\_count}(i, c))) \tag{9-8}$$

式中，i 表示簇的索引；c 表示类别的索引；$\text{class\_count}(i,c)$ 表示簇 i 中类别 c 的数量；N 表

示总的数据点数。

聚类纯度计算每个簇中占比最多的类别的比例，并将所有簇的纯度进行平均。聚类纯度的取值范围为$[0,1]$区间，值越接近1表示聚类结果的类别一致性越高。

6. 兰德系数（Rand Index，记作 RI）

兰德系数用于度量聚类结果与真实类别标签之间的一致性。兰德系数的公式见式（9-9）。

$$RI = (a+b)/(C(n,2)) \tag{9-9}$$

式中，a 表示聚类结果和真实类别标签中都在同一簇中且相似的数据点对数；b 表示聚类结果和真实类别标签中都在不同簇中且不相似的数据点对数；$C(n,2)$ 表示数据点两两组合的总数。

RI 计算聚类结果中相同簇内数据点之间的匹配数量和不同簇间数据点之间的不匹配数量的比值。RI 值越高，表示聚类结果的类别一致性越高。

以上这些聚类评价指标可以根据不同的问题和数据特点选择使用。需要注意的是，评价指标并没有绝对的标准，因此在使用时应结合具体问题和领域背景来综合考虑和解释聚类结果。

9.2 基于划分的聚类分析

9.2.1 K-Means 聚类

K-Means 聚类算法是一种常用的基于划分的聚类算法，用于将数据点划分为 K 个簇，使得每个数据点与所属簇的质心之间的距离最小化。以下是 K-Means 算法的基本步骤。

1）初始化：随机选择 K 个数据点作为初始的质心。

2）分配数据点到最近的质心：对于每个数据点，计算其与每个质心之间的距离，将数据点分配给与其距离最近的质心所属的簇。

3）更新质心：对于每个簇，计算该簇内所有数据点的平均值，将该平均值作为新的质心。

4）重复步骤2）和步骤3），直到质心的位置不再发生变化或达到预定的迭代次数。

在 K-Means 算法中，通过迭代的方式不断更新质心和重新分配数据点，直到达到稳定状态。算法的收敛性与初始质心的选择有关，因此可以尝试多次运行 K-Means 算法并选择最好的结果。

K-Means 算法的优点包括简单，易于理解和实现，且计算效率高。然而，K-Means 算法对初始质心的选择较为敏感，可能会收敛到局部最优解。此外，K-Means 算法对异常值和噪声较为敏感，可能导致不准确的聚类结果。

为了改进 K-Means 算法的性能，可以使用 K-Means++算法进行初始质心的选择，或使用其他改进的聚类算法，如谱聚类（Spectral Clustering）和层次聚类（Hierarchical Clustering）等。

9.2.2 K-Means++聚类

K-Means++聚类算法是对 K-Means 聚类算法的改进，通过改变初始质心的选择方式，提高了算法的收敛速度和结果的稳定性。以下是 K-Means++聚类算法的基本步骤。

1）初始化第一个质心：从数据集中随机选择一个数据点作为第一个质心。

2）计算距离权重：对于每个数据点，计算它与已选择的质心之间的距离，将距离的二次方作为权重。

3）选择下一个质心：根据距离权重的分布，以较大概率选择离已选择质心较远的数据点作为下一个质心。具体选择方法是根据距离权重进行加权采样。

4）重复步骤2）和步骤3），直到选择了 K 个质心。

5）运行 K-Means 算法：使用选择的初始质心运行 K-Means 算法的剩余步骤，包括分配数据点到最近的质心和更新质心的过程。

K-Means++算法通过改变初始质心的选择方式，使得初始质心更好地分布在数据空间中，避免了随机选择可能导致的不稳定性和低效性。这种改进能够提高算法的收敛速度和聚类结果的质量。

需要注意的是，K-Means++算法仍然使用了 K-Means 算法的迭代过程，因此同样需要设置迭代次数或停止条件来控制算法的收敛。此外，K-Means++算法对于大规模数据集仍然存在计算复杂度较高的问题，因为它需要计算所有数据点之间的距离。

9.3 基于层次的聚类分析

基于层次的聚类分析（Hierarchical Clustering）是一种将数据点逐步划分或合并的聚类方法。它不需要预先设定聚类的数量，而是基于数据点之间的相似性度量，构建一个层次结构的聚类树。基于层次的聚类分析主要分为两种算法：自底向上（凝聚型）和自顶向下（分裂型）。

9.3.1 自底向上聚类算法

自底向上聚类算法（Agglomerative Clustering）是一种基于层次的聚类方法，从每个数据点作为一个簇开始，逐步合并相似的簇，直到达到预设的聚类数目或满足停止条件。以下是自底向上聚类算法的基本步骤。

1）初始化：将每个数据点视为一个初始的簇。

2）计算相似性度量：计算任意两个簇之间的相似性度量，如距离或相似度。常用的相似性度量包括欧氏距离、曼哈顿距离、余弦相似度等。

3）合并最相似的簇：选择相似性度量最高的两个簇进行合并，形成一个新的簇。合并的方式可以是简单平均、加权平均或其他方式。

4）更新相似性度量：更新簇之间的相似性度量，以反映新形成的簇与其他簇之间的相似程度。常见的更新方法包括单链接、完全链接和平均链接等。

5）重复合并步骤：重复步骤3）和步骤4），直到达到预设的聚类数目或只剩下一个簇。

自底向上聚类算法的优点包括不需要预先指定聚类数目，能够提供聚类的层次结构和可视化结果。然而，该算法的计算复杂度较高，特别是在处理大规模数据集时，需要计算所有簇之间的相似性度量。此外，自底向上聚类算法对于噪声和离群点比较敏感，可能导致不准确的聚类结果。因此，在实践中，可以结合其他方法或技术来处理这些问题，例如，使用距离阈值或剪枝策略进行优化。

9.3.2 自顶向下聚类算法

自顶向下聚类算法（Divisive Clustering）也是一种基于层次的聚类方法，从把所有数据点作为一个簇开始，逐步将簇分裂为更小的子簇，直到达到预设的聚类数目或满足停止条件。以下是自顶向下聚类算法的基本步骤。

1）初始化：将所有数据点视为一个初始的簇。

2）计算相似性度量：计算当前簇中任意两个数据点之间的相似性度量，如距离或相似度。常用的相似性度量包括欧氏距离、曼哈顿距离、余弦相似度等。

3）选择分裂簇：选择需要分裂的簇，通常是具有较高方差或离散度的簇。可以使用某些标准或阈值来选择分裂簇。

4）分裂簇：将选择的簇分裂为两个或多个子簇，使用相似性度量来决定数据点的归属。常见的分裂方法包括 K-Means 算法、K-Medoids 算法等。

5）重复分裂步骤：重复步骤3）和步骤4），直到达到预设的聚类数目或达到停止条件。

自顶向下聚类算法的优点是可以适应不同数量的聚类，并提供多个层次的细粒度信息。它提供了一种层次结构的聚类结果，可以通过聚类树进行可视化和解释。然而，因为需要计算所有簇之间的相似性度量，自顶向下聚类算法的计算复杂度同样较高，特别是在处理大规模数据集时。此外，自顶向下聚类算法对于噪声和离群点比较敏感，可能导致不准确的聚类结果。因此，在实践中，同样需要结合其他方法或技术来处理这些问题。

9.4 基于密度的聚类分析

9.4.1 DBSCAN 算法

DBSCAN（Density-Based Spatial Clustering of Applications with Noise）是一种常用的聚类算法，于 1996 年由 Martin Ester 等人提出。它能够根据数据点的密度将数据分为不同的簇，并有效识别出噪声点。相较于传统的基于距离的聚类算法，如 K-Means 等，DBSCAN 能够处理具有不规则形状和不同密度的簇，并自动确定簇的数量。

DBSCAN 的核心思想是通过定义数据点的密度来划分簇。根据给定的半径（ε）和最小密度（MinPts），DBSCAN 定义了以下概念。

1）核心点（Core Point）：在给定半径内至少包含最小密度数量的数据点。

2）边界点（Border Point）：在给定半径内不满足最小密度数量要求的数据点，但位于核心点的邻域内。

3）噪声点（Noise Point）：既不是核心点也不是边界点的数据点。

DBSCAN 算法的基本原理是从任意未被访问的数据点开始，逐步扩展簇的范围，直到不能再添加新的数据点为止。具体的算法步骤如下：

1）选择一个未被访问的数据点作为当前点，如果当前点的邻域内包含至少最小密度数量的数据点，则将其标记为核心点，并将其邻域内的数据点添加到同一个簇中。

2）对于核心点的邻域内的每个数据点，如果其也是核心点，则将其邻域内的数据点添加到同一个簇中。

3）重复步骤1）和步骤2），直到所有数据点都被访问。

4）标记剩余的未分配数据点为噪声点。

DBSCAN 的伪代码如下所示：

```
DBSCAN(D, ε, MinPts):
begin
    初始化所有数据点为未访问状态
    创建一个空的簇集合 C
    对于每个数据点 P in D:
        如果 P 已经被访问过,则跳过此点
        将 P 标记为已访问
        获取 P 的 ε-邻域内的所有数据点 N
        如果 N 的数量小于 MinPts,则将 P 标记为噪声点
        否则,创建一个新簇 C_new,并将 P 添加到 C_new
        扩展簇 C_new,对于 N 中的每个点 Q:
            如果 Q 尚未被访问,则将 Q 标记为已访问
            获取 Q 的 ε-邻域内的所有数据点 NQ
            如果 NQ 的数量大于或等于 MinPts,则将 NQ 中的点添加到 C_new
        将 C_new 添加到簇集合 C
    返回簇集合 C
end
```

DBSCAN 算法的优点包括能够发现具有不同密度和不规则形状的簇,对噪声和离群点有较强的鲁棒性,且不需要预先指定簇的数量。然而,DBSCAN 的计算复杂度较高,特别是在处理大规模数据集时。此外,DBSCAN 对于参数的选择(如半径 ε 和最小密度 MinPts)比较敏感,需要进行参数调优和结果评估。

9.4.2 OPTICS 算法

OPTICS (Ordering Points to Identify the Clustering Structure) 算法是一种基于密度的聚类算法,用于发现密度可达的样本集合。与 DBSCAN 相似,OPTICS 也能够自动识别聚类的数量,并有效处理具有不同密度的簇。

OPTICS 算法基于两个核心概念:可达距离(Reachability Distance)和核心距离(Core Distance)。

1) 可达距离:对于两个数据点 p 和 q,p 到 q 的可达距离表示 p 通过一系列距离不超过给定半径(ε)的数据点,能够到达 q 的最小距离。

2) 核心距离:对于一个数据点 p,核心距离表示 p 到其 ε-邻域内的最小距离。

OPTICS 算法的主要步骤如下。

1) 初始化:为每个数据点设置初始的可达距离为无穷大。

2) 邻域查询:对每个数据点,计算其 ε-邻域内的数据点,并计算其核心距离。

3) 扩展种子:从未处理的数据点中选择一个作为种子点,将其标记为已处理,并根据其核心距离扩展可达距离。

4) 扩展可达距离:对于每个已处理的数据点,计算其 ε-邻域内的数据点的可达距离,并将其加入有序的优先队列中。

5) 提取聚类结构:根据可达距离从优先队列中提取数据点,形成聚类结构。

OPTICS 算法通过计算可达距离和核心距离,构建了一个有序的可达距离图。通过对可达距离的排序,可以提取聚类结构,同时获得数据点的密度信息。与 DBSCAN 相比,

OPTICS 具有更好的可解释性和灵活性，能够处理较大规模的数据集。

需要注意的是，OPTICS 算法的时间复杂度较高，特别是在计算可达距离和核心距离时，需要进行多次邻域查询。在实践中，可以通过采样、索引和并行化等技术来加速 OPTICS 算法的计算过程。

9.5 实践——聚类分析

9.5.1 基于划分聚类实现能源效率信息聚类

本节使用的是能源效率信息的数据集，此数据集来源于数据科学竞赛平台 Kaggle（https://www.kaggle.com/datasets/elikplim/eergy-efficiency-dataset），共有 768 条数据，10 个特征，特征的具体含义如下。

1. $X1$：相对紧凑度（Relative Compactness）
2. $X2$：表面积（Surface Area）
3. $X3$：墙面积（Wall Area）
4. $X4$：屋顶面积（Roof Area）
5. $X5$：总高度（Overall Height）
6. $X6$：方向（Orientation）
7. $X7$：玻璃面积（Glazing Area）
8. $X8$：玻璃面积分布（Glazing Area Distribution）
9. $Y1$：供暖负荷（Heating Load）
10. $Y2$：制冷负荷（Cooling Load）

首先，利用 pandas 加载数据集，并查看前 5 行，代码如下：

```
import pandas as pd
# 加载数据
data = pd.read_csv('d:\\ENB2012_data.csv')
print(data.head())
```

运行结果如下：

	X1	X2	X3	X4	X5	X6	X7	X8	Y1	Y2
0	0.98	514.5	294.0	110.25	7.0	2	0.0	0	15.55	21.33
1	0.98	514.5	294.0	110.25	7.0	3	0.0	0	15.55	21.33
2	0.98	514.5	294.0	110.25	7.0	4	0.0	0	15.55	21.33
3	0.98	514.5	294.0	110.25	7.0	5	0.0	0	15.55	21.33
4	0.90	563.5	318.5	122.50	7.0	2	0.0	0	20.84	28.28

查看每个特征分别有多少个数据，检查是否有空值，代码如下：

```
# 查看数据条数
data.info()
```

```
<class 'pandas.core.frame.DataFrame'>
RangeIndex: 768 entries, 0 to 767
Data columns (total 10 columns):
 #   Column  Non-Null Count  Dtype
---  ------  --------------  -----
 0   X1      768 non-null    float64
 1   X2      768 non-null    float64
 2   X3      768 non-null    float64
 3   X4      768 non-null    float64
 4   X5      768 non-null    float64
 5   X6      768 non-null    int64
 6   X7      768 non-null    float64
 7   X8      768 non-null    int64
 8   Y1      768 non-null    float64
 9   Y2      768 non-null    float64
dtypes: float64(8), int64(2)
memory usage: 60.1 KB
```

由运行结果可知：此数据集没有缺失值。

下面利用 K-Means 聚类算法对此数据集的特征列实现聚类，计算不同簇数（K 值）下的轮廓系数。同时，绘制 K 值与轮廓系数之间的关系图，并找到轮廓系数最大的 K 值，即最佳的簇数。最后，代码输出最佳的簇数 K 和对应的轮廓系数。代码如下：

```python
from sklearn.cluster import KMeans
from sklearn.metrics import silhouette_score
import matplotlib.pyplot as plt

# 提取特征列用于聚类
feature_columns = data.columns[:8]
X = data[feature_columns]

# 列出每个 K 的轮廓系数
silhouette_scores = []

# 要尝试的 K 值范围
k_range = range(2, 11)

# 计算每个 K 的轮廓系数
for k in k_range:
    kmeans = KMeans(n_clusters=k, random_state=42)
    kmeans.fit(X)
    score = silhouette_score(X, kmeans.labels_)
    silhouette_scores.append(score)

# 根据 K 值绘制轮廓系数
plt.figure(figsize=(10, 6))
```

```
              plt.plot(k_range, silhouette_scores, marker='o')
              plt.title('Silhouette Score for Different K Values')
              plt.xlabel('Number of Clusters (K)')
              plt.ylabel('Silhouette Score')
              plt.grid(True)
              plt.show()

              # 找到最佳的 K 值
              best_k = k_range[silhouette_scores.index(max(silhouette_scores))]
              best_silhouette_score = max(silhouette_scores)

              # 输出
              print("Best number of clusters (K):", best_k)
              print("Best silhouette score:", best_silhouette_score)
```

运行结果如图 9-1 所示。

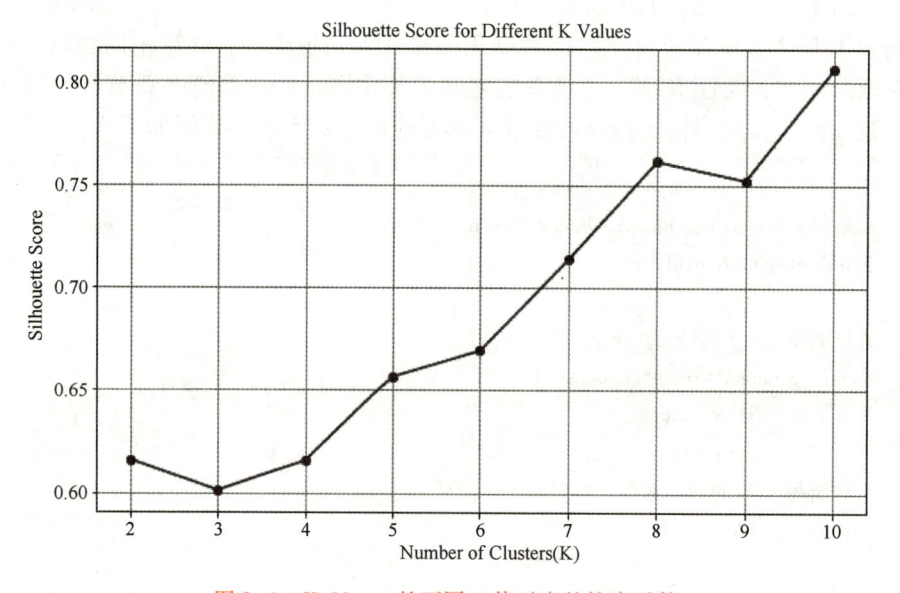

图 9-1　K-Means 的不同 K 值对应的轮廓系数

```
Best number of clusters (K): 10
Best silhouette score: 0.8060168283131187
```

由运行结果可知：当聚类簇数达到 10 时，轮廓系数最高且为 0.81。

9.5.2　基于层次聚类完成用户行为数据聚类

本节使用的是用户行为信息的数据集，此数据集来源于数据科学竞赛平台 Kaggle（https://www.kaggle.com/datasets/bhanupratapbiswas/app-users-segmentation-case-study），共有 999 条信息，8 个特征，特征的具体含义如下。

1. userid：用户 ID
2. Average Screen Time：平均屏幕使用时间（以分钟为单位）

3. Average Spent on App（INR）：在应用上的平均花费（以印度货币卢比为单位）
4. Left Review：是否留下过评论（1 表示是，0 表示否）
5. Ratings：用户评分
6. New Password Request：新密码请求次数
7. Last Visited Minutes：最后一次访问的时长（以分钟为单位）
8. Status：用户状态（例如，安装、未安装等）

首先，利用 pandas 加载数据集，并查看前 5 行，代码如下。

```
import pandas as pd
# 加载数据
df = pd.read_csv('d:\\userbehaviour.csv')
print(df.head())
```

运行结果如下：

	userid	Average Screen Time	Average Spent on App (INR)	Left Review	Ratings	New Password Request	Last Visited Minutes	Status
0	1001	17.0	634.0	1	9	7	2990	Installed
1	1002	0.0	54.0	0	4	8	24008	Uninstalled
2	1003	37.0	207.0	0	8	5	971	Installed
3	1004	32.0	445.0	1	6	2	799	Installed
4	1005	45.0	427.0	1	5	6	3668	Installed

利用代码查看每个特征分别有多少个数据，检查是否有空值，代码如下：

```
# 查看数据条数
df.info()
```

运行结果如下：

```
<class 'pandas.core.frame.DataFrame'>
RangeIndex: 999 entries, 0 to 998
Data columns (total 8 columns):
 #   Column                      Non-Null Count  Dtype
---  ------                      --------------  -----
 0   userid                      999 non-null    int64
 1   Average Screen Time         999 non-null    float64
 2   Average Spent on App (INR)  999 non-null    float64
 3   Left Review                 999 non-null    int64
 4   Ratings                     999 non-null    int64
 5   New Password Request        999 non-null    int64
 6   Last Visited Minutes        999 non-null    int64
 7   Status                      999 non-null    object
dtypes: float64(2), int64(5), object(1)
memory usage: 58.6+ KB
```

由运行结果可知：此数据集无缺失值，只需要进行数值特征的标准化。代码如下：

```
import numpy as np
import pandas as pd
from sklearn.cluster import KMeans
from sklearn.metrics import silhouette_score
```

```python
from sklearn.preprocessing import StandardScaler

# 加载数据
file_path = 'd:\\userbehaviour.csv'
data = pd.read_csv(file_path)

# 数据预处理函数
def preprocess_data(data):

    # 选择用于聚类的数值特征
    features = data[['Average Screen Time', 'Average Spent on App (INR)',
                     'Left Review', 'Ratings', 'New Password Request',
                     'Last Visited Minutes']]

    # 标准化
    scaler = StandardScaler()
    X_scaled = scaler.fit_transform(features)
    return X_scaled, features

# 使用数据预处理函数
X_scaled, features = preprocess_data(data)

# 定义一个可能的 K 值列表
k_values = range(2, 11)                                           # from 2 to 10 clusters

# 初始化一个列表来存储每个 K 的轮廓系数
silhouette_scores = []

# 对每个 K 执行 K-Means 并计算轮廓系数
for k in k_values:
    kmeans = KMeans(n_clusters=k, random_state=42)
    cluster_labels = kmeans.fit_predict(X_scaled)                 # 使用标准化后的数据
    silhouette_avg = silhouette_score(X_scaled, cluster_labels)   # 同样使用标准化数据
    silhouette_scores.append(silhouette_avg)
    print(f"For k={k}, Silhouette Score: {silhouette_avg:.4f}")   # 添加进度输出

# 找到轮廓系数最高的最佳 K 值
best_k = k_values[np.argmax(silhouette_scores)]
best_silhouette_score = max(silhouette_scores)
print(f"\nBest number of clusters (K): {best_k}")
print(f"Best silhouette score: {best_silhouette_score}")
```

首先调用库加载数据集,进行相应的数据预处理,选择数值特征并标准化,选择 Average Screen Time、Average Spent on App (INR)、Left Review、Ratings、New Password Request 和 Last Visited Minutes 特征作为用于聚类的数值特征；接着定义一个可能的 K 值列表，然后初始化一个列表来存储每个 K 的轮廓系数，然后对每个 K 执行层次聚类并计算轮廓系数，最后输出最佳 K 值及对应的轮廓系数。运行结果如下：

```
Best number of clusters (K): 2
Best silhouette score: 0.9006579458648444
```

9.5.3 利用 DBSCAN 进行人口信息聚类

本节使用的是人口数量信息的数据集，此数据集来源于数据科学竞赛平台 Kaggle（https://www.kaggle.com/datasets/gemartin/world-bank-data-1960-to-2016），数据集包含 61 个特征，其中前 4 个特征是对象（字符串）类型，分别代表国家或地区名称、国家或地区代码、指标名称和指标代码。剩下的 57 个特征是浮点数类型，每一个特征列对应从 1960 年至 2016 年中某一年的人口数量数据。这些列的名称对应于相应的年份。这个数据集的特征含义如下。

1. Country Name（对象类型）：国家或地区名称
2. Country Code（对象类型）：国家或地区代码
3. Indicator Name（对象类型）：指标名称，对于所有行都是"Population, total"，表示总人口
4. Indicator Code（对象类型）：指标代码，对于所有行都是"SP.POP.TOTL"
5. 1960~2016（浮点数类型）：从 1960 年至 2016 年的人口数据列，每一列代表对应年份的人口数量数据。

首先对数据进行预处理，利用 pandas 加载数据集，并查看前 5 行，代码如下。

```
import pandas as pd
#加载数据
df = pd.read_csv('d:\\country-population.csv')
print(df.head())
```

运行结果如下（仅展示部分）：

	Country Name	Country Code	Indicator Name	Indicator Code	1960	1961	1962	1963	1964	1965	...	2007	2008	2009
0	Aruba	ABW	Population, total	SP.POP.TOTL	54211.0	55438.0	56225.0	56695.0	57032.0	57360.0	...	101220.0	101353.0	101453.0
1	Afghanistan	AFG	Population, total	SP.POP.TOTL	8996351.0	9166764.0	9345868.0	9533954.0	9731361.0	9938414.0	...	26616792.0	27294031.0	28004331.0
2	Angola	AGO	Population, total	SP.POP.TOTL	5643182.0	5753024.0	5866061.0	5980417.0	6093321.0	6203299.0	...	20997687.0	21759420.0	22549547.0
3	Albania	ALB	Population, total	SP.POP.TOTL	1608800.0	1659800.0	1711319.0	1762621.0	1814135.0	1864791.0	...	2970017.0	2947314.0	2927519.0
4	Andorra	AND	Population, total	SP.POP.TOTL	13411.0	14375.0	15370.0	16412.0	17469.0	18549.0	...	82683.0	83861.0	84462.0

5 rows × 61 columns

查看每个属性分别有多少个数据，检查是否有空值，代码如下。

```
# 查看数据条数
df.info()
```

```
<class 'pandas.core.frame.DataFrame'>
RangeIndex: 264 entries, 0 to 263
Data columns (total 61 columns):
 #   Column          Non-Null Count  Dtype
---  ------          --------------  -----
 0   Country Name    264 non-null    object
 1   Country Code    264 non-null    object
 2   Indicator Name  264 non-null    object
 3   Indicator Code  264 non-null    object
 4   1960            260 non-null    float64
 5   1961            260 non-null    float64
 6   1962            260 non-null    float64
 7   1963            260 non-null    float64
 8   1964            260 non-null    float64
 9   1965            260 non-null    float64
 10  1966            260 non-null    float64
 11  1967            260 non-null    float64
 12  1968            260 non-null    float64
 13  1969            260 non-null    float64
 14  1970            260 non-null    float64
 15  1971            260 non-null    float64
 16  1972            260 non-null    float64
 17  1973            260 non-null    float64
 18  1974            260 non-null    float64
 19  1975            260 non-null    float64
 20  1976            260 non-null    float64
 21  1977            260 non-null    float64
 22  1978            260 non-null    float64
 23  1979            260 non-null    float64
 24  1980            260 non-null    float64
 25  1981            260 non-null    float64
 26  1982            260 non-null    float64
 27  1983            260 non-null    float64
 28  1984            260 non-null    float64
 29  1985            260 non-null    float64
 30  1986            260 non-null    float64
 31  1987            260 non-null    float64
 32  1988            260 non-null    float64
 33  1989            260 non-null    float64
 34  1990            262 non-null    float64
 35  1991            262 non-null    float64
 36  1992            261 non-null    float64
 37  1993            261 non-null    float64
 38  1994            261 non-null    float64
 39  1995            262 non-null    float64
 40  1996            262 non-null    float64
 41  1997            262 non-null    float64
 42  1998            263 non-null    float64
 43  1999            263 non-null    float64
 44  2000            263 non-null    float64
 45  2001            263 non-null    float64
 46  2002            263 non-null    float64
 47  2003            263 non-null    float64
 48  2004            263 non-null    float64
 49  2005            263 non-null    float64
 50  2006            263 non-null    float64
 51  2007            263 non-null    float64
 52  2008            263 non-null    float64
 53  2009            263 non-null    float64
```

```
54  2010              263 non-null    float64
55  2011              263 non-null    float64
56  2012              262 non-null    float64
57  2013              262 non-null    float64
58  2014              262 non-null    float64
59  2015              262 non-null    float64
60  2016              262 non-null    float64
dtypes: float64(57), object(4)
memory usage: 125.9+ KB
```

```python
# 查看缺失值
missing_values_info = df.isnull().sum()
print(missing_values_info)
```

运行结果如下:

```
Country Name       0
Country Code       0
Indicator Name     0
Indicator Code     0
1960               4
                  ..
2012               2
2013               2
2014               2
2015               2
2016               2
Length: 61, dtype: int64
```

由运行结果可知:前 4 个特征无缺失值,特征 1960~1989 均有 4 条缺失值,特征 1992~1994 均有 3 条缺失值,特征 1998~2011 均有 1 条缺失值,其余特征均有 2 条缺失值。

```python
# 删除含有缺失值的行
data_cleaned = df.dropna()
```

选择用于聚类的特征,本实验将选择所有年份特征列数据,即数据的第 5 列至第 60 列,然后进行聚类。步骤如下:

1) 提取特征数据并进行标准化。
2) 使用 DBSCAN 算法进行聚类:创建一个 DBSCAN 对象,并使用标准化后的特征数据进行聚类。参数 eps 决定了邻域的大小,参数 min_samples 定义了一个核心点所需的最小邻居数。
3) 将聚类标签添加到清洗后的 data_cleaned 数据框中,新添加的列名为 Cluster。
4) 对聚类结果进行评估,在标准化后的特征数据中排除噪声点(标签为-1)。
5) 最后,计算轮廓系数和 DBI 并输出。

代码如下。

```python
import pandas as pd
from sklearn.preprocessing import StandardScaler
from sklearn.cluster import DBSCAN
from sklearn.metrics import silhouette_score, davies_bouldin_score
```

```python
import matplotlib.pyplot as plt

# 选择用于聚类的特征
features = data_cleaned.columns[4:60]

# 提取特征数据并进行标准化
X = data_cleaned[features].values
scaler = StandardScaler()
X_scaled = scaler.fit_transform(X)

# 应用DBSCAN算法进行聚类
db = DBSCAN(eps=0.5, min_samples=5)             # 调参
db.fit(X_scaled)

# 将聚类标签添加到清洗后的DataFrame
data_cleaned['Cluster'] = db.labels_

# 评估聚类结果
# 排除噪声点（标签为-1）进行评估
X_scaled_no_noise = X_scaled[db.labels_ != -1]
labels_no_noise = db.labels_[db.labels_ != -1]

# 计算轮廓系数（仅对非噪声点）
silhouette_avg = silhouette_score(X_scaled_no_noise, labels_no_noise)

# 计算DBI（仅对非噪声点）
db_index = davies_bouldin_score(X_scaled_no_noise, labels_no_noise)

# 输出轮廓系数和BDI
print(f"Silhouette Score: {silhouette_avg}")
print(f"Davies-Bouldin Index: {db_index}")
```

运行结果如下：

```
Silhouette Score: 0.8817907723184658
Davies-Bouldin Index: 0.18147643272180955
```

由运行结果可知：轮廓系数（Silhouette Score）为0.882，表明样本聚类合理且簇间分离度高。同时，Davies-Bouldin指数为0.18，此指标越低越好。这两个指标共同反映了模型DBSCAN对人口数量信息数据集聚类效果良好。

9.6 本章小结

本章系统介绍了聚类分析的基础知识和技术应用。首先，探讨了聚类分析的基础知识，包括聚类分析的概念、相似性度量和聚类的评价指标，帮助读者了解聚类分析的基本原理和

方法。接着，深入研究了基于划分的聚类分析，包括 K-Means 聚类和 K-Means++聚类算法，以及它们的应用和优化。然后，介绍了基于层次的聚类分析，分别讨论了自底向上和自顶向下聚类算法，展示了它们在不同场景下的应用效果。同时，探讨了基于密度的聚类分析，包括 DBSCAN 算法和 OPTICS 算法，讨论了它们在处理具有不规则形状的聚类任务时的优势。最后，通过实践案例展示了如何利用不同聚类算法进行实际数据集的聚类分析，包括能源效率信息聚类、用户行为数据聚类和人口信息聚类。通过本章的学习，读者将深入了解不同聚类算法的原理和特点，掌握应用聚类分析解决实际问题的技能，为数据挖掘和模式识别提供重要支持。

9.7 习题

1. 什么是聚类分析？
2. 聚类分析中常用的相似性度量有哪些？
3. 聚类分析的评价指标有哪些？
4. 什么是 K-Means 聚类算法？
5. K-Means++聚类算法相对于 K-Means 算法有哪些改进？它是如何选择初始质心的？
6. 以下是一个虚拟的销售数据集（见表 9-1），包括顾客的购买金额和购买频率。

表 9-1　销售数据集

顾客 ID	购买金额（元）	购买频率（次/月）
1	1000	10
2	1500	8
3	300	12
4	200	15
5	1800	6
6	600	18
7	800	20
8	100	25
9	1200	9
10	500	14

请分别使用 K-Means 算法和 K-Means++算法对这些顾客进行分群。

7. 什么是基于层次的聚类分析？请阐述自底向上和自顶向下聚类算法的基本步骤。
8. 一个虚拟的顾客消费数据集（见表 9-1）包括顾客的购买金额和购买频率。请利用基于层次的聚类分析方法对这些顾客进行分群。
9. 什么是基于密度的聚类分析？

第 10 章 离群点分析

离群点是指与大多数数据点明显不同的观测值或数据点。离群点分析是数据分析中的重要技术之一，它的主要目标是识别和理解数据中的异常值或离群点。本章介绍离群点分析的基础知识和方法。首先介绍离群点分析的定义，并讨论其作用。然后将介绍基于统计、距离和密度的离群点分析方法，包括均值与标准差方法、箱线图方法、欧氏距离、曼哈顿距离、局部离群因子（LOF）方法及基于密度的空间聚类（DBSCAN）方法。最后，将通过一个案例展示离群点分析的应用，包括数据读入、数据初步分析、数据预处理、离群点模型的构建和模型的评估等步骤，并阐述离群点分析的实际意义。本章旨在帮助读者理解离群点分析的概念和方法，使其能在实际问题中应用这些技术。

10.1 离群点分析基础

10.1.1 离群点分析的定义

离群点分析（Outlier Analysis），也称为异常检测（Anomaly Detection），是数据分析的一种方法，旨在识别和分析数据集中与其他数据点明显不同的异常观测值或数据点。离群点是指与大多数数据点具有明显差异的极端值。离群点分析通过使用基于统计、距离或密度等的方法，寻找数据中的离群点，并对其进行进一步的分析和处理。

10.1.2 离群点分析的作用

离群点分析在数据分析和决策支持中具有重要作用。具体如下：

1. 异常检测

离群点分析可用于检测数据中的异常情况。这些异常可能是由数据收集或记录错误、系统故障、欺诈行为、异常事件等引起的。通过识别和分析离群点，可以及早发现异常情况，并采取相应的措施进行处理。

2. 数据质量控制

离群点分析可用于评估数据的质量，并帮助发现潜在的数据质量问题。通过检测和处理离群点，可以改善数据的准确性、一致性和完整性。

3. 预测模型改进

离群点对于构建准确的预测模型会有很大影响。离群点的存在可能导致模型的偏差和误差，从而降低模型的性能。通过识别和处理离群点，可以改善预测模型的准确性和鲁棒性。

4. 挖掘新的知识和见解

离群点可能包含与常规数据不同的有价值的信息。通过分析离群点，可以发现新的模式、趋势或异常情况，从而生成新的知识和见解。

综上所述，离群点分析对于数据分析和决策支持非常重要。它可以帮助分析者发现数据中的异常情况，提高数据质量，改进预测模型，并挖掘新的知识和见解。通过识别和处理离群点，可以更好地利用数据并做出更准确和可靠的决策。

10.2 基于统计的离群点分析

在基于统计的离群点分析中，可以利用数据的统计特性来识别和分析离群点。这种方法假设正常数据点遵循某种概率分布，而离群点则不符合该分布。本节将介绍两种常见的基于统计的离群点分析方法：均值与标准差方法和箱线图方法。

10.2.1 均值与标准差方法

均值与标准差方法（Mean and Standard Deviation Method）是一种基于统计的离群点分析方法，用于识别数据集中的离群点。该方法假设数据点服从正态分布，并使用数据的均值和标准差来确定离群点。

这种方法的基本思想是，正常数据点在正态分布的均值附近，而离群点则远离均值。通过计算数据点与数据集均值之间的差，可以确定数据点的异常程度。一般来说，如果一个数据点的值与均值的差超过了若干倍的标准差，那么它很可能是一个离群点。

均值与标准差方法的步骤如下：

1）计算数据集的均值（Mean）和标准差（Standard Deviation）。
2）确定一个阈值范围，通常是均值加减若干倍的标准差。常用的阈值范围有均值加减 2 倍、3 倍或更多倍的标准差。
3）对于每个数据点，计算其与均值之间的差，即数据点的偏离程度。
4）如果数据点的偏离程度超过设定的阈值范围，则将其视为离群点。

均值与标准差方法适用于符合正态分布假设的数据。然而，需要注意的是，该方法对于非正态分布的数据效果可能不佳。此外，在数据集中包含多个子群或异常模式的情况下，使用该方法分析也可能不够准确。因此，在使用均值与标准差方法时，需要综合考虑数据的特性和偏差，并结合领域知识和其他方法进行综合分析。

10.2.2 箱线图方法

箱线图方法（Box Plot Method）是一种基于统计的离群点分析方法，用于识别数据集中的离群点。它通过绘制箱线图来展示数据的分布情况和离群点。

箱线图由 5 个统计量组成：最小值、下四分位数（Q1）、中位数（Q2）、上四分位数（Q3）和最大值。箱体表示了数据的四分位距离（IQR，Interquartile Range），即 Q3 和 Q1 之间的差值。根据箱线图的绘制规则，离群点被定义为位于上、下四分位数之外的观测值。

箱线图方法的步骤如下：

1）计算数据集的 Q1、Q3 及 IQR（IQR＝Q3−Q1）。
2）根据内限（通常为 1.5 倍的 IQR）计算上、下内限值，即上内限＝Q3＋1.5＊IQR，

下内限 = Q1 - 1.5 * IQR。

3）根据上、下内限值确定离群点，所有小于下内限或大于上内限的观测值都被视为离群点。

通过绘制箱线图，可以直观地查看数据的中心趋势、分布形态及离群点的存在情况。离群点可能表明数据中存在异常值或异常模式。

需要注意的是，箱线图方法仅关注数据的位置和离散程度，而不考虑数据的分布假设。因此，在使用箱线图方法时，需要结合领域知识和其他分析方法来综合考虑数据的特性和偏差，以确定离群点的实际意义和影响。

10.3 基于距离的离群点分析

在基于距离的离群点分析中，使用距离度量来衡量数据点之间的相似性或差异性，进而识别离群点。本节包括两个方面的内容：欧氏距离和曼哈顿距离。

10.3.1 欧氏距离

在离群点分析中，欧氏距离常被用来计算数据点在多维空间中的直线距离。欧氏距离适用于连续型数据，它可以量化数据点之间的绝对距离。在离群点分析中，可以将数据点与其他数据点的欧氏距离进行比较，如果某个数据点与其他数据点的距离较远，表明它可能是一个离群点。

需要注意的是，欧氏距离对于数据的尺度和单位敏感。如果不同维度的数据具有不同的尺度或单位，欧氏距离可能会被具有较大尺度的维度主导，从而影响离群点的识别。因此，在使用欧氏距离进行离群点分析时，需要对数据进行适当的预处理，如标准化或归一化，以消除尺度和单位差异所带来的影响。

10.3.2 曼哈顿距离

在离群点分析中，曼哈顿距离常被用来计算数据点在多维空间中的曼哈顿街区距离。曼哈顿距离适用于离散型或有序型数据。与欧氏距离不同，曼哈顿距离不考虑直线距离，而关注数据点在坐标轴上的差值。它通过计算数据点在每个维度上的差值的绝对值之和来衡量数据点之间的距离。

在离群点分析中，可以将数据点与其他数据点的曼哈顿距离进行比较，如果某个数据点与其他数据点的距离较大，表明它可能是一个离群点。曼哈顿距离在处理离散型或有序型数据时尤其有用，例如处理地理坐标、时间序列等时。

需要注意的是，曼哈顿距离也对数据的尺度和单位敏感。如果不同维度的数据具有不同的尺度或单位，曼哈顿距离可能会被具有较大尺度的维度主导，从而影响离群点的识别。因此，在使用曼哈顿距离进行离群点分析时，同样需要对数据进行适当的预处理，以消除尺度和单位的影响。

曼哈顿距离是离群点分析中常用的距离度量方法之一，它提供了一种量化数据点之间距离的方式，帮助识别离群点并理解数据的结构和模式。

10.4 基于密度的离群点分析

基于密度的离群点分析是一种常用的离群点检测方法，它基于数据点的密度来识别离群点。本节将介绍两种基于密度的离群点分析方法：局部离群因子（LOF）方法和基于密度的空间聚类（DBSCAN）方法。

10.4.1 局部离群因子（LOF）方法

局部离群因子（Local Outlier Factor，LOF）方法是一种基于密度的离群点分析方法，用于识别数据集中的离群点。LOF 方法通过计算每个数据点相对于其邻域的离群程度来确定离群点。

LOF 方法的基本原理是将每个数据点的局部离群因子与其邻域中的其他数据点进行比较。局部离群因子是一个反映数据点相对于其邻域的密度的指标，它衡量了数据点相对于其邻域的离散程度。具体来说，LOF 方法计算每个数据点的局部离群因子，即数据点与其邻域内其他数据点的密度比值。

LOF 的计算过程如下：

1) 对于每个数据点，确定其邻域，可以使用距离度量（如欧氏距离）来定义邻域的大小。

2) 计算每个数据点的局部可达密度（Local Reachability Density，LRD），即数据点与其邻域内其他数据点的平均距离的倒数。

3) 计算每个数据点的局部离群因子（LOF），即数据点的 LRD 与其邻域内其他数据点的平均 LRD 的比值。

4) 根据计算得到的 LOF 值，确定离群点。通常，LOF 值大于 1 的数据点被视为离群点。

LOF 方法通过考虑每个数据点相对于其邻域的密度来识别离群点。如果一个数据点的 LOF 值较高，意味着它相对于其邻域具有较低的密度，可能是离群点。相反，如果一个数据点的 LOF 值接近 1，则表示它与其邻域的密度相似，更符合正常数据点的行为。

LOF 方法适用于各种数据类型和数据分布，尤其适用于复杂数据集和非线性数据结构。它能够捕捉到具有低密度或孤立于其他数据点的离群点，提供了一种灵活且自适应的离群点分析方法。

10.4.2 基于密度的空间聚类（DBSCAN）方法

基于密度的空间聚类（Density-Based Spatial Clustering of Applications with Noise，DBSCAN）方法通过考虑数据点的密度和邻域关系来识别离群点。如果一个数据点没有足够数量的邻域点，或者它不属于任何一个簇，则被视为离群点。

DBSCAN 方法适用于各种数据类型和数据分布，特别适用于复杂数据集和非线性数据结构。它不依赖于数据的分布假设，并且能够自动识别簇的形状和大小。DBSCAN 方法可以捕捉到具有低密度或孤立于其他数据点的离群点，提供了一种灵活且自适应的离群点分析方法。

10.5 实践——异常小麦种子分析

本节对异常小麦种子进行分析和识别，从而帮助农民或种植专家发现和解决种子的质量问题，提高农作物的产量和质量。

10.5.1 数据读入

本节使用小麦种子数据集，此数据集来源于数据科学竞赛平台 Kaggle（https://www.kaggle.com/datasets/jmcaro/wheat-seedsuci），此数据集包含了一些关于小麦种子的特征，这些特征可以用来描述和区分不同类型的小麦种子。每个特征的含义如下。

1. Area（面积）：种子的椭圆形状的面积大小，以毫米^{2}为单位
2. Perimeter（周长）：种子椭圆的周长长度，以毫米为单位
3. Compactness（紧凑度）：种子椭圆的紧凑程度，计算公式为 $4\pi \times ($面积/周长$^2)$。紧凑度越高表示种子形状越圆
4. Kernel.Length（籽粒长度）：种子内部籽粒的长度，以毫米为单位
5. Kernel.Width（籽粒宽度）：种子内部籽粒的宽度，以毫米为单位
6. Asymmetry.Coeff（不对称系数）：种子椭圆的不对称程度，计算公式为$(\max($长轴、短轴$)-90)/($长轴+短轴$)$
7. Kernel.Groove（籽粒凹槽）：种子内部籽粒的凹槽长度，以毫米为单位
8. Type（类型）：小麦种子的类型，是目标变量，可能的取值有 3 类：Kama、Rosa 和 Canadian

以上特征提供了关于小麦种子形状、大小和内部结构的信息。通过对这些特征进行分析和建模，可以识别和分类不同类型的小麦种子，从而为种植业提供有用的信息和指导。

下面使用 Python 的 pandas 库来加载和预览这个数据集，代码如下：

```
import pandas as pd
# 加载数据
data = pd.read_csv('d:\\seeds.csv')
print(data.head())
```

运行结果如下：

	Area	Perimeter	Compactness	Kernel.Length	Kernel.Width	Asymmetry.Coeff	Kernel.Groove	Type
0	15.26	14.84	0.8710	5.763	3.312	2.221	5.220	1
1	14.88	14.57	0.8811	5.554	3.333	1.018	4.956	1
2	14.29	14.09	0.9050	5.291	3.337	2.699	4.825	1
3	13.84	13.94	0.8955	5.324	3.379	2.259	4.805	1
4	16.14	14.99	0.9034	5.658	3.562	1.355	5.175	1

```
#查看数据条数
data.info()
```

运行结果如下：

```
<class 'pandas.core.frame.DataFrame'>
RangeIndex: 199 entries, 0 to 198
Data columns (total 8 columns):
 #   Column           Non-Null Count  Dtype
---  ------           --------------  -----
 0   Area             199 non-null    float64
 1   Perimeter        199 non-null    float64
 2   Compactness      199 non-null    float64
 3   Kernel.Length    199 non-null    float64
 4   Kernel.Width     199 non-null    float64
 5   Asymmetry.Coeff  199 non-null    float64
 6   Kernel.Groove    199 non-null    float64
 7   Type             199 non-null    int64
dtypes: float64(7), int64(1)
memory usage: 12.5 KB
```

由运行结果可知，此数据集共有 199 条数据，8 个特征，7 个浮点型特征，1 个整型特征，没有缺失值。

10.5.2 数据初步分析

将查看数据的统计摘要，了解数据的基本信息和分布，代码如下：

```
# 显示数据集的统计摘要
statistical_summary = data.describe()

# 输出
print(statistical_summary)
```

运行结果如下：

	Area	Perimeter	Compactness	Kernel.Length	Kernel.Width	Asymmetry.Coeff	Kernel.Groove	Type
count	199.000000	199.000000	199.000000	199.000000	199.000000	199.000000	199.000000	199.000000
mean	14.918744	14.595829	0.870811	5.643151	3.265533	3.699217	5.420653	1.994975
std	2.919976	1.310445	0.023320	0.443593	0.378322	1.471102	0.492718	0.813382
min	10.590000	12.410000	0.808100	4.899000	2.630000	0.765100	4.519000	1.000000
25%	12.330000	13.470000	0.857100	5.267000	2.954500	2.570000	5.046000	1.000000
50%	14.430000	14.370000	0.873400	5.541000	3.245000	3.631000	5.228000	2.000000
75%	17.455000	15.805000	0.886800	6.002000	3.564500	4.799000	5.879000	3.000000
max	21.180000	17.250000	0.918300	6.675000	4.033000	8.315000	6.550000	3.000000

由运行结果可知，数据集的统计摘要如下。

Area（面积）：平均值为 14.92，标准差为 2.92，最小值为 10.59，最大值为 21.18。

Perimeter（周长）：平均值为 14.60，标准差为 1.31，最小值为 12.41，最大值为 17.25。

Compactness（紧凑度）：平均值为 0.87，标准差为 0.02，最小值为 0.81，最大值为 0.92。

Kernel.Length（籽粒长度）：平均值为 5.64，标准差为 0.44，最小值为 4.90，最大值为 6.68。

Kernel.Width（籽粒宽度）：平均值为 3.27，标准差为 0.38，最小值为 2.63，最大值为 4.03。

Asymmetry.Coeff（不对称系数）：平均值为 3.70，标准差为 1.47，最小值为 0.77，最大值为 8.32。

Kernel.Groove（籽粒凹槽）：平均值为 5.42，标准差为 0.49，最小值为 4.52，最大值为 6.55。

Type（类型）：该字段为分类字段，取值为 1、2、3。

10.5.3 数据预处理

为了更好地对数据进行离群点分析，下面对数据进行标准化处理，以确保所有的特征都在相同的尺度上。代码如下：

```
from sklearn.preprocessing import StandardScaler

# 提取特征
features_to_scale = data.columns[:-1]   # 除"Type"外的所有列

# 初始化特征
scaler = StandardScaler()

# 特征标准化
data[features_to_scale] = scaler.fit_transform(data[features_to_scale])

# 显示数据集的前几行
scaled_data_preview = data.head()
print(scaled_data_preview)
```

运行结果如下：

	Area	Perimeter	Compactness	Kernel.Length	Kernel.Width	Asymmetry.Coeff	Kernel.Groove	Type
0	0.117164	0.186797	0.008144	0.270860	0.123135	-1.007371	-0.408265	1
1	-0.013302	-0.019760	0.442341	-0.201481	0.178783	-1.827187	-0.945420	1
2	-0.215868	-0.386972	1.469798	-0.795861	0.189383	-0.681625	-1.211962	1
3	-0.370368	-0.501725	1.061395	-0.721281	0.300679	-0.981475	-1.252656	1
4	0.419297	0.301550	1.401014	0.033559	0.785615	-1.597530	-0.499825	1

10.5.4 构建离群点模型

LOF（Local Outlier Factor）算法有两个重要的超参数，n_neighbors 和 contamination。n_neighbors 表示在计算局部可达密度时考虑的最近邻样本的数量。它决定了算法在计算密度时要考虑多少个相邻样本。n_neighbors 的取值通常根据数据集的大小和特征数量进行选择。较小的 n_neighbors 值可能会导致过于敏感的异常检测，而较大的 n_neighbors 值可能会导致较大的计算开销。一般来说，n_neighbors 的取值范围为 5~30。contamination 表示异常值的比例或者期望的异常值比例。它指定了在数据集中预期的异常值所占的比例。contamination 的取值范围为 0~1，表示异常值的比例。例如，如果 contamination=0.1，则表示期望数据集中约有 10% 的样本是异常值。contamination 的取值需要根据具体问题和数据集的特点进行选择。

这两个超参数在 LOF 算法中起到重要的作用，它们决定了算法对异常值的敏感程度和检测效果。下面使用网格搜索方式确定这两个超参数，具体代码如下：

```python
import pandas as pd
from sklearn.neighbors import LocalOutlierFactor

# 读取数据集
data = pd.read_csv("d:\\seeds.csv")

# 选择用于构建离群点模型的特征
features = ['Area', 'Perimeter', 'Compactness', 'Kernel.Length', 'Kernel.Width', 'Asymmetry.Coeff', \
            'Kernel.Groove']

# 初始化 LOF 模型
best_score = -float('inf')
best_params = {'n_neighbors': None, 'contamination': None}

for n_neighbors in range(5, 30, 3):
    for contamination in [0.01, 0.02, 0.05, 0.1, 0.15]:
        lof = LocalOutlierFactor(n_neighbors=n_neighbors, contamination=contamination)
        outlier_labels = lof.fit_predict(data[features])

        # 统计离群点数量
        num_outliers = len(outlier_labels[outlier_labels == -1])

        # 更新最佳参数
        if num_outliers > best_score:
            best_score = num_outliers
            best_params['n_neighbors'] = n_neighbors
            best_params['contamination'] = contamination

print("Best Parameters:")
print(best_params)
```

运行结果如下：

```
Best Parameters:
{'n_neighbors': 5, 'contamination': 0.15}
```

本节使用基于密度的局部离群因子（LOF）算法来检测离群点，两个超参数分别设置为 n_neighbors=5，contamination=0.15。代码如下：

```python
import pandas as pd
from sklearn.neighbors import LocalOutlierFactor

# 读取数据集
data = pd.read_csv("d:\\seeds.csv")

# 选择用于构建离群点模型的特征
features = ['Area', 'Perimeter', 'Compactness', 'Kernel.Length', 'Kernel.Width', 'Asymmetry.Coeff', \
'Kernel.Groove']

# 初始化 LOF 模型
lof = LocalOutlierFactor(n_neighbors=5, contamination=0.15)

# 拟合模型并预测异常值
outlier_labels = lof.fit_predict(data[features])

# 向数据集添加离群值标签
data['Outlier'] = pd.Series(outlier_labels)

# 显示带有离群值标签的数据集
outliers_data = data[data['Outlier'] == -1]
print(outliers_data.head())
```

运行结果如下：

```
    Area  Perimeter  Compactness  Kernel.Length  Kernel.Width  \
15  13.99      13.83       0.9183          5.119         3.383
17  14.70      14.21       0.9153          5.205         3.466
24  16.19      15.16       0.8849          5.833         3.421
29  13.16      13.82       0.8662          5.454         2.975
37  14.28      14.17       0.8944          5.397         3.298

    Asymmetry.Coeff  Kernel.Groove  Type  Outlier
15           5.2340          4.781     1       -1
17           1.7670          4.649     1       -1
24           0.9030          5.307     1       -1
29           0.8551          5.056     1       -1
37           6.6850          5.001     1       -1
```

由运行结果可知，最后一列为"-1"，表明此数据为离群点数据。

```python
# 查看数据条数
outliers_data.info()
```

运行结果如下：

```
<class 'pandas.core.frame.DataFrame'>
Int64Index: 30 entries, 15 to 196
Data columns (total 9 columns):
 #   Column           Non-Null Count  Dtype
---  ------           --------------  -----
```

```
0   Area              30 non-null    float64
1   Perimeter         30 non-null    float64
2   Compactness       30 non-null    float64
3   Kernel.Length     30 non-null    float64
4   Kernel.Width      30 non-null    float64
5   Asymmetry.Coeff   30 non-null    float64
6   Kernel.Groove     30 non-null    float64
7   Type              30 non-null    int64
8   Outlier           30 non-null    int32
dtypes: float64(7), int32(1), int64(1)
memory usage: 2.2 KB
```

由运行结果可知，通过此离群点模型筛选出 30 个离群点。

10.5.5　评估离群点模型

为了评估离群点模型，可以查看检测到的离群点的数量，并可视化这些离群点与正常点的关系。利用标准化后的面积和周长特征绘制散点图，颜色表示每个点是否被检测为离群点。蓝色点表示正常点，而红色点表示检测到的离群点。具体代码如下：

```python
import matplotlib.pyplot as plt

# 选择两个特征进行可视化
selected_features = ['Area', 'Perimeter']

# 绘制数据点
plt.figure(figsize=(10, 6))
plt.scatter(data[selected_features[0]], data[selected_features[1]], c=data['Outlier'], cmap='coolwarm', s=50)
plt.colorbar().set_label('Outlier Label')
plt.xlabel(selected_features[0])
plt.ylabel(selected_features[1])
plt.title('Visualization of Outliers')
plt.grid(True)
plt.show()
```

运行结果如图 10-1 所示。

由图 10-1 可知，面积（Area）为 11~15，周长（Perimeter）为 12~14，离群点比较稠密。

10.5.6　离群点分析的意义

小麦种子数据集进行离群点分析具有以下意义。

1. 异常检测

离群点分析可以帮助发现数据集中的异常样本。在小麦种子数据集中，找出的 30 个离群点可能代表了一些异常的种子样本，可能存在由生长环境、种植条件或其他因素导致的异常情况。通过识别这些离群点，可以进一步研究产生这些异常样本的原因，并采取相应的措施来解决问题。

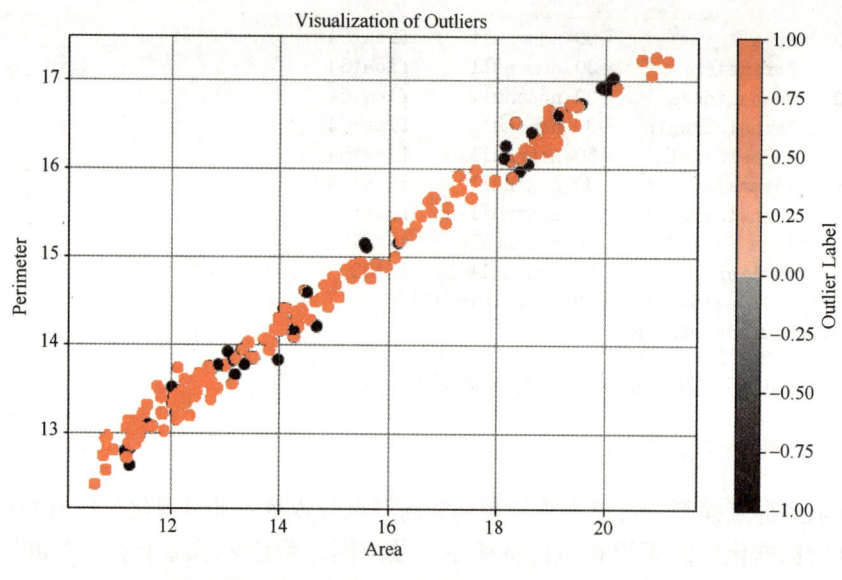

图 10-1　离群点可视化结果

2. 数据质量控制

离群点的存在表明数据集中可能存在质量问题。在小麦种子数据集中，离群点可能是由测量误差、数据录入错误或其他数据问题导致的。通过发现这些离群点，可以对数据进行进一步的验证和清洗，以确保数据质量和准确性。

3. 特征分析

离群点的存在反映了数据中可能的特殊模式或特征。在小麦种子数据集中，找出的离群点可以帮助发现一些特殊的种子样本，它们可能具有与其他样本不同的形态、大小或其他特征。通过对这些离群点进行进一步的分析，可以了解这些特殊样本的特征和潜在的影响因素。

4. 预测模型改进

通过识别离群点，可以更好地理解数据集的分布情况和异常情况。这有助于改进构建的预测模型，使其更具鲁棒性和泛化能力。例如，在小麦种子数据集中，识别并处理离群点可以改善分类器或回归模型的性能，并提高对新样本的预测准确性。

总之，进行小麦种子数据集的离群点分析可以帮助发现异常情况、改善数据质量、了解数据特征和改进预测模型。这有助于更好地理解数据集和问题域，并采取相应的措施来解决异常情况以及提高分析结果的准确性和可靠性。

10.6　本章小结

本章系统地介绍了离群点分析的基础概念和常用方法。首先定义了离群点分析的概念，并探讨了它在数据分析中的重要作用。接着，详细介绍了基于统计、距离和密度的离群点分析方法，包括均值与标准差方法、箱线图方法、欧氏距离、曼哈顿距离、局部离群因子（LOF）方法和基于密度的空间聚类（DBSCAN）方法。通过这些方法，读者可以有效地识别和处理数据中的离群点。最后，通过实践案例——异常小麦种子分析，展示了如何应用离群点分析方法进行数据处理，包括数据读入、数据初步分析、数据预处理、离群点模型构建、模型评估及离群点分析的意义。通过本章学习，读者能够掌握离群点分析的基础知识和技术，为异常检测和数据清洗提供强有力的支持。

10.7 习题

1. 什么是离群点分析？它在数据分析中的作用是什么？
2. 基于统计的离群点分析方法有哪些？
3. 基于距离的离群点分析方法有哪些？
4. 基于密度的离群点分析方法有哪些？

参 考 文 献

[1] HAN J W, KAMBER M. 数据挖掘：概念与技术［M］. 范明, 孟小峰, 译. 北京：机械工业出版社, 2007.

[2] 黄源, 蒋文豪, 徐受蓉. 大数据分析：Python 爬虫、数据清洗和数据可视化［M］. 北京：清华大学出版社, 2020.

[3] 张良均, 谭立云, 刘名军, 等. Python 数据分析与挖掘实战［M］. 2 版. 北京：机械工业出版社, 2020.

[4] 施苑英. 大数据技术及应用［M］. 2 版. 北京：机械工业出版社, 2024.

[5] 周英, 卓金武, 卞月青. 大数据挖掘系统方法与实例分析［M］. 北京：机械工业出版社, 2016.

[6] 周志华. 机器学习［M］. 北京：清华大学出版社, 2016.

[7] 朝乐门. Python 编程从数据分析到数据科学［M］. 北京：电子工业出版社, 2020.

[8] 简祯富, 许嘉裕. 大数据分析与数据挖掘［M］. 北京：清华大学出版社, 2016.

[9] 周华平, 刘慧临, 孙克雷. Python 语言程序设计［M］. 长沙：中南大学出版社, 2022.

[10] 王宏志. 大数据算法［M］. 北京：机械工业出版社, 2015.